AF329745

NOTIONS
DE SCIENCES PHYSIQUES ET NATURELLES

PHYSIQUE

Dix-septième édition.

LIBRAIRIE CATHOLIQUE EMMANUEL VITTE

LYON   PARIS

NOTIONS
DE SCIENCES PHYSIQUES ET NATURELLES

Rédigées d'après les Programmes officiels de l'Enseignement primaire.

***

PHYSIQUE

AVEC 277 GRAVURES INTERCALÉES DANS LE TEXTE

A L'USAGE

des Candidats au Brevet élémentaire
des Cours moyens de l'Enseignement secondaire
des Cours supérieurs d'Écoles primaires, etc.

***

ÉDITION REVUE ET AUGMENTÉE

(Tir. 350.000 ex.)

LIBRAIRIE CATHOLIQUE EMMANUEL VITTE

LYON | **PARIS**
3, place Bellecour, 3 | 5, rue Garancière, 5

1920

PHYSIQUE

NOTIONS PRÉLIMINAIRES

1. Objet de la physique. — La PHYSIQUE est une science qui a pour objet l'étude des phénomènes qui produisent sur les corps des modifications passagères, sans altérer leur nature intime.

Ainsi, quand on frotte un bâton de verre avec un morceau de drap, ce bâton acquiert la propriété d'attirer les corps légers, comme des barbes de plumes, de petits morceaux de papier, etc. ; toutefois, cette propriété disparaît bientôt : c'est un phénomène physique.

Les principales divisions de la physique sont la *Pesanteur*, la *Chaleur*,

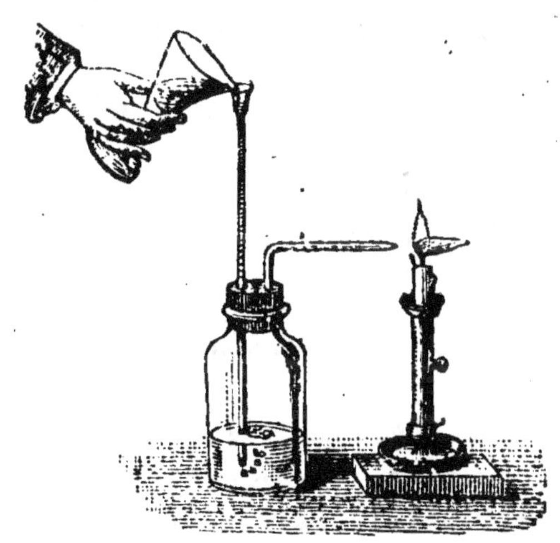

Fig. 1. — *Flamme inclinée par de l'air chassé d'un flacon.*

l'*Electricité*, le *Magnétisme*, l'*Acoustique* et l'*Optique*.

2. Corps. — On appelle *corps* toute quantité limitée de *matière*. La matière est tout ce qui peut être perçu par un ou plusieurs de nos sens.

L'air pris en petite quantité, et la plupart des gaz sont des corps invisibles, mais leur présence nous est manifestée par leurs effets. Ainsi, quand on verse de l'eau dans un flacon plein d'air, cet air en est chassé ; il peut, à sa sortie du flacon, incliner et même éteindre la flamme d'une bougie.

3. Constitution physique des corps. — Les corps sont considérés comme un assemblage de parties extrêmement petites et indivisibles, nommées *atomes*. On admet que les atomes se groupent entre eux pour former des *molécules*, petites masses de matière que l'on regarde comme ayant la même nature que les corps dont elles font partie. Les molécules qui constituent un même corps, sont toutes semblables entre elles, et sont séparées par des intervalles pouvant augmenter ou diminuer sous l'influence des causes extérieures, telles que la chaleur et la pression. Ces *intervalles intermoléculaires* nommés *pores* ne doivent pas être confondus avec les *pores sensibles* que l'on remarque dans certaines substances, comme les éponges et les pierres filtrantes.

4. Divers états des corps. — Les corps se présentent à nous sous trois états différents : ils sont *solides, liquides* ou *gazeux*.

Corps solides. — Les *corps solides* ont une forme et un *volume déterminés*. Ils offrent une résistance plus ou moins grande à la rupture. La force qui s'oppose à la séparation de leurs molécules s'appelle *cohésion*.

Corps liquides. — Les *corps liquides ont un volume déterminé*, mais *ils n'ont pas de forme propre;* ils prennent celle des vases qui les renferment. La force de *cohésion* est presque nulle dans les liquides ; aussi leurs molécules glissent-elles facilement les unes sur les autres.

Corps gazeux. — Les *corps gazeux n'ont ni forme ni volume déterminés*. Ils prennent la forme des vases qui les renferment. Ils tendent toujours à occuper un volume plus grand, c'est-à-dire qu'une masse gazeuse remplit non seulement le vase, si grand qu'il soit, dans lequel on la renferme, mais elle continue à presser contre les parois de ce vase. Cette pression est désignée sous le nom de *force élastique des gaz*.

Les corps peuvent changer d'état sous l'influence de la chaleur. Ainsi, l'eau et un grand nombre d'autres corps, suivant que leur température est plus ou moins élevée, se présentent à nous sous l'état solide, liquide ou gazeux. Tous les gaz peuvent être liquéfiés par une pression et un refroidissement convenables ; quelques-uns même peuvent être solidifiés.

Un certain nombre de corps passent directement de l'état solide à l'état gazeux, sans devenir liquides, au moins dans les circonstances ordinaires. On dit que ces corps se *subliment*. Ils repassent de même directement de l'état gazeux à l'état solide.

Pour le constater, on prend un ballon de verre dans lequel on met un peu d'iode, et on chauffe légèrement ; le ballon se remplit de vapeurs violettes, mais on n'aperçoit aucune trace de liquide. Les vapeurs se solidifient par le refroidissement et se déposent sur les parois du ballon en petits cristaux d'iode.

5. Propriétés générales des corps. — Tous les corps, quel que soit leur état, possèdent des propriétés qui leur sont communes et qu'on nomme, pour ce motif, *propriétés générales*. Ces propriétés sont : *l'étendue, l'impénétrabilité,* la *divisibilité,* la *porosité,* la *compressibilité, l'élasticité,* la *mobilité* et l'*inertie*.

L'*étendue* est la propriété qu'ont les corps d'occuper une certaine portion de l'espace. Tous les corps, même les atomes, ont une étendue.

L'*impénétrabilité* est la propriété en vertu de laquelle deux corps ne peuvent occuper en même temps un même lieu dans l'espace ; ainsi, quand on enfonce un clou dans une planche, le bois et le clou n'occupent pas à la fois la même partie de l'espace, le bois fait place au clou.

La *divisibilité* est la propriété qu'ont tous les corps de pouvoir être partagés en parties de plus en plus petites.

Comme exemple de divisibilité, on cite l'or, qui, par le battage peut se réduire en feuilles si minces qu'il en faut 10.000 pour faire l'épaisseur d'*un millimètre*. La nature nous offre beaucoup d'exemples d'extrême divisibilité ; ainsi, les globules du sang sont si petits que 5.000.000 d'entre eux forment à peine le volume d'*un millimètre cube*.

La *porosité* est la propriété que possèdent tous les corps de renfermer entre les éléments qui les composent, des espaces nommés *pores intermoléculaires*. L'expérience prouve que les pores existent même dans les substances les plus compactes, comme le verre et les métaux.

La *compressibilité* est la propriété qu'ont les corps de diminuer de volume sous l'influence d'une pression extérieure. Les gaz sont les corps les plus compressibles et les liquides sont ceux qui le sont le moins.

L'*élasticité* est la propriété en vertu de laquelle tous les corps tendent à reprendre leur forme et leur volume primitifs, lorsque la cause qui les avait comprimés cesse d'agir. Les gaz et les liquides sont parfaitement élastiques; les solides le sont généralement peu.

La *mobilité* est la propriété que possèdent tous les corps de pouvoir être mis en mouvement.

L'*inertie* est l'impuissance dans laquelle se trouvent tous les corps de changer par eux-mêmes leur état de repos ou de mouvement. C'est par un effet de l'inertie que les corps célestes conservent, à travers tous les âges, le mouvement dont le Créateur les a animés à l'origine des choses. C'est aussi par un effet de l'inertie que le cavalier est quelquefois précipité en avant de son cheval lorsque celui-ci s'arrête subitement, et que le voyageur qui s'élance hors d'une voiture rapidement entraînée, tombe au moment où il met pied à terre, s'il n'a pas soin d'annuler l'impulsion qui l'anime.

On appelle *propriétés particulières* des corps celles qui n'appartiennent qu'à certains corps, comme la *malléabilité*, la *ténacité*, l'*éclat métallique*, etc.

RÉSUMÉ

La *Physique* a pour objet l'étude des phénomènes qui produisent sur les corps des modifications passagères sans altérer leur nature intime. Les grandes divisions de la Physique sont la *Pesanteur*, la *Chaleur*, l'*Électricité*, le *Magnétisme*, l'*Acoustique* et l'*Optique*.

On appelle *corps* toute quantité limitée de matière. La matière est tout ce qui peut tomber sous nos sens.

Les corps sont formés de *molécules*, et les molécules d'*atomes*. Ils se présentent à nous sous trois états différents, savoir : l'*état solide*, l'*état liquide* et l'*état gazeux*.

Les *corps solides* ont une forme et un volume propres ; les *corps liquides* ont un volume déterminé, mais ils n'ont pas de forme propre ; les *corps gazeux* n'ont ni forme ni volume propres.

Les corps peuvent changer d'état sous l'influence de la chaleur ou de la pression. Quelques-uns passent directement de l'état solide à l'état gazeux : ils se *subliment*.

Les propriétés générales des corps sont l'*étendue*, l'*impénétrabilité*, la *divisibilité*, la *porosité*, la *compressibilité*, l'*élasticité*, la *mobilité* et l'*inertie*.

Les propriétés particulières des corps sont celles qui n'appartiennent qu'à certains corps, comme la *malléabilité*, la *ténacité*, etc.

CHAPITRE PREMIER

NOTIONS DE MÉCANIQUE. — MACHINES.

---

6. Mouvement. — Un corps est en *mouvement* lorsqu'il occupe successivement dans l'espace des positions différentes par rapport à un point donné. Ce corps est un *mobile* ; la ligne qu'il décrit dans son mouvement est sa *trajectoire*.

On étudie principalement deux mouvements : le mouvement *uniforme*, et le mouvement *uniformément accéléré*.

1º *Mouvement uniforme.* — Un mobile possède un mouvement *uniforme* lorsqu'il parcourt des espaces égaux en des temps égaux. Ainsi, un train qui a acquis sa vitesse normale, parcourt pendant chaque seconde un même espace, 15 mètres par exemple ; son mouvement est donc uniforme. L'espace parcouru en une seconde constitue la *vitesse* du mobile.

2° *Mouvement uniformément accéléré.* — Le mouvement est uniformément accéléré lorsque la vitesse augmente proportionnellement au temps ; tel est le mouvement d'un corps qu'on laisse tomber d'une certaine hauteur. Ce corps aura acquis, après une seconde, une vitesse de 9^m80 ; c'est-à-dire que, si après cette seconde de chute, il continuait à se mouvoir d'un mouvement uniforme avec la vitesse acquise, il parcourrait 9^m80 par seconde. Après deux secondes, sa vitesse sera double, ou soit 19^m60 ; après trois secondes, elle sera triple, et ainsi de suite.

7. Force. — On appelle *force* tout ce qui peut communiquer du mouvement à un corps, ou modifier ce mouvement lorsqu'il existe. Exemples : la force musculaire de l'homme et des animaux, le vent, un cours d'eau, la vapeur, l'électricité, etc.

Dans une force, il y a à distinguer le *point d'application*, la *direction*, le *sens* et l'*intensité*. Un homme, par exemple, élève un poids avec la main : le *point d'application* de sa force est celui où il applique la main ; la *direction* est une ligne verticale ; le *sens* est de bas en haut. L'*intensité* dépendra du poids du corps ; plus le corps est pesant plus l'intensité de force qu'il faudra déployer sera grande.

FIG. 2. — *Représentation d'une force.*

On représente une force par une ligne droite, telle que AF (fig. 2). Le point A est le point d'application ; la direction de la ligne indique celle de la force et la flèche en marque le sens. La longueur de la ligne dépendra de l'intensité de la force ; si la force est, par exemple, de 5 kilos et que l'on veuille représenter chaque kilo par une longueur de 1 centimètre, on devra donner à cette ligne une longueur de 5 centimètres.

8. Mesure des forces. — On mesure les forces avec le *dynamomètre*, instrument qui repose sur l'élasticité de l'acier.

Les dynamomètres ont des formes très variées. Celui que représente la figure 3 est souvent employé sous le nom de *peson à ressort*. Il est formé d'une lame d'acier ACB, recourbée en son milieu et portant à ses deux extrémités deux arcs en fer *ab* et *cd*. L'arc *ab* est soudé, par son extrémité inférieure, à la branche CB, tandis que sa partie supérieure traverse librement la branche CA, et se termine par un anneau destiné à suspendre l'instrument. L'arc *cd* est fixé, par son extrémité supérieure, à la branche CA ; il traverse librement la branche CB et se termine par un crochet. Il est facile de comprendre que si l'on suspend un corps au crochet de cet instrument, ou que l'on y applique une force quelconque, le ressort

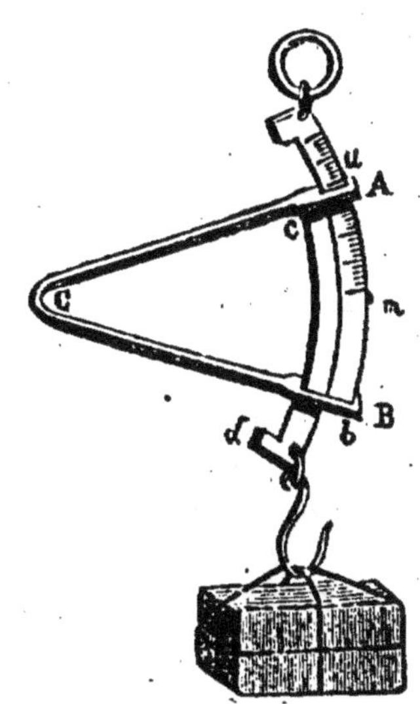

Fig. 3. — *Dynamomètre.*

fléchira et ses extrémités se rapprocheront. Une graduation en kilogrammes déterminée à l'avance au moyen de poids connus indique immédiatement l'intensité de la force mesurée.

9. Résultante de plusieurs forces. — On appelle *résultante* de plusieurs forces, une force unique capable de les remplacer toutes en produisant le même effet.

Voici comment on la détermine dans les cas les plus ordinaires :

1° *Forces agissant dans la même direction.* — Deux garçons, par exemple, appliquent à un même corps pour l'entraîner, l'un une force de 40 kilos, et l'autre, de 30 ; si les deux forces agissent dans la même direction et le même sens, il est évident qu'elles pourront être remplacées par une force unique de 70 kilos, agissant dans cette direction ; cette force serait la résultante des deux autres. Si ces forces agissaient en sens contraire, leur résultante serait égale à leur différence, 10 kilos, et elle agirait dans le sens de la plus grande.

2° *Forces concourantes et forces parallèles.* — On démontre en mécanique que :

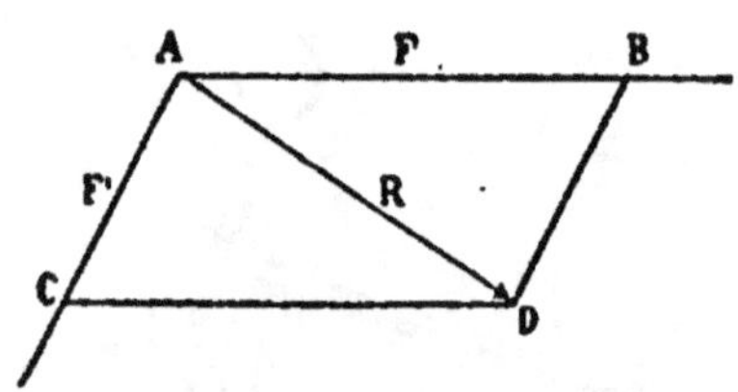

FIG. 4. — *Forces concourantes.*

a) *Lorsque deux forces sont concourantes*, c'est-à-dire, lorsqu'elles agissent sur un même point d'un corps, mais dans des directions différentes, *leur résultante est égale à la diagonale du parallélogramme construit sur ces forces.* Ainsi, la résultante des forces AB et AC est AD.

b) *Lorsque deux forces sont parallèles et de même sens, leur résultante a le même sens et est égale à leur somme. Son point d'application divise la droite qui unit les points d'application des deux forces parallèles en parties inversement proportionnelles à ces forces.* Ainsi on a :

$$CR = AF + BF'$$

$$\text{et} \quad \frac{CA}{CB} = \frac{BF'}{AF}.$$

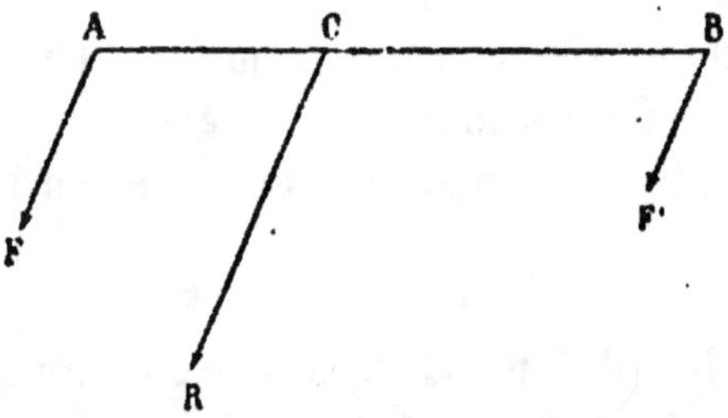

FIG. 5. — *Forces parallèles.*

Dans le cas où l'on aurait à trouver la résultante d'un plus grand nombre de forces, concourantes ou parallèles, on déterminerait d'abord celle de deux quelconques de ces forces, par exemple F et F' ; on obtiendrait ainsi une résultante R ; puis on chercherait la résultante de R et de F″, et ainsi de suite jusqu'à la dernière.

Le point d'application de la résultante de plusieurs forces parallèles se nomme *centre des forces parallèles.*

10. Décomposition d'une force en deux forces concouran-tes de directions données. — Ce problème se présente fré-quemment en physique.

Soit la force AF à décomposer en deux forces, l'une suivant une direction ho-rizontale, et l'autre sui vant une direction verti-cale. Du point F, on trace des parallèles aux direc-tions données ; on obtient ainsi les points f et f'. Les forces demandées sont Af et Af'.

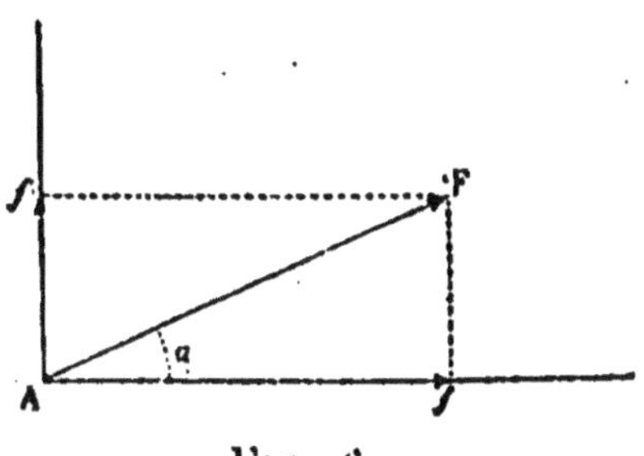

Fig. 6.
Décomposition d'une force.

Ces deux forces sont, en effet, équivalentes à AF, puisqu'elles forment les deux côtés adjacents d'un parallélogramme dont AF est la diagonale.

11. Travail. — On appelle *travail* le produit d'une force par le déplacement de son point d'application dans le sens de cette force. Si l'on représente le travail par T, la force par F et le chemin parcouru par e, on a donc :

$$T = F \times e.$$

Ce produit s'évalue en *kilogrammètres* (Kgm).
Un kilogrammètre est le travail de 1 kilogramme de force déplaçant son point d'application de 1 mètre (1).

On réaliserait le travail de 1 kgm. en élevant un poids de 1 kg. à 1 mètre de hauteur. Une force de 12 kg. entraînant un corps à une distance de 200 mètres réaliserait un travail de $12 \times 200 = 2.400$ **kilogrammètres.**

____

(1) On emploie aussi, comme unité de travail, le *Joule,* qui équivaut à $\dfrac{1}{9,8}$ du kilogrammètre $\left(\text{à peu près } \dfrac{1}{10}\right)$.

MACHINES

12. Les *machines* sont des appareils servant à trans-mettre des forces. On les divise en *machines simples* et en *machines composées*.

Les machines simples sont formées d'une seule pièce solide.

Les machines composées comprennent plusieurs pièces unies les unes aux autres.

13. Machines simples. — Les machines simples peuvent se réduire à deux : le *levier* et le *plan incliné*.

1º **Levier.** — Le *levier* est un corps solide, mobile autour de l'un de ses points, appelé *point d'appui*, et sur lequel agissent deux forces. Il a souvent la forme d'une barre rigide.

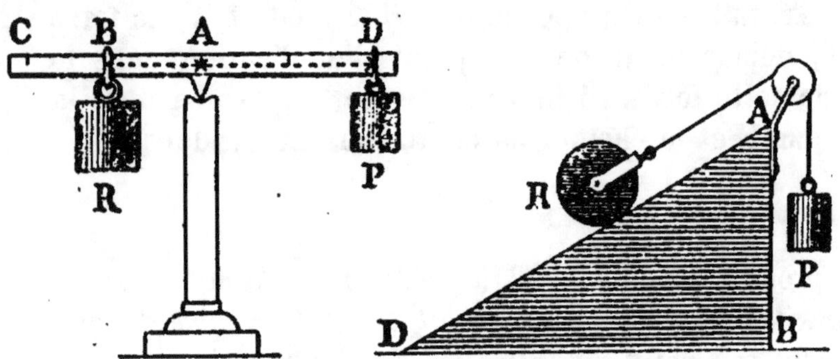

FIG. 7. — *Levier.*   FIG. 8. — *Plan incliné.*

Poids P faisant équilibre, au moyen de ces machines, à un autre poids R plus grand que lui.

On appelle *bras de levier* d'une force la perpendiculaire abaissée du point d'appui sur la direction de cette force.

La figure 7 représente un levier CD, sur lequel agissent deux forces P et R, représentées par des poids ; A est le point d'appui du levier ; les horizontales AB et AD en sont les bras, car elles sont perpendiculaires aux directions des forces R et P qui agissent verticalement.

2º *Plan incliné.* — Un *plan incliné* est un plan qui n'est ni horizontal ni vertical ; il peut être représenté par un prisme dont la section est un triangle rectangle ABD (fig. 8). L'horizontale DB en est la *base*, la verticale AB, la *hauteur*, et l'hypoténuse DA, la *longueur*.

14. Conditions d'équilibre des machines. — On voit dans ces deux figures qu'un corps P fait équilibre à un autre corps R d'un poids différent du sien. L'expérience et le calcul démontrent que cette condition se réalise pour les deux machines lorsqu'on a la proportion :

$$\frac{P}{R} = \frac{AB}{AD}$$

Supposons cet équilibre réalisé. Il suffirait d'ajouter à P un poids additionnel, même très petit, pour que le corps R soit entraîné vers le haut ; il est donc possible de vaincre une force au moyen d'une force plus petite. On comprend, d'ailleurs, aisément qu'un même résultat pourrait être obtenu par une autre force que P, celle d'un homme, par exemple. On appelle *résistance* la force que l'on a à vaincre ou à équilibrer au moyen d'une machine ; et *puissance*, la force que l'on emploie pour vaincre ou faire équilibre à cette résistance. La proportion précédente peut alors s'exprimer dans les termes suivants.

Pour le levier :

$$\frac{Puissance}{Résistance} = \frac{Bras\ de\ la\ Résistance}{Bras\ de\ la\ Puissance}$$

Et, pour le plan incliné :

$$\frac{Puissance}{Résistance} = \frac{Hauteur\ du\ plan\ incliné}{Longueur\ du\ plan\ incliné}$$

Dans la fig. 8, la puissance est représentée agissant parallèlement au plan incliné. Mais quelquefois, elle agit parallèlement à la base. La proportion est alors :

$$\frac{\textit{Puissance}}{\textit{Résistance}} = \frac{\textit{Hauteur du plan incliné}}{\textit{Base du plan incliné}}$$

Ces proportions contiennent les *conditions d'équilibre* desdites machines. Elles permettent de calculer facilement un de leurs termes lorsqu'on connaît les trois autres.

PROBLÈME. — *On désire soulever, au moyen d'un levier, un poids de 500 Kg. Quelle est la force à y appliquer, sachant que les bras de puissance et de résistance sont respectivement de 1ᵐ20 et de 0ᵐ24 ?*

La force cherchée est la puissance ; le poids à soulever est la résistance. On a donc :

$$\frac{x}{500} = \frac{0^{m}24}{1^{m}20} \; ; \qquad x = \frac{500 \times 0,24}{1,20} = 100 \text{ Kg.}$$

REMARQUE. — Lorsqu'une force en vainc une autre *n* fois plus grande qu'elle, elle le fait en parcourant *n* fois plus de chemin. De là le principe suivant, établi par Lagrange : *Ce que l'on gagne en force se perd en temps, et réciproquement.* Il est aisé de constater que ce principe s'accomplit dans toutes les machines quelque compliquées qu'elles soient.

15. Genres de leviers. — D'après la disposition relative de la puissance, de la résistance et du point d'appui, on on distingue trois *genres de leviers :*

FIG. 9. — *Levier du premier genre.*

1º Le levier du *premier genre,* dans lequel le *point d'appui* est situé entre la *puissance* et la *résistance*. Ex. : le levier du maçon, le fléau d'une balance ordinaire, la balance romaine, chacune des branches d'une paire de ciseaux, de tenailles, etc.

2° Le levier du *deuxième genre,* dans lequel la *résistance* est située entre le *point d'appui* et la puissance. Ex. : la brouette, le couteau du boulanger, les avirons d'une barque, chacune des branches d'un casse-noisettes, etc.

FIG. 10.— *Levier du deuxième genre.*

3° Le levier du *troisième genre,* dans lequel la *puissance* est située entre le *point d'appui* et la *résistance.* Ex. :

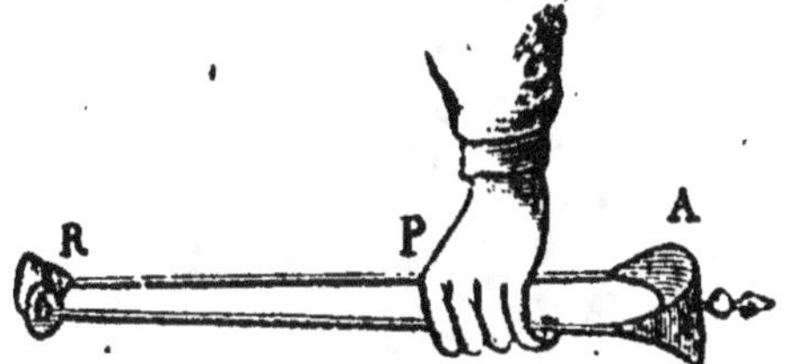

FIG. 11. — *Levier du troisième genre.*

les pincettes, les pédales d'un tour, d'un harmonium, etc.

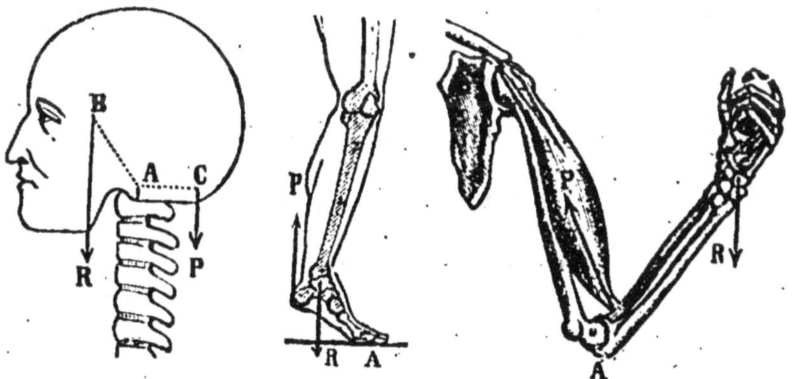

FIG. 12. — *Les trois genres de levier dans le corps humain.*

On trouve dans le corps humain des exemples des trois genres de leviers. Ainsi la *tête* est un levier du *premier genre,* le *pied* forme un levier du *second genre*, et l'avant-bras constitue un levier du *troisième genre*.

1° Dans la *tête* le *point d'appui* est situé entre la *résistance*, représentée par le poids de la tête, lequel tend à la pencher en avant, et la *puissance*, constituée par les muscles de la nuque, qui la ramènent en arrière.

2° Dans le *pied*, au moment où le corps se soulève, la *résistance*, représentée par le poids du corps, est située entre le point d'appui, placé à l'extrémité des orteils, et la *puissance*, constituée par le muscle du talon nommé *tendon d'Achille*.

3° Dans l'*avant-bras*, le point d'application de la *puissance*, formée par le muscle biceps, se trouve situé entre la *résistance* représentée par le poids total de l'avant-bras et de la main, et le *point d'appui*, situé à l'articulation du coude.

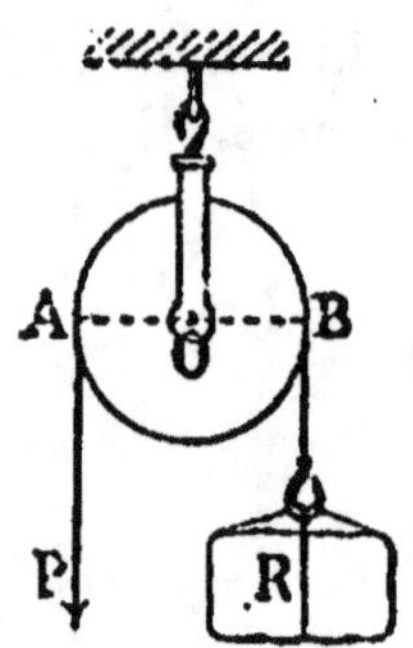

Fig. 13.
Poulie fixe.
OA, Bras de puissance.
OB, Bras de résistance.

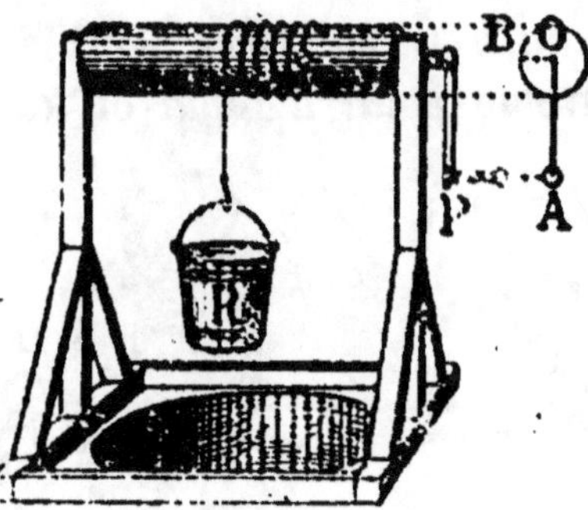

Fig. 14.
Treuil.
OA, Bras de puissance.
OB, Bras de résistance.

NOTA. — La *poulie* et le *treuil* sont des machines dérivées du 1er genre de levier. Dans la poulie *fixe*, les bras de la puissance et de la résistance sont constitués par les rayons ; ils sont donc égaux. La puissance fait en ce cas équilibre à une résistance égale.

Lorsque l'on emploie une combinaison de poulies fixes et de poulies mobiles (moufle, palan), la condition d'équilibre est :

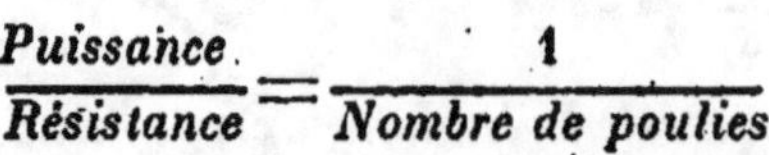

$$\frac{\text{Puissance}}{\text{Résistance}} = \frac{1}{\text{Nombre de poulies}}$$

Fig. 15.
Moufle.

Dans le *treuil*, le bras de puissance est formé par la longueur de la manivelle, et le bras de résistance par le rayon du cylindre.

16. Applications du plan incliné. — Le plan incliné a de nombreuses applications, dont voici les principales :

1° Dans la construction des chemins de fer en terrain accidenté, on ne dépasse jamais une inclinaison de 1/2 % (1/2 mètre de hauteur pour chaque 100 mètres de longueur), et de 5 % dans celle des routes.

2° Pour charger les vagons, les bateaux, etc., on emploie souvent un plan incliné sur lequel on traîne ou on fait rouler les fardeaux.

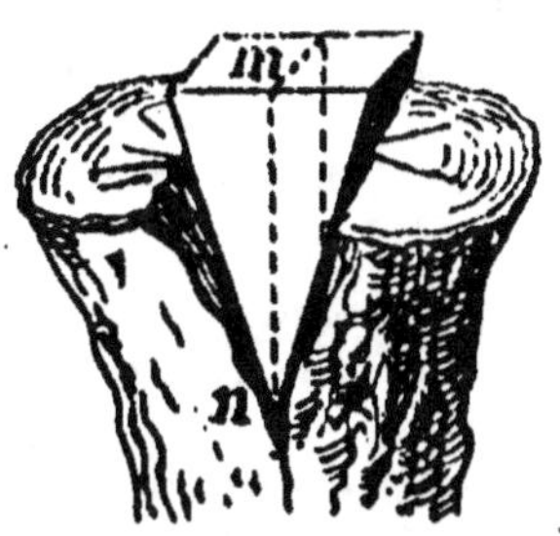

Fig. 16. — *Coin.*

Fig. 17. — *Vis.*
p, le pas de vis

3° Les *coins* employés pour fendre le bois peuvent être considérés comme formés de deux plans inclinés unis par leur base *mn* (fig. 16). Les instruments tranchants ou aigus : couteaux, rasoirs, ciseaux, socs de charrues, proues des bateaux, aiguilles, clous, alènes, partie antérieure des dirigeables et sous-marins, etc., sont des variétés du coin.

4° Une *vis* se réduit à un plan incliné contournant un cylindre. La hauteur en est constituée par le *pas de vis*, la base par la circonférence que décrit la force qui la fait tourner, et le point d'appui par l'écrou dans laquelle elle pénètre. On emploie les vis pour serrer les pièces des machines, des meubles, etc., et dans la confection de différents outils et instruments scientifiques.

Les hélices des navires et des aéroplanes sont des vis se frayant leur chemin à travers l'eau ou l'air, qui leur servent d'écrous.

17. Puissance d'une machine. — **Unité pratique de travail.** — Pour évaluer la puissance d'une machine, on emploie comme unité le *cheval-vapeur.*

Un *cheval-vapeur* (HP) (1) est le travail de 75 Kgm par seconde. Il équivaut à celui de deux ou trois chevaux ordinaires.

______

(1) De l'anglais *Horse Power.*

Comme unité pratique du travail, on emploie le *cheval-heure* (HP-H), qui représente le travail que peut effectuer en une heure une machine de 1 HP.

PROBLÈME. — *Une machine, fonctionnant régulièrement, produit en 24 heures 38.880.000 Kgm. On demande : 1° sa puissance ; 2° le prix du travail qu'elle fournit par jour à raison de 0 fr. 50 le cheval-heure.*

1° Dans 24 heures, il y a 86.400 secondes. La machine réalise par seconde un travail de : 38.880.000 : 86.400 = 450 Kgm.

Sa puissance sera : 450 : 75 = **6 HP.**

2° En une heure elle produit 6 HP-H ; en 24 heures, elle en produira : 6 × 24 = 144.

Le prix du travail en un jour sera : 144 × 0 fr. 50 = **72 fr.**

17. Rendement d'une machine. — Une machine ne rend jamais tout le travail moteur qu'elle reçoit, car une partie de ce travail est absorbé par les frottements.

On appelle *rendement d'une machine* le quotient du travail utile qu'elle produit par le travail moteur qu'elle reçoit. Si une machine reçoit un travail de 20 chevaux et n'en transmet que 16, son rendement sera :

$$16 : 20 = 0,80.$$

RÉSUMÉ

Un corps est en *mouvement* lorsqu'il occupe successivement dans l'espace des positions différentes par rapport à un point donné. On étudie principalement deux mouvements : le mouvement *uniforme* et le mouvement *uniformément accéléré*.

On appelle *force* tout ce qui peut communiquer du mouvement à un corps ou modifier ce mouvement lorsqu'il existe. Dans une force, il y a à distinguer le *point d'application*, la *direction*, le *sens* et l'*intensité*. On représente une force par une ligne droite. On mesure les forces au moyen du dynamomètre, instrument basé sur l'élasticité de l'acier.

On appelle *résultante* de plusieurs forces, une force unique, capable de les remplacer en produisant le même effet. Les problèmes les plus fréquents qui se présentent sur ce sujet sont : 1° *Trouver la résultante de forces agissant dans la même direction ; 2° trouver la résultante de forces concourantes ou parallèles ; 3° décomposer une force en deux forces concourantes de directions données.*

On appelle *travail* le produit d'une force par le déplacement de son point d'application (T = F×e). On l'évalue en *kilogrammètres*. Un *kilogrammètre* est le travail de 1 kilogramme de force déplaçant son point d'application de 1 mètre.

Les *machines* sont des appareils servant à transmettre les forces.
Elles peuvent être *simples* ou *composées*. Les machines simples
se réduisent à deux : le *levier* et le *plan incliné*.

Un *levier* est un corps solide, mobile autour d'un de ses points,
nommé *point d'appui*, et sur lequel agissent deux forces, l'une
appelée *puissance*, et l'autre *résistance*. Condition d'équilibre :

$$\frac{P}{R} = \frac{\text{Bras de la R.}}{\text{Bras de la P.}}$$

D'après la position relative de la *puissance*, de la *résistance* et
du *point d'appui*, on distingue trois genres de leviers.

Un *plan incliné* est un plan qui n'est ni horizontal ni vertical.
Condition d'équilibre :

$$\frac{P}{R} = \frac{\textit{Hauteur du plan incliné.}}{\textit{Longueur ou base du plan incliné.}}$$

Le *coin* et la *vis* sont des applications du plan incliné.

On évalue la puissance d'une machine en *chevaux-vapeur*.
Un *cheval-vapeur* est le travail de 75 kgm par seconde.

L'unité pratique de travail est le *cheval-heure*.

On appelle *rendement* d'une machine le quotient du travail
utile qu'elle produit par le travail moteur qu'elle reçoit.

CHAPITRE II

PESANTEUR. — BALANCES.

18. Définition, intensité, direction de la pesanteur. —
La *pesanteur* est la force qui attire tous les corps vers le
centre de la terre. Elle est un effet de l'attraction univer-
selle, dont la loi, découverte par Newton, s'énonce ainsi :

*La matière attire la matière en raison directe des masses
et en raison inverse du carré des distances.*

Les corps qui nous entourent *pèsent*, parce que leurs
molécules sont attirés par la terre, et ils sont d'autant
plus lourds qu'ils renferment une plus grande quantité
de ces molécules, ou, en d'autres termes, qu'ils ont une
plus grande masse. Chaque molécule du globe terrestre

attire les corps qui sont à sa surface et on démontre, en mécanique, que la somme de ces attractions produit le même effet que si toutes les attractions particulières

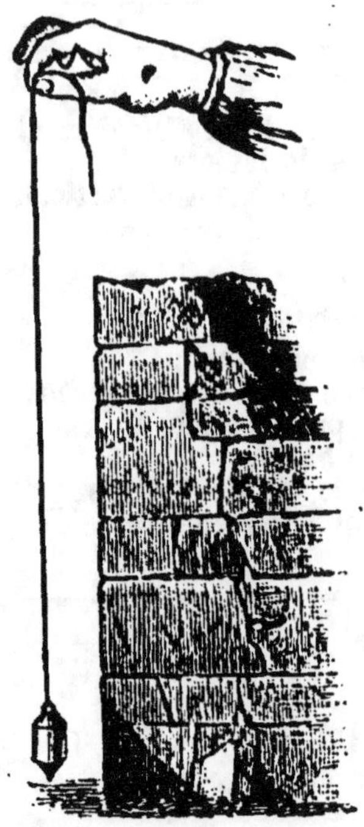

FIG. 18. — *Fil à plomb.*

étaient réunies *au centre de la terre.* Par conséquent, d'après la loi de Newton, un corps qui s'écarterait de la terre pèserait *quatre* ou *neuf fois* moins s'il était *deux* ou *trois fois* plus éloigné de son centre. Le poids d'un même corps est plus faible au sommet qu'au pied d'une montagne, à l'équateur qu'aux pôles, parce que dans ces deux cas le corps est plus éloigné du centre de la terre.

La direction que suit un corps en tombant s'appelle *verticale* ; elle est donnée par le *fil à plomb.* Le fil à plomb est un fil flexible qui est fixé en un de ses points et qui porte à l'extrémité libre une masse pesante. Si la direction du fil à plomb était prolongée, elle passerait par le centre de la terre. Les verticales d'un même lieu sont considérées comme parallèles, bien qu'elles convergent toutes vers le centre de la terre. Les verticales passant par deux points de la surface du globe distants de 10.000 *kilomètres* ont des directions perpendiculaires ; si la distance de ces points n'est que de 5.000 *kilomètres,* leurs verticales forment un angle de 45°.

Une ligne droite et une surface plane de petite étendue sont *horizontales* quand elles sont perpendiculaires à la direction de la verticale.

La surface des eaux tranquilles, considérée sous une petite étendue, est toujours horizontale.

19. Centre de gravité. — Le *centre de gravité* d'un corps est le *point d'application* de la résultante de toutes les actions exercées par la pesanteur sur chacune des molécules de ce corps.

Ces actions formant un système de forces parallèles, le centre de gravité est le *centre de ces forces parallèles* (9).

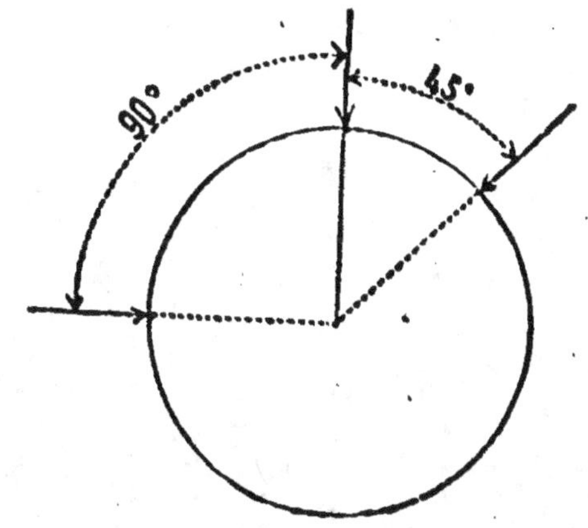

FIG. 19. — *Verticales de différents lieux.*

20. Détermination expérimentale du centre de gravité. — Pour déterminer expérimentalement la position du centre de gravité d'un corps, on le suspend successivement à l'aide d'une corde par deux points. Dans chacune de ces suspensions, lorsque le corps a pris sa position d'équilibre, la verticale passant par le point de suspension contient le centre de gravité du corps ; il est donc à l'intersection des deux verticales données par l'expérience.

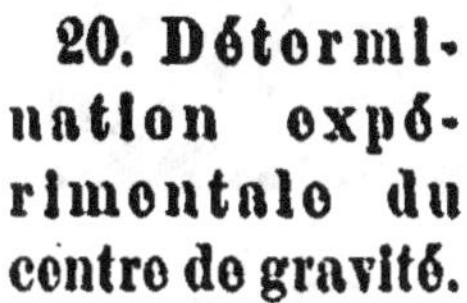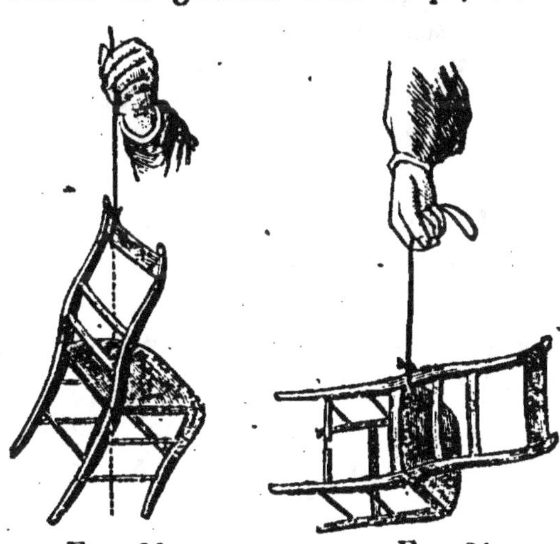

FIG. 20.   FIG. 21.

Détermination expérimentale du centre de gravité d'un corps.

REMARQUE. — Cette opération n'est pas nécessaire quand il s'agit de déterminer le centre de gravité des corps affectant une forme géométrique, pourvu que leur substance soit homogène. On démontre, en effet, que dans un carré, une circonférence, une sphère, le centre de gravité est au centre ; dans un prisme régulier, un cylindre, au milieu de l'axe ; dans un rectangle, un parallélogramme, un cube, au point de rencontre des diagonales ; dans un anneau, au centre de cet anneau (il peut donc se trouver en

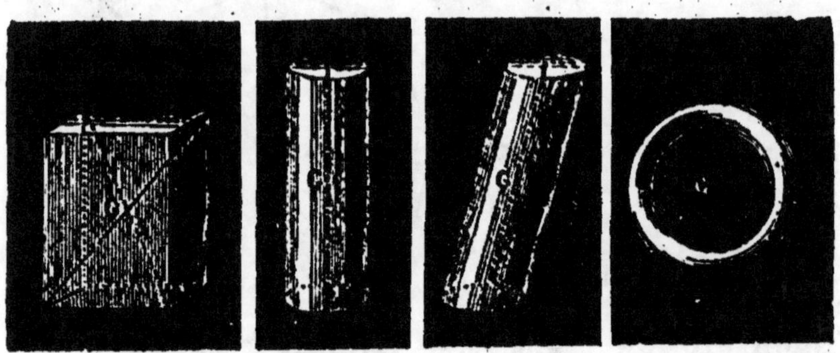

FIG. 22.   FIG. 23.   FIG. 24.   FIG. 25.
Positions du centre de gravité de différents corps.

dehors du corps) ; dans un cône, une pyramide régulière, aux trois quarts de l'axe à partir du sommet. En général, si un corps homogène a un centre de symétrie, le centre de gravité est en ce point ; s'il a un axe de symétrie, le centre de gravité est sur cet axe ; s'il a un plan de symétrie, le centre de gravité est sur ce plan.

21. Poids d'un corps. — Le *poids d'un corps* est la somme des actions que la pesanteur exerce sur les molécules de ce corps.

On distingue dans les corps deux espèces de poids : le *poids absolu* et le *poids relatif*.

Le *poids absolu* d'un corps est représenté par l'effort qu'il faut lui opposer dans le vide pour l'empêcher de tomber.

Le *poids relatif* d'un corps est le rapport de son poids absolu au poids absolu d'un autre corps pris pour unité.

22. Equilibre des corps. — Un corps est en équilibre lorsque son centre de gravité est soutenu contre l'action

de la pesanteur. La chute d'un corps pouvant être considérée comme l'effet d'une
force appliquée à son centre de gravité, il suffit
d'annuler cette force pour
que le corps soit en équilibre. On arrive à ce ré-
sultat en soutenant le
centre de gravité : 1° *par
un fil*, 2°, *par un axe horizontal* ; 3° *par un plan
fixe*. Dans ces trois cas, l'effet de la pesanteur est annulé
et le corps est en équilibre.

Fig. 26. — *Corps en équilibre.*

1° Lorsqu'un corps est *suspendu par un fil*, il ne peut
être en équilibre que lorsque le fil est vertical et que le
centre de gravité du corps se trouve sous sa direction.
De là le procédé indiqué au n° **20** pour déterminer expérimentalement la position du centre de gravité d'un corps.

2° Quand un corps est *soutenu par un axe horizontal*
autour duquel il peut tourner librement, l'équilibre ne
peut exister que si la
verticale du centre de
gravité passe par l'axe.

3° Si le corps est
placé sur un plan, l'é-
quilibre exige que la
verticale abaissée du
centre de gravité passe
dans la figure formée
par la réunion des
points d'appui du corps

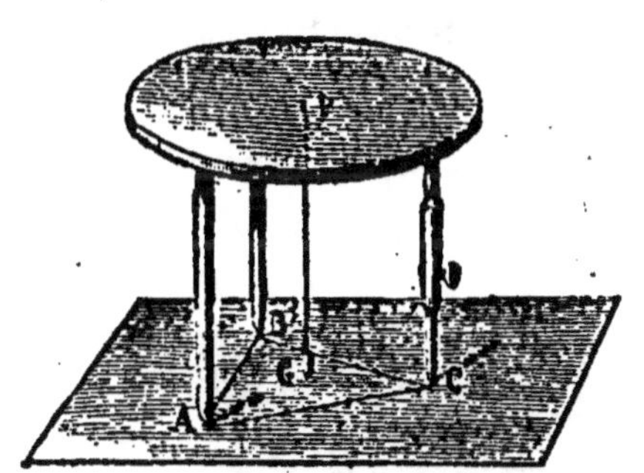

Fig. 27. — *Triangle ABC, base de
sustentation de la table.*

sur ce plan. Cette figure est appelée *base de sustentation.*

Dans la figure 27, la base de sustentation est le triangle ABC.
Si on allonge le pied C de la table, de manière que la verticale PG
passant par le centre de gravité tombe en dehors du triangle ABC,
la table se renversera.

Une voiture passant sur un plan incliné ne versera pas tant que la verticale abaissée de son centre de gravité tombera entre les points d'appui des roues sur ce plan. La difficulté de mettre en équilibre un cône et un œuf sur leur pointe provient de ce que, dans cette position leur base de sustentation étant très petite, il n'est pas aisé de les placer de manière que la verticale abaissée de leur centre de gravité tombe sur cette base.

FIG. 28. — *Voiture en équilibre sur un terrain incliné.*

FIG. 29. — *Position d'équilibre d'un porteur d'eau.*

Un homme portant un fardeau se penche du côté opposé au fardeau pour ramener le centre de gravité au-dessus de la figure formée par le contour de ses pieds. Le vieillard pour éviter les chutes, augmente sa base de sustentation en prenant un troisième point d'appui sur le sol à l'aide d'un bâton.

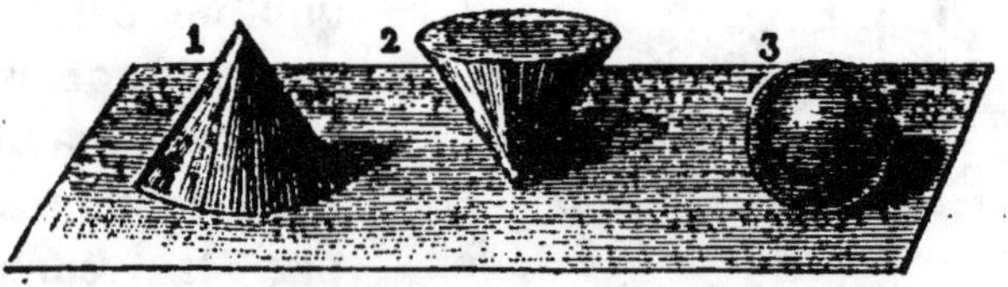

FIG. 30. — *Différentes sortes d'équilibre.*

28. Diverses sortes d'équilibre. — Il existe trois sortes d'équilibre : l'équilibre *stable*, l'équilibre *instable* et l'équilibre *indifférent*.

Un corps est en équilibre *stable* lorsque, dérangé de sa position, il y revient ; il est en équilibre *instable* lorsque dérangé de sa position il n'y revient pas ; il est en équilibre *indifférent* lorsqu'il se maintient en équilibre dans toutes les positions.

En général, si, en dérangeant un corps de sa position d'équilibre on élève son centre de gravité, le corps est en équilibre *stable* ; si ce dérangement abaisse le centre de gravité, l'équilibre est *instable*, et si le centre de gravité ne s'élève ni ne s'abaisse, l'équilibre est *indifférent*.

L'équilibre est *stable* dans un cône reposant sur sa base, dans le balancier d'une horloge, *instable* dans un cône reposant sur sa pointe, *indifférent* dans une sphère placée sur un plan horizontal.

24. Lois de la chute des corps. — Les lois de la chute des corps sont au nombre de trois.

Première loi. — *Dans le vide, tous les corps tombent avec la même vitesse.*

Lorsqu'on laisse tomber dans l'air et de la même hauteur, deux corps de même densité et de même forme, on s'aperçoit qu'ils arrivent au sol en même temps. Le résultat n'est pas le même lorsque les corps ont des densités et des formes différentes. En effet, si, par exemple, l'un des corps est une feuille de papier et l'autre une pièce de monnaie, celle-ci arrive au sol bien avant le papier.

Cette différence provient de la résistance de l'air, résistance variable sui-

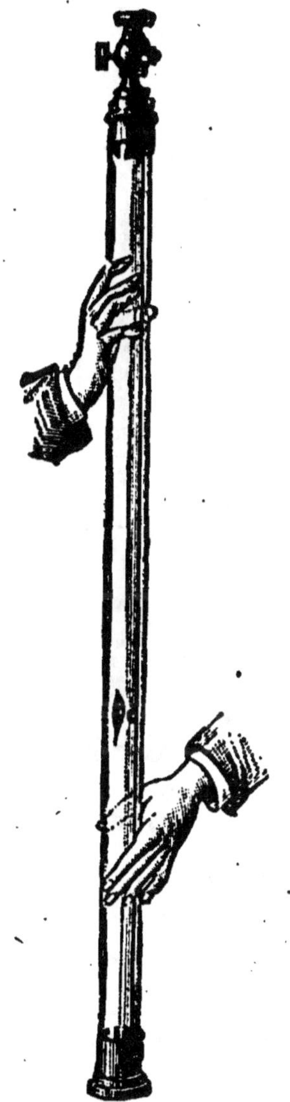

Fig. 31. — *Tube de Newton.*

vant la forme du corps. Un corps très lourd, sous un certain volume, triomphe plus facilement de la résistance de l'air qu'un autre plus léger sous le même volume. Cela est si vrai que si dans l'expérience précédente le papier avait été mis en boule, son retard aurait été diminué, la résistance de l'air étant amoindrie par ce changement de forme ; si on avait supprimé totalement la résistance de l'air, la durée de la chute aurait été la même pour les deux corps. Pour le démontrer, on se sert du *tube de Newton.*

Cet appareil est un tube de verre d'environ deux mètres de longueur ; il est fermé à ses extrémités par des garnitures de cuivre, et l'une d'elles est munie d'un robinet pouvant s'adapter au canal d'aspiration de la machine pneumatique. On introduit dans ce tube des morceaux de plomb, des barbes de plumes, des rognures de papier, etc., et on y fait le vide. On retourne alors brusquement ce tube et on constate que tous les différents corps qu'il renferme tombent avec la même vitesse.

On peut encore démontrer cette loi au moyen d'une pièce de monnaie, sur laquelle on place un disque de papier d'un diamètre un peu plus petit que celui de la pièce. Si on laisse tomber la pièce de monnaie bien horizontalement avec le disque qui la recouvre, celui-ci, soustrait à la résistance de l'air, arrive à terre en même temps que la pièce métallique.

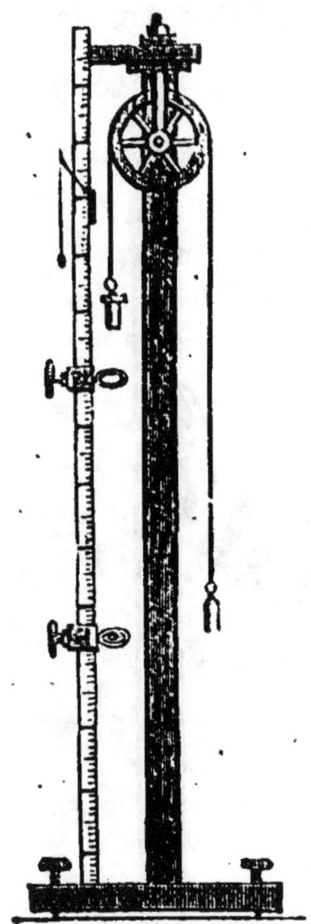

Fig. 32. — *Machine d'Atwood.*

Deuxième loi. *— Les espaces parcourus par un corps qui tombe sont proportionnels aux carrés des temps employés à les parcourir.*

On vérifie cette loi à l'aide de la *machine d'Atwood* (fig. 32).

Le principal organe de cet appareil consiste en une poulie à gorge, très mobile, sur laquelle s'enroule un fil de soie très fin.

Aux deux extrémités de ce fil sont suspendus deux poids parfaitement égaux et par conséquent se faisant équilibre dans toutes les positions. Si sur l'un des poids l'on place une petite masse additionnelle, l'équilibre sera rompu et les deux poids seront mis en mouvement : celui qui porte la masse descendra et l'autre montera. Le mouvement sera d'autant plus lent que la masse ajoutée sera plus petite par rapport aux poids qu'elle entraîne ; on peut donc le ralentir de manière à pouvoir mesurer facilement l'espace parcouru pendant un temps donné.

On mesure cet espace au moyen d'une règle graduée, le long de laquelle glisse le poids descendant. Sur cette règle se trouve un curseur plein que l'on peut placer de manière à arrêter le corps tombant après une, deux, trois, etc., secondes de chute.

Or, si l'on règle l'ensemble des poids de manière à leur faire parcourir 1 *décimètre*, par exemple, pendant une seconde de chute, on constate que l'espace parcouru pendant *deux* secondes de chute est de 1×4 ou de 1×2^2 dm. ; pendant *trois* secondes de chute, de 1×9 ou de 1×3^2 dm. et pendant *n* secondes de chute, $1 \times n^2$ dm. Ce qui vérifie la loi énoncée ci-dessus.

L'observation a appris qu'un corps qui tombe librement, parcourt à peu près 4 *mètres* 9 *décimètres* pendant la première seconde de sa chute ; or, d'après cette deuxième loi, pour trouver l'espace parcouru par un corps tombant pendant un certain temps, *il faut multiplier 4ᵐ90 par le carré du nombre de secondes pendant lequel il est tombé.* Si, par exemple, un corps tombe pendant 8 *secondes*, durant ce temps il parcourra un espace égal à $4^m90 \times 8^2$ ou 313ᵐ60.

Troisième loi. — *La vitesse acquise par un corps qui tombe est proportionnelle à la durée de la chute.*

La machine d'Atwood sert encore à vérifier la troisième loi de la chute des corps. Pour cela, on fait usage d'un curseur annulaire, qui permet d'enlever la masse additionnelle, seule cause du mouvement, après un certain temps de chute. On dispose d'abord le curseur annulaire de manière à retenir cette masse après *une seconde* de chute. Les poids, en vertu de la vitesse acquise, continuent leur mouvement avec une vitesse uniforme, et si on les laisse se mouvoir encore pendant *une* seconde, l'espace qu'ils parcourront chacun, pendant ce dernier temps, représentera leur vitesse après *une* seconde de chute. Si l'on recommence l'expérience en plaçant le curseur annulaire de manière à retenir la masse additionnelle après *deux* secondes de chute, on constatera que la vitesse acquise sera *double* de la précédente ; qu'après *trois* secondes elle sera *triple*, et ainsi de suite.

La vitesse qu'acquiert un corps qui tombe librement est :

Après 1 seconde ...... $9,80 \times 1 = 9^m80$.
» 2 secondes ..... $9,80 \times 2 = 19^m60$.
» 3 secondes ..... $9,80 \times 3 = 29^m40$.

etc.

Le nombre **9,80** se désigne sous le nom d'*accélération*; on le représente par la lettre *g*.

Remarque. — Le nombre 4,90 qui représente en mètres l'espace parcouru par un corps dans la première seconde de sa chute, est précisément la moitié de l'accélération. On peut donc le représenter par $\frac{g}{2}$. Si l'on représente le temps par *t*, et l'espace total par *e*, la deuxième loi de la chute des corps pourra s'exprimer par la formule :

$$e = \frac{g}{2}\, t^2.$$

25. Pendule. — On appelle *pendule* tout corps pesant qui oscille autour d'un point de suspension.

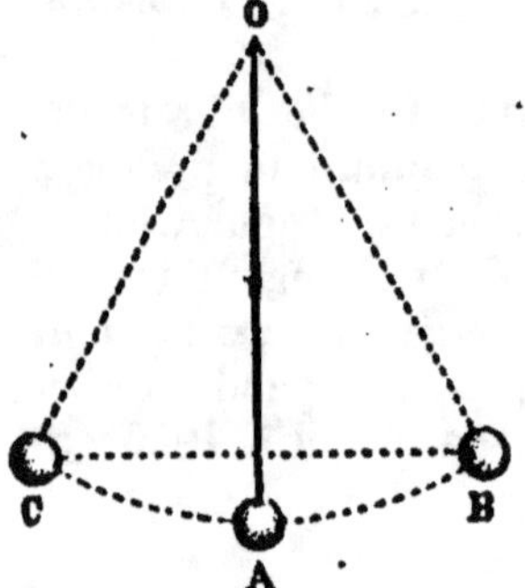

Fig. 33. — *Pendule.*

Le mouvement d'un pendule est déterminé par son poids. En effet, soit le corps A suspendu à l'extrémité d'un fils OA fixé en O. Le système restera en équilibre tant que le fil sera vertical, car alors, l'effet de la pesanteur est détruit par la résistance du fil ; mais, si l'on vient à écarter celui-ci de sa position d'équilibre pour l'amener en OB et qu'on l'abandonne ensuite à lui-même, le corps A se mettra en mouvement et décrira un arc de cercle ayant le point O pour centre. Arrivé en A, le corps, en vertu de la vitesse acquise, dépassera la position d'équilibre pour remonter suivant AC jusqu'à ce que la vitesse soit annulée, ce qui arrivera lorsqu'il aura atteint le point C, symétrique du point B. Mais en C le corps A se retrouvera dans des conditions identiques à celles où il se trouvait lorsqu'il était en B ; il devra donc redescendre pour remonter en B, et ainsi de suite. C'est du moins ce qui se passerait si la résistance de l'air et aussi le frottement au point de suspension n'agissaient pas pour diminuer de plus en plus l'espace parcouru par le mobile qui, au bout d'un certain temps, revient au repos.

On nomme *oscillation* lé passage d'une position extrême OB à l'autre OC, et on appelle *amplitude* de l'oscillation l'angle BOC, formé par ses positions extrêmes.

26. Lois du pendule. — Le mouvement du pendule est soumis à plusieurs lois dues à Galilée, dont les plus importantes sont les suivantes :

Première loi. — *La durée d'une oscillation d'un même pendule dans un même lieu est indépendante de l'amplitude, pourvu que celle-ci soit petite, c'est-à-dire qu'elle ne dépasse pas 4 ou 5 degrés.*

On vérifie cette loi en comptant le temps T que met un pendule quelconque pour faire n oscillations, puis le temps T' qu'il emploie pour faire un même nombre d'oscillations d'une amplitude différente ; on reconnaît alors que T égale T'. Ces oscillations sont dites *isochrones*, c'est-à-dire de même durée.

Deuxième loi. — *La durée des oscillations des pendules de même longueur, dans un même lieu, est la même, quelle que soit la substance qui les compose.*

Pour vérifier cette loi, on fait osciller des pendules formés de substances différentes (fer, cuivre, ivoire, etc.), mais de mêmes dimensions géométriques, et on constate que tous s'accompagnent dans leurs oscillations si on les a déplacés d'un même écart quelconque, ou si les amplitudes de leurs oscillations sont petites.

Troisième loi. — *La durée de l'oscillation d'un pendule, en un même lieu et pour les petites amplitudes, est proportionnelle à la racine carrée de sa longueur.*

On vérifie cette loi en prenant deux pendules formés d'une petite sphère métallique et d'un fil très fin. On donne à ces pendules des longueurs proportionnelles aux nombres 1 et 4, et on constate que le premier fait deux oscillations tandis que le second n'en fait qu'une. A Paris, la longueur du pendule dont l'oscillation dure une seconde est de 0m99392.

Les lois du pendule sont résumées par la formule :

$$t = \pi \sqrt{\frac{l}{g}}$$

FIG. 34. — *Application du pendule au réglage des horloges.*

dans laquelle t représente la durée d'une oscillation, l, la longueur du pendule ; g est l'accélération de la pesanteur ; elle varie avec la latitude ; à Paris, elle égale 9,81.

27. Application du pendule. — L'isochronisme des petites oscillations du pendule a été appliqué d'une façon très ingénieuse par Huyghens, au réglage du mouvement des horloges, mouvement qui, produit par une force continue, tend toujours à s'accélérer. Voici comment agit le pendule dans les horloges :

Une roue dentée est mise en mouvement par un poids P ; le pendule O'L entraîne dans son mouvement, au moyen de la fourchette F soudée à l'axe OO', un arc métallique *aoa'*, nommé *échappement à ancre*, dont les extrémités en crochet viennent, à chaque oscillation, s'engager dans une dent de la roue dentée. La roue ainsi arrêtée à chaque oscillation du pendule, c'est-à-dire à des intervalles égaux, est obligée de tourner d'un mouvement uniforme. La pression des dents sur les crochets au moment de leur échappement suffit pour entretenir le mouvement du pendule.

BALANCES

28. Les *balances* sont des appareils destinés à faire connaître le poids relatif des corps. Ces appareils ont reçu des formes variées, suivant les usages auxquels on les

destine. Les principales sortes de balances sont : la *balance
ordinaire*, la *balance de précision*, la *balance de Roberval*,
la *romaine*, la *bascule* ou *balance de Quintenz* et le *peson*.

29. Balance ordinaire. — La *balance ordinaire* est un
levier du premier genre à bras égaux. Son principal organe est une barre rigide appelée *fléau*, traversée en son milieu par un prisme en acier nommé *couteau*; ce prisme est triangulaire et repose, par une de ses arêtes, sur deux plans très durs placés à l'extrémité d'une colonne qui sert de point d'appui au fléau.

Fig. 35. — *Balance ordinaire.*

Aux extrémités de ce dernier sont attachés à l'aide de
chaînes ou de fils métalliques, deux *plateaux* qui doivent
recevoir, l'un le corps à peser, l'autre les poids marqués
qui sont destinés à évaluer le poids du corps. Enfin, à la
partie supérieure du fléau est fixée une longue aiguille
métallique qui oscille devant un petit cadran, au milieu
duquel elle correspond quand le fléau est horizontal.

Une balance, pour être bonne, doit être *juste* et *sensible*.

Condition de justesse. Une balance est *juste* quand le fléau
reste horizontal lorsqu'on met des poids égaux dans les deux
plateaux. Pour cela, il faut :

1° Que les bras du fléau soient parfaitement égaux ;

2° Que le centre de gravité du fléau soit sur la verticale passant par son point d'appui.

On peut constater la justesse d'une balance de la manière suivante. On place dans un des plateaux un objet quelconque et dans l'autre, des poids de manière à établir l'équilibre. Cela fait, on porte l'objet dans le plateau où sont les poids, et ceux-ci dans le plateau où était l'objet ; s'il y a encore équilibre, la balance est juste ; dans le cas contraire, elle est fausse.

Conditions de sensibilité. — Une balance est *sensible* lorsque le fléau s'incline pour une très petite différence de poids entre les deux plateaux. Pour qu'une balance soit sensible, il faut :

1° Que le fléau soit le plus léger et le plus long possible ;

2° Que le centre de gravité du fléau soit très près de l'arête de suspension du couteau, et en dessous.

FIG. 36.. — *Balance de précision.*

On peut obtenir le poids d'un objet, même avec une balance fausse, pourvu qu'elle soit sensible, en appliquant la *méthode des doubles pesées* dues à Borda. Elle consiste à placer le corps à peser dans un des plateaux de la balance, et dans l'autre un corps quelconque, de la grenaille de plomb, par exemple, de manière à lui faire équilibre. Puis, retirant du premier plateau l'objet à peser, on met à sa place des poids marqués jusqu'à ce que le fléau redevienne horizontal. Il est évident que le poid du corps est égal à celui des poids qui font, comme lui, équilibre à une même résistance.

30. Balance de précision. — La *balance de précision* est une balance ordinaire construite avec beaucoup de soin. Elle se compose d'une colonne métallique établie sur une caisse que supportent des vis calantes servant à l'établir horizontalement. La colonne porte à sa partie supérieure un support horizontal qui, après avoir traversé une ouverture pratiquée dans le fléau, reçoit le couteau sur un plan d'agate. Le fléau, long et léger, a la forme d'un losange évidé. Il porte à ses deux extrémités des couteaux d'acier trempé, sur lesquels s'appuient des étriers destinés à soutenir les plateaux. On peut à volonté soulever, au moyen d'un mécanisme spécial, le fléau et les deux étriers au-dessus de leurs couteaux, afin d'empêcher ces derniers de s'émousser par le frottement quand la balance ne fonctionne pas. La balance de précision est entourée d'une cage de verre qui la préserve des mouvements produits par l'agitation de l'air.

31. Balance de Roberval. — La *balance de Roberval*, aujourd'hui très répandue dans le commerce, repose sur le même principe que la balance ordinaire. La seule modification qui la distingue de cette dernière consiste en ce que les plateaux,

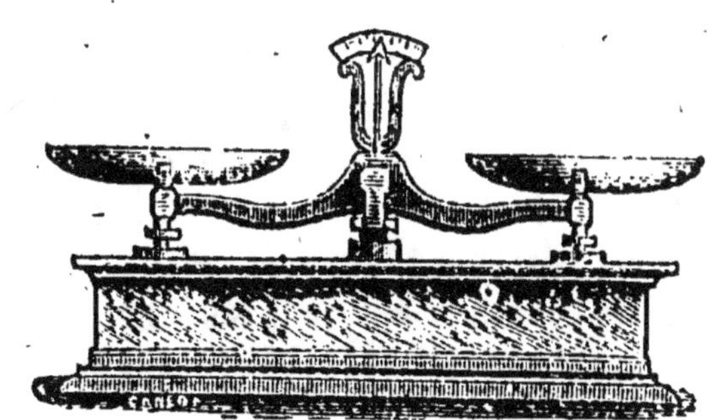

Fig. 37. — *Balance de Roberval.*

au lieu d'être suspendus au-dessous du fléau, sont placés au-dessus. Cette disposition rend la balance de Roberval plus commode que la balance ordinaire, quoique moins sensible.

32. Balance romaine. — La *balance romaine* est un levier du premier genre à bras inégaux. A l'extrémité du bras le plus court est suspendu un crochet destiné à recevoir les corps que l'on veut peser ; l'autre bras, qui est

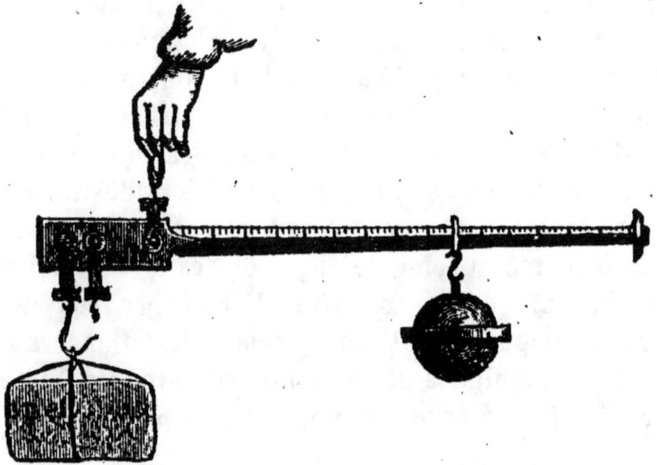

FIG. 38. — *Balance romaine.*

gradué, supporte un poids mobile appelé *curseur*. Il est évident que plus le poids du corps est considérable, plus il faut éloigner le curseur du point de suspension de la balance pour établir l'équilibre. L'avantage de la romaine est de ne pas exiger une série de poids gradués ; une simple lecture fait connaître le poids du corps suspendu au crochet de cet instrument.

Cette balance est peu sensible. On l'emploie dans les cas où une grande précision n'est pas nécessaire.

33. Bascule ou balance de Quintenz. — La *bascule* ou *balance de Quintenz* est également un levier du premier genre NL à bras inégaux. Les corps à peser sont placés sur un plateau horizontal BA ; la pression qu'ils exercent sur le plateau est transmise sur le petit bras du levier en deux

points K et L. Le grand bras du levier soutient un petit
plateau sur lequel on met des poids marqués, et l'ensemble
de l'appareil est réglé de manière qu'un certain poids P
placé sur ce petit plateau fasse équilibre à un poids *dix*

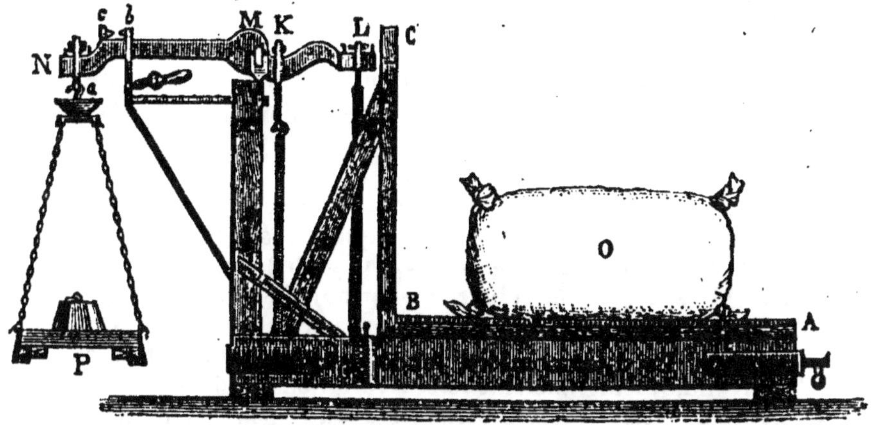

FIG. 39. — *Bascule ou balance de Quintenz.*

fois plus fort placé sur le plateau BA. Pour peser, par
exemple un poids de **50** *kg.*, il suffit de mettre sur le plateau
un poids de **5** *kg.* Certaines bascules sont pourvues d'un
levier à curseur comme la balance romaine.

84. Peson. — Le *peson* est
aussi un levier du premier
genre à bras inégaux mais
coudés. L'extrémité A du petit
bras BA supporte un plateau
E sur lequel on met le corps
à peser; l'extrémité C du grand
bras est terminée par une aiguille qui parcourt les divisions d'un arc gradué DC. Le
poids du corps mis dans le pla-

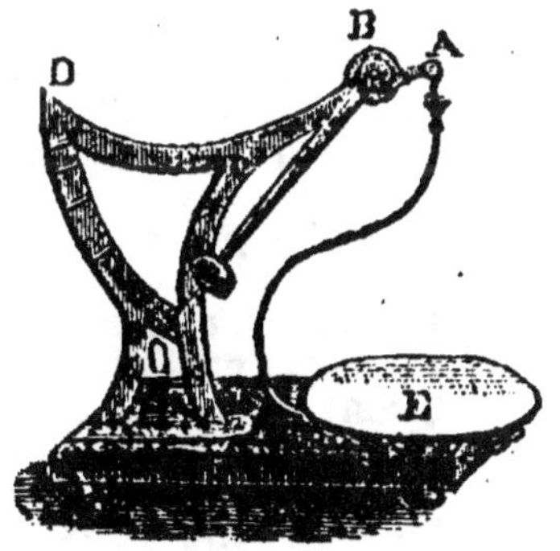

FIG. 40. — *Peson.*

teau fait baisser l'extrémité A du levier et monter l'aiguille
C. Plus ce poids est considérable, plus l'arc parcouru par
l'aiguille est grand. On lit sur cet arc le poids du corps.

Pour graduer cet instrument, on place successivement une série de poids dans le plateau E, et l'on marque leur valeur aux endroits où s'arrête l'aiguille. Le peson est destiné à de faibles pesées ; il a les mêmes avantages que la balance romaine ; le pèse-lettres a ordinairement la forme d'un peson.

35. Dynamomètre. — Le *dynamomètre* décrit plus haut (8) s'emploie fréquemment pour déterminer le poids des corps.

Remarque. — Dans les balances étudiées précédemment, on trouve toujours un poids faisant équilibre à un autre poids au moyen d'un levier. Aussi quoique la pesanteur varie de l'équateur aux pôles, ces balances fournissent toujours les mêmes données, car les deux poids que l'on compare varient dans les mêmes proportions. Le dynamomètre, fondé uniquement sur l'élasticité de l'acier, indiquerait fidèlement ces variations de la pesanteur. Le poids qu'il marque est *absolu*, c'est-à-dire sans comparaison avec un autre poids ; les autres balances donnent le poids *relatif*.

RÉSUMÉ

La *pesanteur* est la force qui attire tous les corps vers le centre de la terre.

La direction que les corps suivent en tombant s'appelle *verticale* ; elle est donnée par le *fil à plomb*. Une ligne droite et une surface plane de petite étendue *sont horizontales* lorsqu'elles sont perpendiculaires à la direction de la pesanteur.

Le *centre de gravité* d'un corps est le point d'application de la résultante de toutes les actions exercées par la pesanteur sur les molécules de ce corps.

Le *poids d'un corps* est la somme de toutes les actions que la pesanteur exerce sur les molécules. On distingue deux espèces de poids : le *poids absolu* et le *poids relatif*.

Un corps est en *équilibre*, lorsque son centre de gravité est soutenu contre l'action de la pesanteur. Il y a trois sortes d'équilibres : l'*équilibre stable*, l'*équilibre instable* et l'*équilibre indifférent*.

Les lois de la chute des corps sont les suivantes :

1° *Dans le vide, tous les corps tombent avec la même vitesse ;*

2° *Les espaces parcourus par un corps qui tombe, sont proportionnels aux carrés des temps employés à les parcourir ;*

3° *La vitesse acquise par un corps qui tombe, est proportionnelle à la durée de la chute.*

On trouve l'espace parcouru par un corps qui tombe pendant

un certain nombre de secondes, *en multipliant* 4ᵐ90 *par le carré de ce nombre de secondes.*

On appelle *pendule* tout corps pesant qui oscille autour d'un point de suspension.

Le mouvement d'un pendule est produit par son poids. On nomme *oscillation* d'un pendule le passage d'une de ses positions extrêmes à l'autre ; l'*amplitude* de l'oscillation est l'angle formé par les deux positions extrêmes et le point de suspension du pendule.

Le mouvement du pendule est soumis à plusieurs lois dues à Galilée. Sa principale application est dans le réglage des horloges.

Les *balances* sont des appareils destinés à faire connaître le poids relatif des corps. Les principales sortes de balances sont la *balance ordinaire*, la *balance de précision*, la *balance de Roberval*, la *balance romaine*, la *balance de Quintenz* ou *bascule* et le *peson*.

La *balance ordinaire* est un levier du premier genre dont les bras sont égaux.

La *balance de précision* est une balance ordinaire construite avec beaucoup de soin. Les balances de précision sont trèssensibles; elles ne doivent servir qu'à de faibles pesées.

La *balance de Roberval* est une balance ordinaire dont les plateaux sont fixés au-dessus du fléau.

La *balance romaine* est aussi un levier du premier genre, à bras inégaux. Dans cette balance, un curseur, mobile sur le plus grand des bras du levier, indique, par sa position quand l'instrument est en équilibre, le poids du corps que l'on pèse.

La *bascule* ou *balance de Quintenz* est un levier du premier genre à bras inégaux. Elle est construite de manière que pour faire équilibre à un certain corps à peser, il suffise d'employer un poids *dix fois* moins fort.

Le *peson* est un levier du premier genre à bras inégaux et coudés. Dans le peson, les poids des corps sont indiqués par une aiguille qui parcourt un arc gradué.

Le *dynamomètre* est basé sur l'élasticité de l'acier. Il donne le poids absolu des corps. Le plus commun est le *peson à ressort.*

CHAPITRE III

HYDROSTATIQUE

86. On désigne sous le nom d'*hydrostatique* la partie de la physique qui a pour objet l'étude des lois de l'équilibre des liquides et des pressions qu'ils exercent sur les parois des vases qui les contiennent.

87. Principe de Pascal. — Le principe de Pascal s'énonce ainsi : *Les liquides transmettent intégralement et dans tous les sens les pressions qu'ils supportent.*

On peut vérifier ce principe par l'expérience suivante. Soit un vase de forme quelconque dont les parois portent des ouvertures égales fermées par des pistons très mobiles. On constate que si l'on exerce une certaine pression sur l'un des pistons, il faut exercer la même pression sur chacun des autres pour qu'ils ne

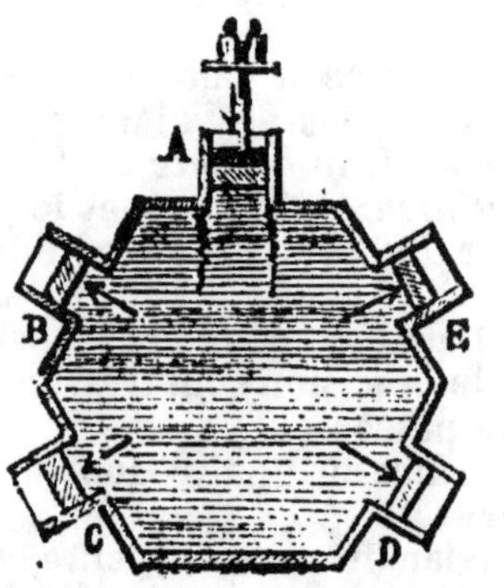

FIG. 41.   FIG. 42.
Appareils pour la démonstration du principe de Pascal.

se déplacent pas ; et si l'un des pistons a une surface *double*, *triple*, *centuple* de celle des autres, il faut exercer sur ce piston une pression *double*, *triple*, *centuple* de la première pour le maintenir en équilibre, ce qui permet de dire que *les pressions transmises sont proportionnelles à l'étendue des parois qui les reçoivent.* C'est sur ce dernier principe qu'est basée la *presse hydraulique.*

88. Presse hydraulique. — La *presse hydraulique,* imaginée par Pascal et réalisée à Londres, en 1796, par Bramah, est l'application la plus intéressante de la transmission des pressions par les liquides. Elle permet, à l'aide d'une force relativement faible, d'exercer des pressions considérables.

La presse hydraulique se compose de deux cylindres A et L communiquant entre eux par un tube G. Dans le grand cylindre L se meut un piston K surmonté d'une plate-forme de fonte HH'. Au-dessus de cette plate-forme

il s'en trouve une autre maintenue fixe par quatre colonnes.
Le petit cylindre A contient également un piston qui est
mis en mouvement à l'aide du levier BB'. Lorsque ce
piston monte, il aspire l'eau d'un réservoir M, et lorsqu'il
descend, il la refoule dans le grand cylindre. Deux soupapes
convenablement disposées en O et en G, s'ouvrent de
manière à permettre le passage au liquide puis se referment
pour l'empêcher de revenir en arrière. La pression que
l'eau exerce sur le piston K est d'autant plus grande que la

FIG. 43. — *Presse hydraulique.*

A, Pompe aspirante et foulante, envoyant l'eau du réservoir M dans le cylindre L.
— K, Gros piston surmonté de la plate-forme IIII'.

surface de section de ce piston est plus grande par rapport
à celle du petit. Si, par exemple la surface de K contient
50 *fois* celle du petit, les pressions exercées sur ce dernier
seront transmises sous le grand piston avec une intensité
50 *fois* plus considérable ; une pression de 100 *kilogr.*
exercée sur le petit piston se transmettra au-dessous du

grand piston en une poussée de bas en haut égale à **5.000** *kg*. Il existe des presses hydrauliques où, avec une force initiale de **20** *kilogr.* appliquée à l'extrémité du levier qui surmonte le petit piston, on produit une pression de plus de **50.000** *kilogr.*

Pour empêcher l'eau de filtrer entre le piston et la paroi du grand cylindre, Bramah a imaginé de placer dans le renflement de cette paroi un *cuir embouti*, dont la coupe est représentée dans la partie gauche supérieure de la figure 43. Ce cuir ayant la forme d'une rigole renversée, plus là pression est forte, plus l'eau qui remplit cette rigole comprime les bords du cuir contre le piston et la paroi du cylindre ; de sorte que la moindre filtration est impossible.

La presse hydraulique a de nombreux usages : on s'en sert pour extraire le suc des betteraves et des cannes à sucre, pour extraire l'huile des graines oléagineuses, pour séparer l'oléine de la margarine dans la fabrication des bougies, pour fouler le drap, pour presser le papier, pour fabriquer les ustensiles en fer battu, pour soulever ou déplacer des masses d'un grand poids, des maisons, par exemple, pour éprouver les canons, pour essayer la résistance des câbles à traction. Sous le nom de *presse à forger*, elle peut être considérée comme l'outil de l'avenir, non seulement pour le forgeage des tubes de caïson, des blindages, des grands arbres de transmission, mais aussi pour celui des petites pièces.

On applique également la transmission des pressions par l'eau pour essayer la force de résistance des parois des chaudières à vapeur. Pour cela, on emplit les chaudières d'eau, et on les met en communication avec un tube adapté au petit cylindre d'une presse hydraulique. On comprime ensuite l'eau jusqu'à une pression donnée, laquelle est toujours bien supérieure à celle que la vapeur doit exercer sur les parois de la chaudière. Cette expérience se fait sans danger, car si les parois ne peuvent résister, elles se déchirent, mais il n'y a jamais projection de leurs fragments, comme cela arriverait si l'on employait un gaz au lieu de l'eau.

89. Conditions d'équilibre des liquides. — Pour qu'un liquide soit en équilibre, deux conditions sont nécessaires :

1° *La surface libre d'un liquide en équilibre doit être, en chaque point, perpendiculaire à la direction de la pesanteur.*

Pour être perpendiculaire à la direction de la pesanteur, la surface d'un liquide doit être horizontale ; c'est ce que l'on remarque pour les liquides dont la surface présente une petite étendue. Mais pour les grandes surfaces, il n'en peut être ainsi. Devant être en chaque lieu perpendiculaires à la verticale, elles prennent une courbure sensiblement sphérique ; c'est pour cette raison que la surface des mers est convexe.

2° Une molécule quelconque d'une masse liquide en équilibre doit éprouver, dans tous les sens, des pressions égales et de sens contraires.

Cette condition est indispensable, car si une molécule éprouvait dans un sens une pression plus forte que dans le sens opposé, il est évident qu'elle obéirait à la plus forte pression et que l'équilibre serait rompu.

40. Pressions qu'exercent les liquides en vertu de la pesanteur. — Les liquides en équilibre exercent, en vertu de la pesanteur, des pressions sur les parois des vases qui les contiennent ou des corps qui y sont plongés. Ces pressions se vérifient dans tous les sens ; on étudie spécialement les pressions *verticales* et les pression *latérales.*

1° *Pression verticale de haut en bas.* — La pression qu'exerce un liquide sur le fond du vase qui le contient *est indépendante de la forme et de la capacité de ce vase.* Elle ne dépend que de la surface du fond et de la hauteur du niveau du liquide. On démontre cela au moyen de vases de différentes formes et sans fond, mais dont l'orifice inférieur, égal pour tous, peut être bouché au moyen d'un obturateur de verre, attaché à l'un des bras d'une balance. Un poids mis dans le plateau de l'autre bras, maintient l'obturateur appuyé contre le vase.

On installe l'un des vases, M, sur un support comme l'indique la figure 44 ; puis on y verse de l'eau jusqu'à ce que l'obturateur cède sous le poids du liquide, et l'on marque la hauteur du niveau au moyen de l'aiguille *o*. En répétant l'expérience avec les autres vases, l'obturateur cède dès que le niveau atteint la pointe de l'aiguille.

En employant un vase parfaitement cylindrique, on peut constater que la pression que le liquide exerce sur le fond est exactement égale au poids de ce liquide, d'où l'on

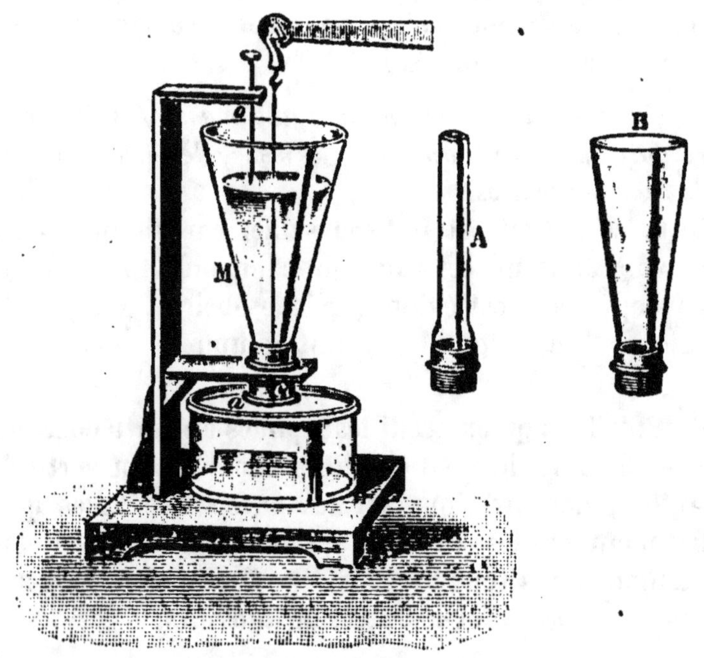

FIG. 44. — *Appareil pour l'étude des pressions verticales de haut en bas.*

déduit la loi suivante : *La pression qu'un liquide exerce sur le fond d'un vase est égale au poids d'une colonne de ce liquide ayant pour base le fond du vase, et pour hauteur la distance verticale de ce fond au niveau de la surface libre du liquide.*

2° *Pressions verticales de bas en haut.* — *Les liquides exercent de bas en haut une pression égale à celle qu'ils exercent de haut en bas.* On le démontre au moyen d'un tube de verre que l'on ferme à sa partie inférieure avec un obturateur que l'on tient en position avec un fil. On plonge cette extrémité dans l'eau ; on peut alors lâcher le fil, car l'obturateur se maintient en place en vertu de la pression que le liquide exerce de bas en haut. Si l'on verse ensuite de l'eau dans le tube, ce n'est que lorsque ce liquide a sensiblement atteint le niveau du liquide extérieur que l'obturateur se détache et tombe.

3° **Pressions latérales.** — Les pressions que les liquides exercent sur les parois latérales des vases peuvent être étudiées d'une manière analogue (fig. 46).

On sait qu'il suffit de prati-

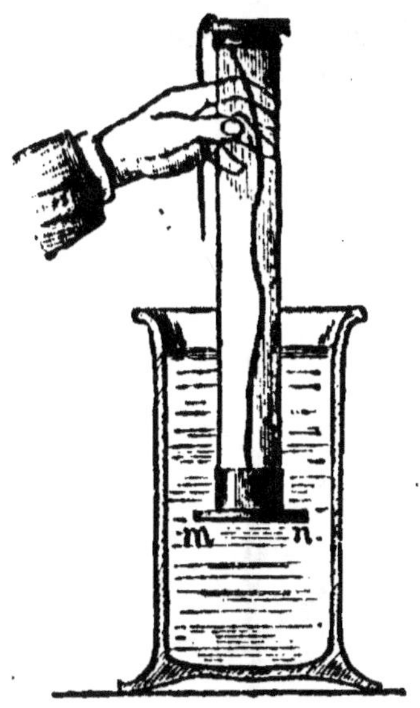

Fig. 45. — *Appareil pour la démonstration des pressions de bas en haut.*

quer une ouverture en un point quelconque d'une paroi latérale d'un vase, pour que le liquide contenu s'échappe avec une force d'autant plus grande que cette ouverture est plus éloignée du niveau supérieur du liquide.

L'expérience et le calcul démontrent que la pression exercée par un liquide sur une portion de la paroi latérale du vase qui le renferme *est égale au poids d'une colonne de liquide ayant pour base la portion de paroi*

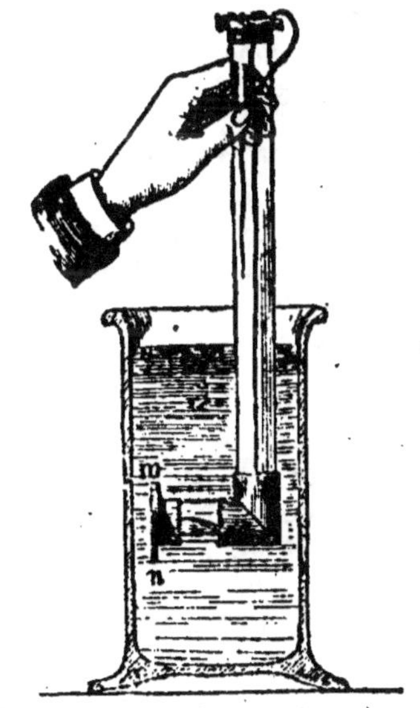

Fig. 46. — *Appareil pour la démonstration des pressions latérales.*

*considérée, et pour hauteur la distance du centre de gra-
vité de cette portion de paroi à la surface libre du liquide.*

Une expérience imaginée par Pascal donne une idée des pressions considérables auxquelles sont soumises les parois des vases remplis d'un liquide dont le niveau est très élevé au-dessus d'elles. On adapte à un tonneau plein d'eau un tube étroit et long de plusieurs mètres. Cela fait, on verse de l'eau dans le tube, et l'on voit bientôt le tonneau se disloquer et finir par se rompre sous l'influence de la pression intérieure qu'exerce la colonne d'eau contenue dans le tube. *Cette pression est la même que si le tube avait le diamètre du fond du tonneau.*

L'expérience du tonneau de Pascal nous montre le danger que pourrait offrir une simple fissure faisant communiquer les eaux pluviales avec un réservoir d'eau profondément situé au-dessous du sol. Quelque solides que soient les parois de ce réservoir, elles pourraient, si la fissure se remplissait, céder sous l'influence de la pression et se disloquer.

PROBLÈMES. — *1° En supposant que l'expérience de Pascal se réalise au moyen d'un tonneau de 1 mètre de hauteur et dont le fond aurait 0^m60 de diamètre, quelle serait la pression qui s'exercerait sur ce fond en ajoutant au tonneau un tube de 12 mètres?*

Le diamètre du fond étant de 0^m60, son rayon sera de 0^m30. Sa surface sera donc : $3{,}1416 \times 0{,}30^2$ $= 0\text{m}^2 282744$.

FIG. 47.
Tonneau de Pascal.

La hauteur de la colonne de pression est $1 + 12 = 13$ mètres.

La colonne de pression aurait un volume de $0{,}282744 \times 13$ $= 3\text{m}^3 675672$.

Le poids d'un m³ d'eau étant de 1.000 Kg., la pression sera : $3{,}675672 \times 1.000 = 3675$ Kg. 672.

2° Une vanne placée sur une des parois latérales d'un bassin, forme un rectangle de 1 mètre de largeur et de 0m50 de hauteur. Calculer la pression qu'elle reçoit, sachant que le niveau de l'eau atteint une hauteur de 1m80 au-dessus d'elle.

La surface de la vanne est de : $1 \times 0,50 = 0\text{m}^2 50$. Le centre de gravité de la vanne se trouve à l'intersection des diagonales, ou soit, à la moitié de sa hauteur. La hauteur de la colonne de pression sera donc : $0,25 + 1,80 = 2\text{m}05$.

Le volume de ladite colonne serait : $0,50 \times 2,05 = 1\text{m}^3 025$. Son poids sera : $1,025 \times 1000 = 1,025$ Kg.

41. Applications et conséquences de la pression des liquides.

1° *Tourniquet hydraulique.* — Le *tourniquet hydraulique* se compose d'un vase en cristal reposant sur un pivot qui lui permet de tourner autour d'un axe vertical. A la partie inférieure, il communique avec un tube deux fois recourbé et ouvert à ses extrémités. Le vase, une fois rempli d'eau, se met à tourner dans le sens contraire à celui de l'écoulement du liquide. Ce mouvement s'explique par la pression que le liquide exerce sur la portion du tube opposée à l'ouverture

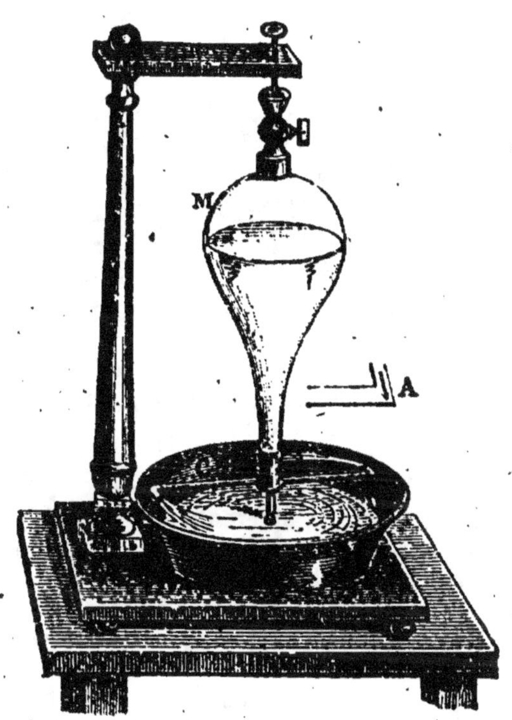

FIG. 48. — *Tourniquet hydraulique.*

comme c'est indiqué en A. Si les ouvertures étaient bouchées, cette pression serait équilibrée, et l'appareil ne tournerait pas.

Le tourniquet hydraulique a quelque application dans les manufactures de produits chimiques, où on l'emploie pour répartir les liquides avec régularité dans certains récipients.

2° *Equilibre des liquides dans les vases communiquants.* — L'équilibre des liquides dans les vases communiquants offre deux cas à considérer, selon que ces vases ne renferment qu'un liquide ou qu'ils contiennent des liquides de densités différentes.

FIG. 49. — *Vases communiquants.*

a) Lorsqu'un même liquide est contenu dans des vases communiquants, les niveaux de ce liquide, dans les différents vases, sont tous à la même hauteur, c'est-à-dire sur un même plan horizontal.

Cette loi se vérifie facilement à l'aide de l'appareil représenté par la figure 49. Cet appareil se compose d'un grand vase que l'on peut faire communiquer par sa partie inférieure avec une série de tubes de formes diverses. On remplit d'eau le grand vase et on ouvre le robinet qui établit la communication. On voit aussitôt le liquide monter dans les différents tubes, et lorsque l'équilibre est rétabli, on constate que tous les niveaux de l'eau sont sur un même plan horizontal.

L'explication de ce phénomène ne présente pas de difficulté. Supposons, pour un instant, qu'entre deux de ces vases il y ait une différence de niveaux et que dans le tube qui les unit il existe une paroi verticale. Sur cette paroi il s'exercerait des pressions différentes de part et d'autre (40, 3°).

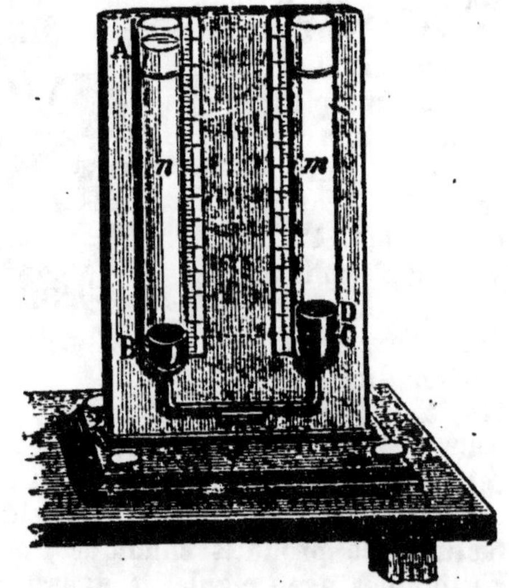

FIG. 50. — *Équilibre des liquides de densités différentes dans les vases communiquants.*

Il est donc évident que si elle disparaissait il y aurait mouvement du liquide dans le tube jusqu'à ce que les niveaux fussent à la même hauteur dans les deux vases.

b) Lorsque deux liquides de densités différentes sont contenus dans deux vases communiquants, les hauteurs des colonnes liquides qui se font équilibre sont en raison inverse des densités de ces liquides.

On démontre expérimentalement cette loi au moyen d'un tube en forme d'U, renfermant un peu de mercure. On met de l'eau dans l'une des deux branches verticales du tube, et l'on constate qu'une fois l'équilibre établi, la hauteur de l'eau au-dessus de la surface de séparation des deux liquides est égale à celle du mercure multipliée par la densité du mercure, qui est de 13,60. Ce qui vérifie la loi énoncée ci-dessus.

3° **Distribution de l'eau dans les villes.** — La distribution de l'eau dans les différents quartiers d'une ville est fondée sur la propriété des vases communiquants.

On amène l'eau par un moyen quelconque dans de grands réservoirs situés sur un point culminant de la ville. Du fond de ces réservoirs partent des conduits sur lesquels sont fixés d'autres conduits secondaires, que l'on dirige vers les rues et les places publiques, ainsi que dans les habi-

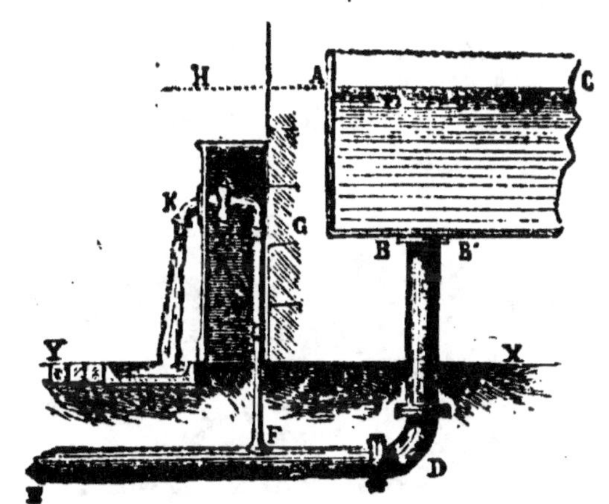

FIG. 51. — *Fontaine artificielle.*

tations particulières. L'eau tendant à s'élever dans ces conduits à la hauteur de son niveau dans les réservoirs, les remplit en totalité et se déverse par les robinets qui y sont adaptés, et qui forment ainsi de véritables fontaines artificielles distribuant l'eau dans toute la ville.

4° **Jets d'eau.** — Les *jets d'eau* sont aussi une application de la tendance des liquides à se mettre de niveau dans les vases communiquants (fig. 49). L'eau que l'on voit ainsi jaillir vient toujours d'un lieu plus élevé que celui où est situé le jet. Théoriquement, un jet d'eau devrait s'élever à une hauteur égale à celle du niveau de l'eau dans le réservoir d'où elle s'écoule, mais il n'en est jamais ainsi, parce que le jet a trois sortes de résistances à vaincre : c'est d'abord le frottement de l'eau dans le tube qui la

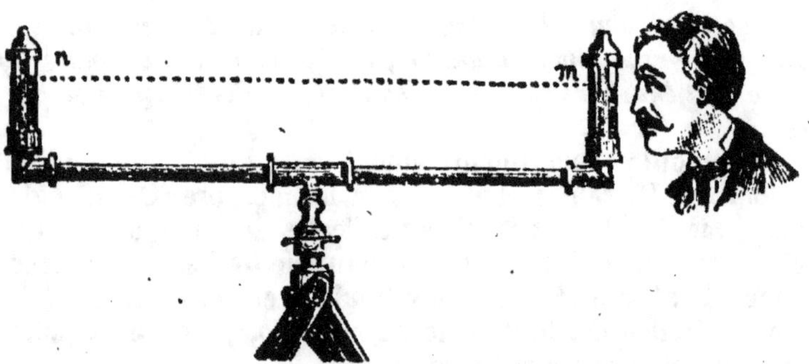

FIG. 52. — *Niveau d'eau.*

conduit, puis la résistance de l'air, et enfin le choc des gouttelettes liquides qui, en retombant sur le jet, ralentissent son mouvement ascensionnel.

5° **Niveau d'eau.** — Le *niveau d'eau* est une application du principe des vases communiquants. Il consiste en un tube métallique recourbé à angle droit à ses deux extrémités, et terminé à chaque

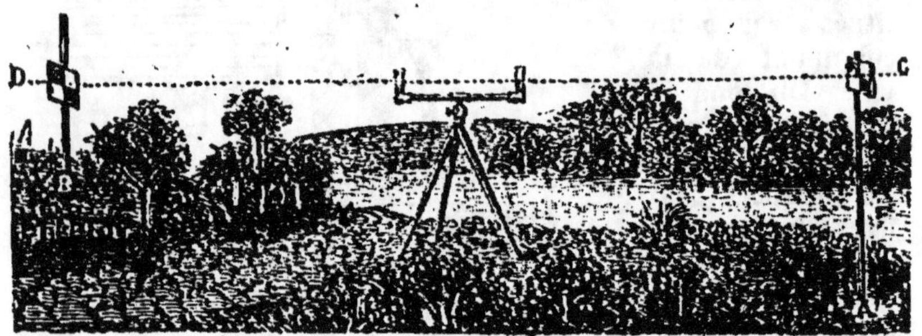

FIG. 53. — *Nivellement simple.*

bout par une fiole sans fond. L'appareil est posé en son milieu sur un pied à trois branches. On met dans le tube un liquide coloré, de manière à le remplir entièrement, ainsi qu'une partie des deux fioles. Le plan qui passe par les deux surfaces libres du liquide est toujours horizontal.

Pour établir la différence de niveau de deux points A et B, on place d'abord en A, puis en B, une règle divisée, appelée *mire* portant une plaque mobile nommée *voyant*. On dispose le voyant de la mire de sorte que son milieu se trouve sur la ligne horizontale passant par les niveaux du liquide coloré dans les deux fioles, et la différence des hauteurs du voyant, à chaque station de la mire, donne la différence de niveau cherchée.

6° Roues hydrauliques et turbines. — Les roues hydrauliques et les turbines ont pour but d'appliquer comme force motrice la pression des liquides.

Les *roues* sont des variations du treuil ; le bras de puissance y est constitué par des palettes sur lesquelles l'eau exerce alterna-

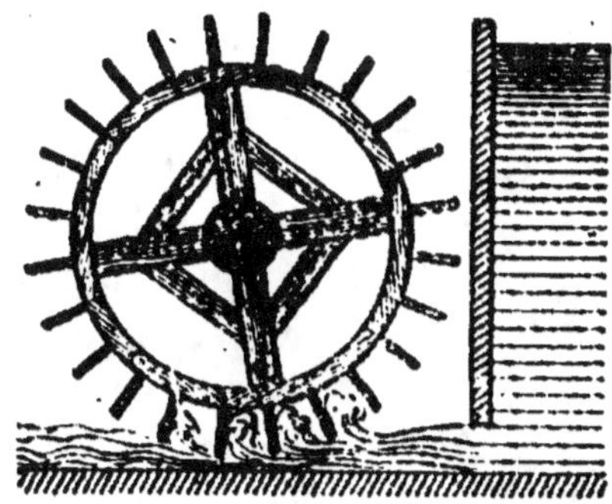

Fig. 54. — *Roue hydraulique.*

Fig. 55. — *Turbine.*

tivement sa pression pour les faire tourner. Leur mouvement est transmis au moyen d'un arbre de couche horizontal.

Les *turbines* sont ordinairement composées de deux roues concentriques entièrement immergées dans l'eau au fond d'un réservoir *ad hoc*. L'une de ces roues tourne sur un axe vertical ou horizontal ; l'autre est fixe et a pour but de diriger l'eau contre les palettes de la première. La pression exercée sur celles-ci est d'autant plus grande que le niveau de l'eau est plus élevé dans le réservoir ; cette pression s'exerce simultanément sur toutes les palettes.

Le rendement des turbines est supérieur à celui des roues ordinaires ; dans les premières, il est de 0,70 à 0,90 ; dans les secondes, il n'est que de 0,20 à 0,40.

REMARQUE. — La *puissance d'une chute d'eau*, ou soit le travail moteur qu'elle peut produire, se calcule très facilement : il suffit de multiplier la quantité d'eau qu'elle fournit en une seconde par la hauteur du niveau. Ces données s'expriment en *litres* et en *mètres* respectivement ; leur produit donne des *kilogrammètres*.

PROBLÈME. — Une chute de 2m50 de hauteur fournit 150 litres d'eau par seconde. On demande : 1° le travail moteur qu'elle peut fournir ; 2° le travail utile qu'elle produirait étant employée à actionner une turbine dont le rendement serait de 0,80.

1° 150 litres d'eau pèsent 150 Kg.

Travail moteur : $150 \times 2,50 = 375$ Kgm. par seconde, ou soit :

$$375 : 75 = 5 \text{ HP.}$$

2° Travail utile fourni par la turbine :

$$5 \times 0,80 = 4 \text{ HP.}$$

42. Phénomènes capillaires. — Lorsqu'on plonge un tube capillaire, c'est-à-dire d'un très petit diamètre, dans un liquide qui le mouille, on voit ce liquide s'élever dans le tube au-dessus du niveau du tube extérieur ; la surface terminale du liquide intérieur est *concave*. Si l'on fait plusieurs expériences avec des tubes de différents diamètres, on constate que *l'élévation du liquide est en raison inverse du diamètre du tube.*

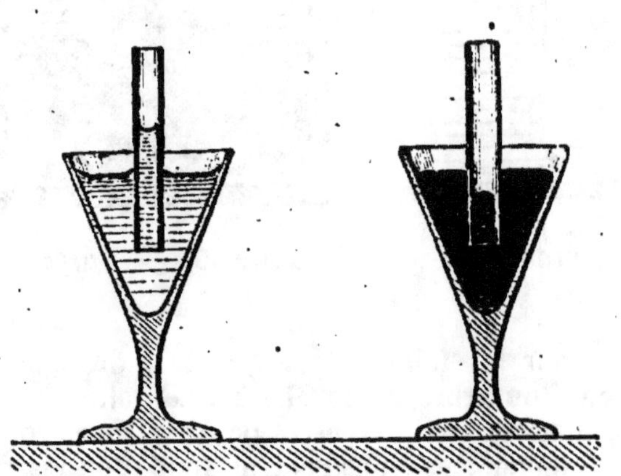

FIG. 56. — *Effets de la capillarité.*

Lorsque le liquide employé ne mouille pas le tube, on observe une dépression de ce liquide autour du tube, et sa surface terminale est *convexe. La dépression est en raison inverse du diamètre du tube.* Ces mêmes phénomènes s'observent encore entre deux lames de verre suffisamment rapprochées, mais l'ascension et la dépression sont la moitié de ce qu'elles seraient dans un tube dont le diamètre égalerait l'écartement des lames.

Ces phénomènes qui paraissent en contradiction avec

les principes d'équilibre des liquides dans les vases communiquants, s'expliquent par les attractions réciproques.

FIG. 57. — *Balance hydrostatique.*

C'est par l'effet de la capillarité que la sève monte dans les plantes, l'huile dans la mèche d'une lampe, le café dans un morceau de sucre qui le touche par un de ses points ; que le bois, les éponges, et en général, tous les corps poreux, s'imbibent plus ou moins facilement de liquides.

PRINCIPE D'ARCHIMÈDE

48. — Le principe d'Archimède peut s'énoncer ainsi :

Tout corps plongé dans un liquide y subit une poussée verticale de bas en haut égale au poids du liquide qu'il déplace.

On vérifie ce principe à l'aide de la *balance hydrostatique*. Cette balance ne diffère de la balance ordinaire que par ses plateaux munis d'un petit crochet, auquel on peut suspendre les corps à peser. A l'un des plateaux, on suspend un cylindre creux A, en laiton, et, au-dessous de celui-ci, un cylindre plein B, ayant un volume égal à la capacité du cylindre creux ; puis on établit l'équilibre à l'aide d'une tare placée dans l'autre plateau et on fait ensuite plonger le cylindre plein dans l'eau. L'équilibre est aussitôt détruit, le fléau incline du côté de la tare ; mais on constate que, pour ramener le fléau à l'horizontalité, il suffit de remplir d'eau le cylindre creux. Ce qui montre que le cylindre, en plongeant dans l'eau, *a perdu un poids égal à celui de l'eau qu'il a déplacée.*

44. Conséquences et applications du principe d'Archimède.

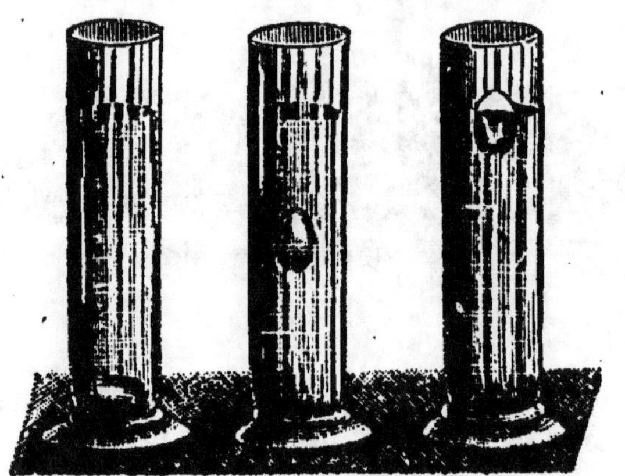

1° *Expérience de l'œuf.* — D'après le principe précédent, un corps plongé dans un liquide est soumis à une poussée qui agit en sens inverse de la pesanteur. Cette poussée peut être *inférieure*, *égale* ou *supérieure* au poids du corps ; il résulte de cela que trois phénomènes différents peuvent se produire : lorsque la poussée est inférieure au poids du corps, celui-ci *tombe* au fond du liquide ; quand elle lui est égale, il *reste en équilibre* dans son sein, et lorsqu'elle est plus grande, le corps, sollicité par une force qui tend à le faire mouvoir de bas en haut, *remonte* à la surface du liquide, où il vient émerger *en déplaçant un poids de liquide exactement égal au sien* ; on dit alors qu'il *flotte.*

Fig. 58. — *Expériences servant à constater les trois conditions de la poussée des liquides.*

Il est facile, au moyen de l'expérience de l'œuf et de l'eau salée, de réaliser ces trois conditions de la poussée des liquides. Un œuf frais s'enfonce dans l'eau ordinaire, mais il flotte sur l'eau saturée de sel, plus dense que la première. En mélangeant convenablement ces deux liquides, on peut en former un troisième au milieu duquel l'œuf restera suspendu.

2° *Les bateaux.* — Tous les corps, quelle que soit leur densité, peuvent flotter sur l'eau lorsqu'on leur donne une forme convenable. Le fer, en bloc, ne peut flotter, car, en cet état, il ne déplace pas un volume suffisant de liquide pour que la poussée de bas en haut annule son poids ; mais, si on le réduit en feuilles et si, avec ces feuilles on construit un bateau suffisamment grand, ce bateau surnagera. Supposons, en effet, que le poids du bloc de fer soit 10.000 Kg et le volume extérieur du bateau construit, de 100 mètres cubes. Pour enfoncer, ce bateau devrait déplacer 100 mètres cubes d'eau, ce qui lui ferait éprouver une poussée de bas en haut de 100.000 Kg. ; or, comme il ne pèse que 10.000 Kg., son poids est insuffisant pour combattre la poussée du liquide. Il en résulte que le bateau flottera et que, pour enfoncer, il devra être chargé d'un poids supérieur à (100.000 Kg.— 10.000 Kg.) ou à 90.000 Kg. C'est sur ce principe que repose la construction des navires dont la coque est toute en fer ou en acier ; ces navires tendent de plus en plus à remplacer les anciens vaisseaux, soit pour la marine marchande, soit pour la marine de guerre.

3° *Le ludion.* — Le *ludion* est un instrument de physique au moyen duquel on peut aussi réaliser les conditions nécessaires à un corps solide pour descendre, monter ou se maintenir en équilibre au sein d'un liquide. Cet appareil consiste en une éprouvette presque remplie d'eau, dans laquelle on a introduit une figurine d'émail surmontée d'une boule de verre.

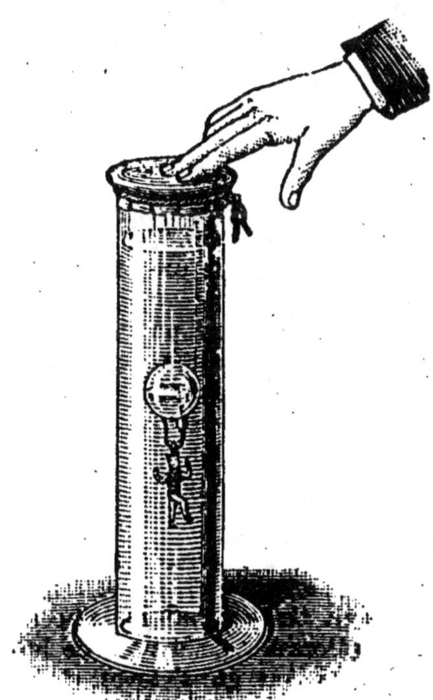

Fig. 59. — *Ludion.*

Cette boule est munie à sa partie inférieure d'une très petite ouverture par laquelle l'eau peut pénétrer quand elle est soumise à une certaine pression. La figurine est construite de manière que la boule étant vide, le système ait un poids total un peu moindre que celui de l'eau déplacée. L'éprouvette est fermée par une membrane élastique. Si l'on comprime l'air de l'appareil en appuyant sur cette membrane, l'air transmet à l'eau la pression qu'il reçoit, et une certaine quantité de liquide entre dans la petite boule en comprimant l'air qu'elle renferme. La boule devient ainsi plus lourde et la figurine descend. Lorsqu'on cesse de presser sur la membrane, l'élasticité de l'air comprimé de la boule refoule l'eau qui y avait pénétré, et la figurine remonte. On peut, par une pression convenable, la faire rester immobile au sein de l'eau à différentes hauteurs.

4° *Les sous-marins et les submersibles*. — Une expérience semblable à celle du ludion se réalise au moyen des bateaux *sous-*

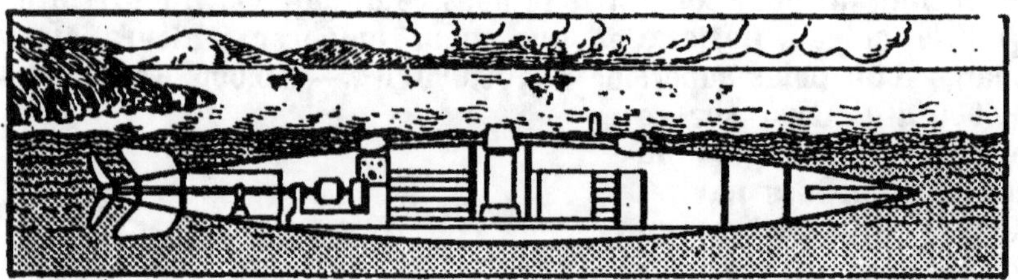

Fig. 60. — *Submersible.*

marins et des *submersibles*, que l'on peut à volonté faire plonger à plus ou moins de profondeur, puis faire remonter à la surface de l'eau.

Le sous-marin est pourvu à sa partie inférieure d'un réservoir qui est rempli d'air lorsque le bateau navigue en surface. Pour le faire plonger, on donne accès dans ce réservoir à l'eau de la mer, ce qui augmente son poids de manière à le rendre plus lourd que le liquide qu'il déplace. On le fait flotter en chassant l'eau au moyen de pompes à air comprimé ; l'appareil ainsi allégé pèse moins que le liquide qu'il déplace et remonte à la surface.

5° *Vessie natatoire des poissons*. — On trouve dans un grand nombre de poissons une vessie pleine d'air, qu'on nomme *vessie natatoire*. Cette vessie est placée dans l'abdomen, au-dessous de l'épine dorsale. Au moyen de leur vessie natatoire, les poissons peuvent à leur gré s'élever, s'abaisser ou se maintenir immobiles au sein des eaux. Veulent-ils descendre, ils la compriment par un effort musculaire ; alors ils diminuent de volume, et, déplaçant moins d'eau, leur poids l'emporte sur celui du liquide qu'ils déplacent, ce qui les fait descendre. Au contraire, s'ils veulent s'élever, ils relâchent les muscles qui compriment leur vessie natatoire ; celle-ci se dilate aussitôt, et les poissons, augmentant de volume sans augmenter de poids, sont alors soulevés par la poussée du liquide, qui les fait remonter.

6° *Liquides superposés.* — Lorsque plusieurs liquides, non miscibles et de densités différentes sont placés dans un même vase, *ils se superposent par ordre de densités décroissantes de bas en haut ; la surface libre et les surfaces de séparation forment des plans horizontaux.*

Pour vérifier cette loi, on se sert de la *fiole des quatre éléments.* On place dans cette fiole du mercure, de l'eau, de l'huile et de l'essence de pétrole. Après avoir agité le tout, on laisse reposer, et l'on constate que ces liquides se superposent d'après leurs densités respectives, et que chaque surface de séparation, ainsi que la surface libre est horizontale.

7° *Niveau à bulle d'air.* — Le *niveau à bulle d'air* est un petit instrument qui sert à vérifier l'horizontalité d'un plan de peu

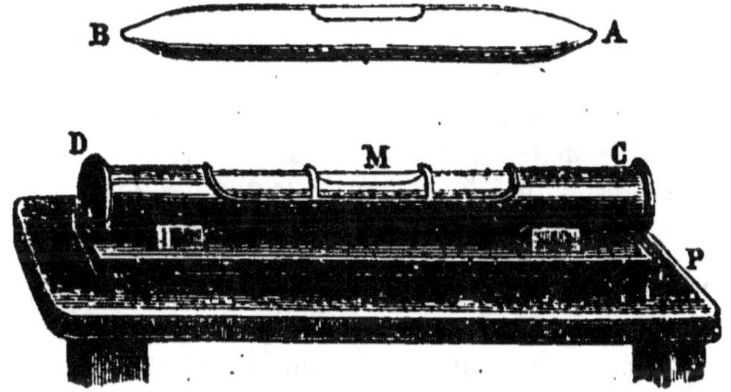

Fig. 61. *Niveau à bulle d'air.*

d'étendue, ou de l'axe d'une lunette. Il se compose d'un tube de verre BA légèrement recourbé et fermé à ses extrémités. On y a introduit de l'eau ou de l'alcool en n'y laissant qu'un petit espace occupé par une bulle d'air. Ce tube est placé dans une garniture de cuivre de telle sorte que la bulle d'air ne se place au milieu M du tube que lorsque l'instrument est sur un plan horizontal.

45. Condition de stabilité d'un corps flottant. — Pour qu'un corps flottant soit en équilibre stable, il faut que son centre de gravité soit *le plus bas possible, par rapport au centre de gravité de l'eau qu'il déplace*. C'est pour cette raison que, dans l'arrimage des vaisseaux, on place toujours les corps lourds dans la cale; c'est ce qu'on appelle *lester* les vaisseaux. Un cylindre de bois d'une certaine longueur flotte toujours dans la position horizontale ; il est impossible de le faire flotter dans la position verticale, si calme, que soit l'eau ; car dans cette position, son centre de gravité est bien au-dessus de celui de l'eau qu'il déplace. Mais si, à une des extrémités du cylindre on attache un morceau de plomb d'un certain poids, le centre de gravité de tout l'appareil se trouvera dans le plomb ou très près du plomb, et il sera impossible de faire flotter le cylindre autrement que dans la position verticale; dans cette position, le centre de gravité se trouvera le plus bas possible, et l'équilibre sera stable.

Remarque. — Le corps humain est un peu moins lourd dans son ensemble que le volume d'eau qu'il peut déplacer. Le corps humain surnage donc de lui-même, et d'autant plus facilement qu'il est plus volumineux. Cependant, la natation n'est pas naturelle à l'homme ; pour y réussir, il lui faut des exercices. Cela tient à ce que le poids de son corps n'est pas réparti d'une manière uniforme : la moitié antérieure pèse plus que la moitié postérieure. Ainsi, couché sur l'eau, le nageur incline un peu du côté d'avant ; le tête enfonce et les pieds se relèvent. Mais pour respirer, il faut qu'il ait la tête hors de l'eau, il est donc obligé de faire certains mouvements qui tendent à ce but. La position la plus favorable à la natation est évidemment celle où le nageur déplace le plus d'eau. La densité du liquide influe aussi sur la facilité de la natation ; ainsi, dans l'eau de mer, on nage plus aisément que dans l'eau douce, car le premier liquide étant plus dense que le second, le nageur doit moins en déplacer pour perdre un poids égal au sien.

RÉSUMÉ

L'hydrostatique est la partie de la physique qui traite des conditions d'équilibre des liquides et des pressions qu'ils exercent sur les vases qui les contiennent.

Le principe de Pascal peut s'énoncer ainsi : *Les liquides transmettent intégralement et dans tous les sens les pressions qu'ils supportent.*

La *presse hydraulique* est une heureuse application de ce principe. Elle est destinée à exercer de fortes pressions.

Pour qu'un liquide soit en équilibre, il faut : 1° *que sa surface libre soit perpendiculaire à la direction de la pesanteur ; 2° qu'une molécule quelconque du liquide éprouve dans tous les sens des pressions égales et de sens contraires.*

Les liquides exercent des pressions dans tous les sens, sur les parois des vases qui les contiennent, ou sur les corps qui y sont plongés.

La pression qu'un liquide en équilibre exerce sur le fond du vase qui le contient *est indépendante de la forme et de la capacité de ce vase ; elle est égale au poids d'une colonne verticale de ce liquide ayant pour base le fond du vase, et pour hauteur la distance de ce fond à la surface libre du liquide.*

La pression verticale de bas en haut exercée par un liquide sur un corps solide qui y est plongé *est égale au poids d'une colonne de ce liquide ayant pour base la surface pressée, et pour hauteur celle du liquide au-dessus de cette surface.*

La pression latérale qu'exerce un liquide sur les parois du vase qui le contient *est égale au poids d'une colonne de ce liquide ayant pour base la portion de paroi considérée, et pour hauteur la distance du centre de gravité de cette portion de paroi à la surface libre du liquide.*

Le *tourniquet hydraulique*, les *vases communiquants*, les *roues* et les *turbines* sont les principales applications de la pression des liquides.

Lorsqu'un même liquide est contenu dans des vases communiquants, *les niveaux de ce liquide dans les différents vases sont tous à la même hauteur, c'est-à-dire sur un même plan horizontal.*

Lorsque deux liquides de densités différentes sont contenus dans deux vases communiquants, *les hauteurs des colonnes liquides qui se font équilibre sont en raison inverse des densités de ces liquides.*

La théorie des puits artésiens, du jet d'eau, de la distribution de l'eau dans les villes, du niveau d'eau, est basée sur le premier principe des vases communiquants.

On calcule le travail d'une chute d'eau en multipliant la quantité d'eau fournie en une seconde par la hauteur de la chute.

On désigne sous le nom de *phénomènes capillaires* des ascensions et des dépressions que l'on observe particulièrement dans les tubes de diamètre très petit.

Le principe d'Archimède peut s'énoncer ainsi : *Tout corps plongé dans un liquide y subit une poussée verticale de bas en haut égale au poids du liquide qu'il déplace.* On vérifie ce principe à l'aide de la *balance hydrostatique.*

D'après le principe d'Archimède, un corps plongé dans un liquide est soumis à une poussée qui agit en sens inverse de la pesanteur. Cette poussée peut être *inférieure, égale* ou *supérieure* au poids du corps. On le vérifie par l'expérience de l'œuf et de l'eau salée, et aussi à l'aide du *ludion.*

La théorie des *corps flottants* et celle des *sous-marins* reposent sur le principe d'Archimède.

Tout corps flottant en équilibre déplace un volume de liquide dont le poids est égal au sien.

Un corps flottant est en équilibre stable lorsque son centre de gravité est le *plus bas possible*.

CHAPITRE IV

POIDS SPÉCIFIQUES. — ARÉOMÈTRES.

46. Définition du poids spécifique. — Les corps, sous le même volume, n'ont pas tous le même poids ; ainsi, un décimètre cube de fer pèse plus qu'un décimètre cube de bois ; un litre d'eau, qu'un litre d'huile, etc. Si l'on divise le poids de divers corps par leur volume, on trouve des résultats presque tous différents ; ces résultats sont les *poids spécifiques* ou *densités* de ces corps.

Le poids spécifique d'un corps est donc le quotient du poids de ce corps par son volume. Si, par exemple, 5 dm³ d'un corps pèsent 38 Kg., le poids spécifique de ce corps sera : 38 : 5 = 7,6.

En représentant le volume d'un corps par V, son poids par P et son poids spécifique ou densité par D, on pourra écrire, d'après la définition précédente :

$$D = \frac{P}{V}$$

Lorsque le corps dont il s'agit de déterminer la densité est un liquide ou un solide de forme géométrique régulière, la détermination de son volume ne présente pas de difficulté. Il n'en est pas de même lorsqu'il s'agit d'un corps solide de forme irrégulière, comme cela arrive dans le plus grand nombre de cas. Aussi, a-t-on recours, en général, au moyen suivant :

On détermine pratiquement le poids spécifique d'un solide ou d'un liquide (1) en divisant son poids par celui d'un volume égal d'eau pure à 4° centigrade ; car l'eau, dans ces conditions étant prise pour unité de poids, le même nombre qui exprime son poids exprime aussi son volume. Ainsi, par exemple, 3 Kg. d'eau occupent un volume de 3 dm³.

Les procédés que l'on emploie à cet effet se réduisent à deux : celui de la *balance et celui des aréomètres.*

47. Détermination du poids spécifique au moyen de la balance.

1° *Méthode de la balance hydrostatique.* — Pour déterminer le poids spécifique d'un corps *solide* à l'aide de la balance hydrostatique, on le suspend d'abord au-dessous d'un des plateaux de la balance au moyen d'un fil très fin. On pèse ensuite ce corps ainsi suspendu, d'abord dans l'air, puis immergé dans l'eau. En vertu du principe d'Archimède le poids qu'il faut mettre pour rétablir l'équilibre, dans le plateau qui surmonte le corps immergé, représente le poids du volume d'eau déplacé par ce corps. Or, d'après

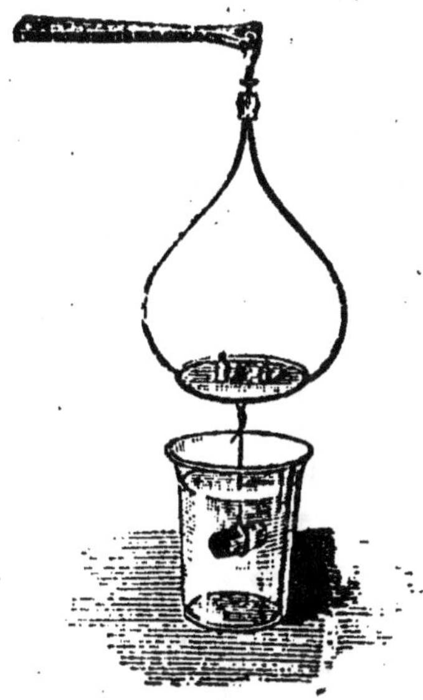

FIG. 62. — *Détermination de la densité d'un corps solide.*

le procédé pratique indiqué précédemment pour la détermination du poids spécifique, il suffit, pour obtenir ce dernier, de diviser le poids du corps dans l'air par celui de l'eau qu'il déplace. Soit par exemple, un corps, qui

------

(1) Le poids spécifique des gaz se détermine par rapport à l'air.

pèse **60** *grammes* dans l'air et qui déplace **8** *grammes* d'eau. Ces **8** *grammes* expriment le poids d'un volume d'eau égal à celui du corps, et si l'on désigne, comme précédemment, le poids spécifique par D, on aura :

$$D = \frac{60}{8} = 7,5$$

On détermine le poids spécifique d'un *liquide* à l'aide de la balance hydrostatique, en suspendant d'abord à l'un des plateaux de cette balance, à l'aide d'un fil très fin, un corps solide non soluble dans le liquide, une boule de verre, par exemple ; on établit ensuite l'équilibre avec une tare. Après cela, on fait plonger la boule dans le liquide dont on cherche le poids spécifique, et on établit l'équilibre en mettant des poids marqués dans le plateau qui surmonte la boule ; ces poids indiquent celui du volume du liquide déplacé par la boule. En répétant la même opération avec de l'eau pure, on a le poids d'un même volume d'eau. La quotient de la première quantité par la seconde donne le poids spécifique du premier liquide.

FIG. 63. — *Flacon à densité pour les solides.*

2° **Méthode du flacon.** — Le flacon dont on se sert pour déterminer le poids spécifique des *solides*, a la forme représentée par la figure 63. Son bouchon, usé à l'émeri, a une partie effilée et se termine ordinairement par un petit entonnoir.

Pour faire usage de ce flacon, on commence par le remplir d'eau distillée, de manière que ce liquide s'élève exactement jusqu'à un trait *t* marqué sur la partie effilée du bouchon. On met ensuite le flacon sur le plateau d'une balance et à côté de lui le corps dont on veut déterminer le poids spécifique ; puis on établit l'équilibre en mettant dans l'autre plateau une tare quelconque. Cela fait, on enlève le corps et on le remplace par des poids marqué, de manière à rétablir l'équilibre ; ces poids représentent le poids du corps. Après cela, on enlève les poids marqués et on introduit le corps dans le flacon ; il s'écoule un peu d'eau. Le bouchon est ensuite mis en position, de manière que l'eau s'élève à la même hauteur que précédemment. Le flacon, bien séché, est placé de nouveau sur le plateau de la balance. L'équilibre n'existe plus, car il s'est écoulé un volume d'eau égal à celui du corps introduit. Les poids marqués qu'il faut mettre à côté du flacon pour rétablir l'équilibre représentent le poids de l'eau écoulée. Le poids du corps divisé par celui de l'eau déplacée donne le poids spécifique cherché.

Le flacon dont on se sert pour déterminer le poids spécifique des *liquides* a généralement la forme d'un petit réservoir cylindrique surmonté d'un tube capillaire terminé par un tube plus gros servant

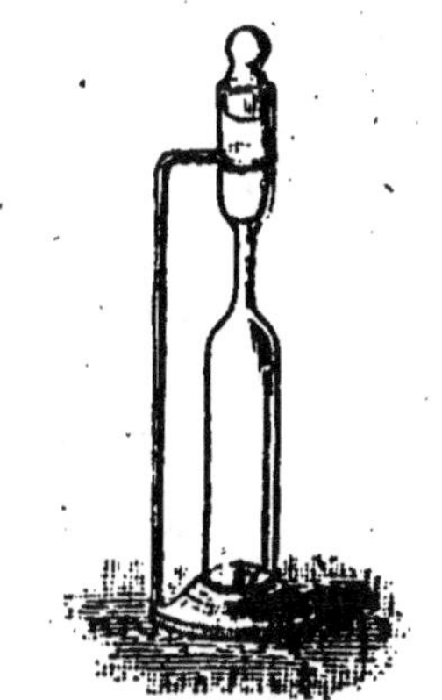

Fig. 64. — *Flacon à densité pour les liquides.*

d'entonnoir ; ce dernier tube est bouché à l'émeri pour empêcher l'évaporation des liquides très volatils.

Pour se servir de ce flacon, on commence par le placer, vide et bien sec, sur le plateau d'une balance, et on lui fait équilibre avec une tare quelconque. Ensuite, on le remplit du liquide dont on veut trouver le poids spécifique. L'augmentation de poids du flacon donne le poids de ce liquide. On répète la même opération avec de l'eau pure, on a le poids d'un même volume d'eau.

Le quotient du poids du liquide par celui de l'eau donne le poids spécifique cherché.

3° *Méthode de l'éprouvette graduée.* — Cette méthode ne s'applique qu'aux solides. Elle consiste à introduire un corps dont on connaît exactement le poids dans une éprouvette graduée renfermant une quantité d'eau capable de le submerger. Après l'immersion du corps, l'eau occupe une plus grande partie de la capacité de l'éprouvette, et cette augmentation indique le volume du corps introduit. En divisant le poids de ce dernier par son volume, on a sa densité.

ARÉOMÈTRES

48. Les *aréomètres* sont des appareils flottants destinés à faire connaître les poids spécifiques des corps solides et des liquides, ou à indiquer le degré de concentration des acides et des dissolutions salines ou alcooliques. Comme tous les corps flottants, les *aréomètres déplacent toujours un poids de liquide égal au leur*, d'où il résulte qu'un aréomètre plongé dans un liquide s'enfonce d'autant plus que ce liquide est moins dense.

On distingue deux sortes d'aréomètres : les *aréomètres à volume constant* et les *aréomètres à poids constant*. Ce sont les premiers que l'on emploie à la détermination du poids spécifique des corps ; les principaux sont celui de *Nicholson* qui sert pour les solides, et celui de *Fahrenheit*, que l'on emploie pour les liquides.

49. Détermination du poids spécifique au moyen des aréomètres à volume constant.

1° *Aréomètre de Nicholson*. — L'aréomètre de Nicholson se compose d'un cylindre creux en métal, terminé par deux cônes. Le cône supérieur est muni à son sommet d'une tige surmontée d'un plateau. Le cône inférieur soutient une petite corbeille lestée, destinée à recevoir le corps dont on veut déterminer la densité. Sur la tige qui supporte le plateau est marqué un point *c* nommé *point d'affleurement :* on l'appelle ainsi parce que, dans toutes les expériences l'instrument doit être enfoncé dans l'eau jusqu'à ce point, afin de déplacer toujours un *volume constant de liquide*.

Pour obtenir le poids spécifique d'un corps solide, avec l'aréomètre de Nicholson, on place cet instrument d'abord dans l'eau pure ; on met ensuite sur le plateau le corps dont

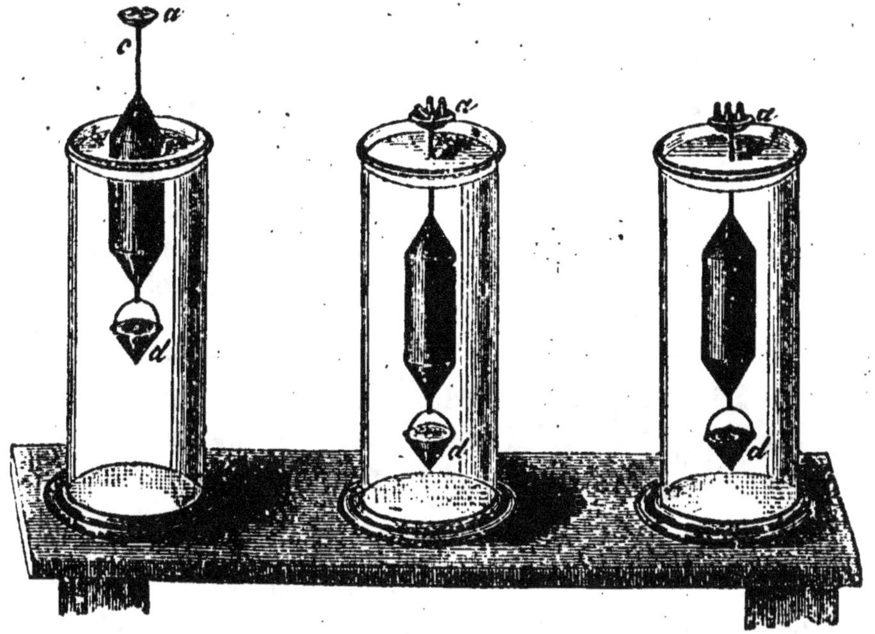

Fig. 65. — *Aréomètre de Nicholson.*

on veut déterminer la densité, et la tare nécessaire pour que l'affleurement ait lieu au point marqué sur la tige. Après cela, on enlève le corps et on le remplace par des poids marqués, de manière à déterminer de nouveau l'affleurement ; ces poids représentent le poids P du corps. Cela fait, on retire les poids et on place le corps dans la corbeille d. Ce corps perd de son poids, le poids du liquide qu'il déplace. Les poids p qu'il est nécessaire d'ajouter sur le plateau pour que l'affleurement ait lieu de nouveau au même point, représentent le poids d'un volume d'eau égal au volume du corps immergé. On aura donc :

$$D = \frac{P}{p}$$

2° *Aréomètre de Fahrenheit.* — L'aréomètre de Fahrenheit consiste en un cylindre de verre terminé à sa partie inférieure par une ampoule lestée, et à sa partie supérieure par une tige surmontée d'une petite capsule destinée à recevoir des poids.

Pour se servir de cet instrument, on détermine d'abord son poids P à l'aide d'une balance. On le plonge ensuite successivement dans le liquide dont on veut connaître le poids spécifique et dans l'eau pure en mettant chaque fois dans la capsule les poids nécessaires pour faire affleurer l'aréomètre à un certain point marqué sur sa tige. Soit p le poids qu'il a fallu pour obtenir l'affleurement dans le liquide considéré, et p' celui

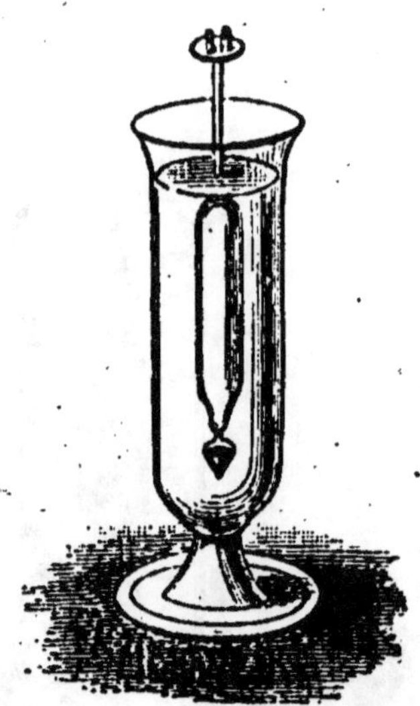

Fig. 66. — *Aréomètre de Fahrenheit.*

qui a été nécessaire pour déterminer le même affleurement dans l'eau distillée, le poids du liquide déplacé est évidemment $P+p$ et celui de l'eau $P+p'$. Comme les volumes de ces liquides sont égaux, le poids spécifique cherché, ou D, est donné par la formule suivante :

$$D = \frac{P+p}{P+p'}$$

50. Aréomètres à poids constant. — Les aréomètres à poids constant ne sont pas destinés à déterminer les poids spécifiques des corps, mais à indiquer seulement si les solutions salines sont plus ou moins saturées, si les liqueurs, les alcools et les acides sont plus ou moins concentrés. Ces instruments se composent tous d'un cylindre creux, en verre, surmonté d'une tige très régulière. Ils sont lestés à leur partie inférieure par un renflement contenant du mercure ou de la grenaille de plomb. Plongés dans un liquide les aréomètres à poids constant s'y enfoncent d'autant moins que ce liquide est plus dense. Il est donc facile, à l'aide d'une simple graduation sur la tige, d'évaluer le degré de concentration d'une dissolution quelconque.

Les aréomètres à poids constant les plus employés sont les *aréomètres de Baumé* et l'*alcoomètre centésimal de Gay-Lussac*.

1º *Aréomètres de Baumé*. — Les aréomètres de Baumé portent les noms de *pèse-sels*, de *pèse-acides*, de *pèse-liqueurs*, selon leur graduation.

Pour graduer un aréomètre de Baumé destiné aux liquides plus denses que l'eau, on règle d'abord son lest de manière que, plongé dans l'eau pure, cet instrument s'enfonce jusqu'à la partie supérieure de la tige, où l'on marque *zéro*. On plonge ensuite l'aréomètre dans une solution de sel à 15 0/0 (15 parties de sel marin et 85 d'eau), et l'on marque 15 au point d'affleurement. On divise l'intervalle compris entre 0 et 15 en 15 parties égales ou degrés, et on prolonge la division jusqu'au bas de la tige.

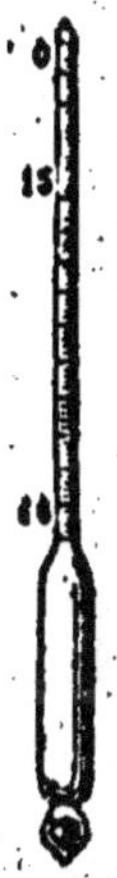

Cet aréomètre marque 66º dans l'acide sulfurique concentré ; 36º dans l'acide nitrique pur ; 22º dans l'acide chlorhydrique, etc.

Fig. 67.—*Aréomètre de Baumé pour les liquides plus denses que l'eau.*

Si l'aréomètre de Baumé est destiné aux liquides moins denses que l'eau (éther, ammoniaque, etc.), on dispose son lest de manière que, plongé dans une dissolution contenant 10 parties de sel marin et 90 parties d'eau, cet instrument s'enfonce jusqu'à la naissance de la tige, où l'on marque zéro. On le plonge ensuite dans l'eau pure, et au point d'affleurement, on marque 10 ; on divise ensuite l'intervalle compris entre ces deux points en 10 parties égales ou degrés, et on continue la division jusqu'au sommet de la tige.

2° Alcoomètre centésimal de Gay-Lussac. — L'alcoomètre centésimal de Gay-Lussac est destiné à faire connaître la quantité d'alcool pur que contiennent les alcools du commerce ou les mélanges d'eau et d'alcool. Pour graduer cet instrument, on le leste de manière que, plongé dans l'alcool pur à la température de 15°, l'affleurement se fasse à l'extrémité supérieure de la tige, où l'on marque 100, puis on met *zéro* à l'endroit où l'instrument affleure dans l'eau pure. Les degrés intermédiaires, ne peuvent pas s'obtenir en procédant par divisions égales comme dans l'aréomètre de Baumé, car les mélanges d'eau et d'alcool subissent plus ou moins de contraction suivant leurs proportions. On les obtient en plongeant successivement l'alcoomètre dans des mélanges qui, en volume, renferment 95, 90, 85, 80, etc., parties d'alcool pur, et 5, 10, 15, 20 etc., parties d'eau, on marque le nombre 95,

Fig. 68. — *Alcoomètre de Gay-Lussac.*

90, 85, 80, etc., aux points respectifs d'affleurement, et on divise en 5 parties égales les intervalles compris entre ces nombres.

Plongé dans un mélange ne contenant que de l'eau et de l'alcool, cet instrument donne, par une simple lecture, le degré alcoolique de la liqueur. Ainsi, lorsque l'alcoomètre plongé dans de l'esprit de vin marque 57°, il indique que ce liquide contient 57 pour 100 d'alcool pur. Toutefois, la graduation n'est parfaitement exacte que pour les points qui ont été déterminés par l'expérience. Si le liquide contient autre chose que de l'eau et de l'alcool, il faut le distiller avant d'y introduire l'alcoomètre.

RÉSUMÉ

Le poids spécifique d'un corps est le *poids de l'unité de volume de ce corps*, ou encore *le quotient du poids de ce corps par son volume*.

On obtient pratiquement le poids spécifique d'un corps, en déterminant d'abord son poids, puis celui d'un même volume d'eau pure, et en divisant la première quantité par la seconde. Les procédés que l'on emploie à cet effet se réduisent à deux : celui de la *balance* et celui des *aréomètres*.

Dans le procédé à la balance, on peut employer différentes méthodes : celle de la *balance hydrostatique*, celle du *flacon*, etc.

Les *aréomètres* sont des appareils flottants destinés à faire connaître les poids spécifiques des corps solides ou liquides ; ils servent encore à indiquer les degrés de concentration des acides et des dissolutions salines ou alcooliques.

On distingue deux espèces d'aréomètres : les *aréomètres à volume constant* et les *aréomètres à poids constant*.

Les aréomètres à volume constant sont au nombre de deux : l'*aréomètre de Nicholson*, destiné à déterminer les poids spécifiques des solides et l'*aréomètre de Farhenheit*, qui sert pour les liquides.

Les aréomètres à poids constant les plus employés sont les *aréomètres de Baumé* et l'*alcoomètre centésimal de Gay-Lussac*.

CHAPITRE V

PRESSION ATMOSPHÉRIQUE. — BAROMÈTRES.

51. Atmosphère. — L'air que nous respirons forme autour de notre globe une enveloppe gazeuse, nommée *atmosphère*, dont l'épaisseur nous est encore inconnue. On croit généralement qu'elle ne dépasse pas 100 kilomètres.

52. Pesanteur de l'air. — L'air est pesant, comme le sont d'ailleurs tous les gaz. Pour le démontrer, on suspend à l'un des plateaux d'une balance très sensible un grand

ballon muni d'un robinet. On fait la tare dans l'autre plateau, et lorsque l'équilibre est établi, on enlève le ballon
pour y faire le vide à l'aide d'une machine pneumatique. On remet ensuite le ballon en place, au-dessous du plateau de la balance ; le fléau ne redevient pas horizontal : il penche du côté de la tare. Le ballon vide pèse donc moins que le ballon plein d'air. Pour rétablir l'équilibre, il suffit d'ouvrir le robinet du ballon ; l'air rentre dans le ballon et le fléau reprend la position horizontale.

Fio. 69. — *Ballon servant à déterminer le poids des gaz.*

Un litre d'air sec, à la température 0° et sous la pression barométrique de 0ᵐ760, pèse 1 *gr.* 293.

53. Pression atmosphérique. — L'air, comme les liquides,
exerce en vertu de son poids des pressions qui se transmettent dans tous les sens ; les mêmes lois (40) lui sont
donc exactement applicables ; mais il est impossible d'en
déduire en chiffres les poids équivalents à ces pressions,
et cela pour deux raisons principales : la première est que
la hauteur de l'atmosphère nous est inconnue comme nous
l'avons déjà dit ; la seconde est que la densité de l'air
n'est pas uniforme partout : elle décroît à mesure que
l'on s'élève dans l'atmosphère. L'air, en effet, est très
compressible, et si l'on suppose l'atmosphère partagée en
couches horizontales superposées, il est évident que les couches inférieures, supportant le poids de toute l'atmosphère,
sont les plus comprimées, et par conséquent les plus denses,

tandis que les couches supérieures sont de moins en moins comprimées, et par suite de moins en moins denses. L'atmosphère est donc de plus en plus raréfiée à mesure que l'on s'élève.

54. Expériences démontrant la pression atmosphérique. — Parmi les nombreuses expériences que l'on peut faire pour démontrer la pression atmosphérique, nous citerons : 1° celle du *crève-vessie* ; 2° celle des *hémisphères de Magdebourg* ; 3° quelques autres que l'on peut faire sans appareils spéciaux.

1° *Crève-vessie.* — Le *crève-vessie* est un fort manchon de verre dont la partie supérieure est fermée hermétiquement par une membrane de baudruche bien tendue. On place ce manchon sur le plateau d'une machine pneumatique, et dès que l'on commence à faire le vide, on voit la membrane se déprimer sous la pres-

Fig. 70.
Expérience du crève-vessie.

Fig. 71.
Hémisphères de Magdebourg.

sion atmosphérique qu'elle supporte ; à un moment donné, elle se déchire violemment avec une détonation produite par la rentrée subite de l'air dans le manchon. Au commencement de l'expérience la membrane était plane, parce qu'elle était également pressée sur ses deux faces, mais à mesure qu'on a fait le vide dans le manchon, la pression supérieure est devenue prédominante et a fini par produire le phénomène observé.

Fig. 72. — *Expérience de l'œuf rentrant dans la carafe.*

2° Hémisphères de Magdebourg. — Les *hémisphères de Magdebourg* servent à démontrer que la pression atmosphérique s'exerce dans tous les sens. Cet appareil consiste en deux hémisphères creux en laiton de 10 à 15 centimètres de diamètre s'adaptant exactement par leurs bords bien dressés. L'un des hémisphères porte un robinet pouvant se visser au canal d'aspiration de la machine pneumatique, et l'autre se termine par un anneau. Tant que ces hémisphères sont pleins d'air, on peut facilement les séparer ; mais si l'on fait le vide dans leur intérieur, il faut, pour les désunir, un effort puissant, et toujours le même, quelle que soit la position dans laquelle on dispose l'appareil.

3° Expériences que l'on peut réaliser sans instruments spéciaux. — Pour une première expérience, on projette un papier enflammé dans une carafe; on laisse ce papier brûler pendant quelques instants, puis on bouche l'ouverture de la carafe avec un œuf cuit, dur et dépouillé de sa coquille. Le papier enflammé s'éteint, l'œuf pénètre peu à peu dans le goulot et finit par se précipiter au fond de la carafe. Voici ce qui se passe : l'air de la carafe, échauffé par la flamme du papier, se dilate et une partie de cet air est chassée au dehors; lorsque le papier s'éteint, l'air se refroidit; alors la pression atmosphérique n'étant plus contrebalancée par la pression intérieure fait pénétrer l'œuf dans la carafe.

Fig. 73. — *L'eau soutenue par la pression atmosphérique.*

Une deuxième expérience consiste à remplir exactement un verre ordinaire avec de l'eau, à faire glisser une feuille de papier sur l'ouverture du verre ; puis, mettant un livre sur la feuille de papier pour l'empêcher de tomber, à retourner le verre sens dessus dessous. On constate alors, qu'après avoir retiré le livre, l'eau et la feuille de papier restent en place, parce que la pression atmosphérique les empêche de tomber.

Pour une troisième expérience, on prend une cloche ou un simple verre, on jette un papier enflammé dans cette cloche, puis on l'abouche sur l'eau contenue dans une cuvette quelconque. Le papier continue à brûler pendant quelques instants, puis il finit par s'éteindre. On voit alors l'eau de la cuvette monter peu à peu dans la cloche et s'arrêter lorsqu'elle occupe environ

Fig. 74. — *Eau soulevée par la pression atmosphérique.*

le cinquième de son volume. Cette ascension de liquide a lieu, parce que la combustion du papier, en absorbant l'oxygène de l'air produit un vide dans la cloche ; alors, la pression atmosphérique, n'étant plus contrebalancée par l'air de l'intérieur, fait pénétrer de l'eau dans la cloche de manière à combler ce vide. La combustion du papier produit du gaz carbonique, qui se dissout en partie dans l'eau.

55. Calcul de la pression atmosphérique. — La pression atmosphérique a été calculée pour la première fois en 1643, par Torricelli, disciple de Galilée. L'expérience qu'il réalisa à cet effet est à la portée de tout le monde :

On prend un tube d'environ 0^m90 de longueur et fermé à l'une de ses extrémités ; on le remplit de mercure, et puis, on le renverse sur une cuvette contenant aussi du mercure. Le liquide baisse dans le tube, puis se maintient à une hauteur qui est de 0^m76 lorsque la pression est *normale*. Au dessus du mercure, dans le tube, il reste un espace complètement privé d'air, appelé *chambre barométrique*.

Or, sur le liquide de la cuvette, pèse la pression atmosphérique ; à l'intérieur, cette pression est remplacée par celle de la colonne de mercure ; on déduit de là que *la*

pression que l'atmosphère exerce sur une surface horizon-
tale quelconque est équivalente à celle d'une colonne de
mercure dont la base serait cette surface et la hauteur de 0^m76 à peu près.

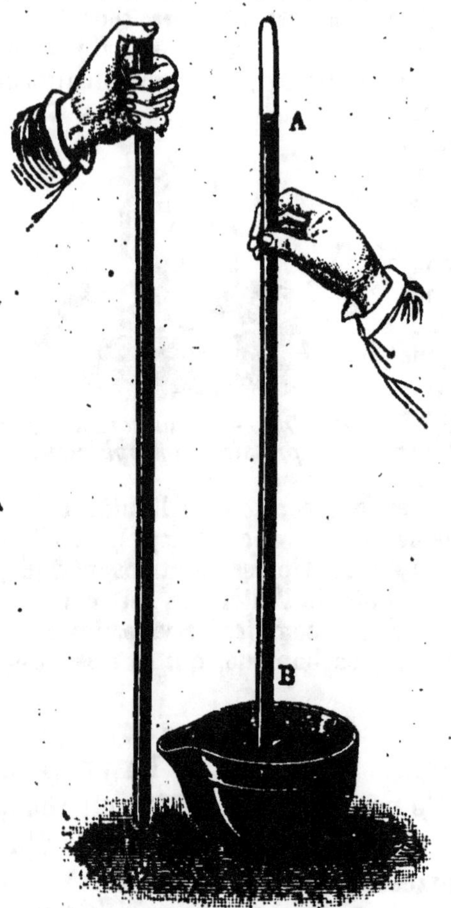

Fig. 75. — *Expérience de Torricelli.*

L'eau ayant une densité environ 13 *fois* 1/2 (13,59) moindre que le mercure, une expérience semblable réalisée avec ce liquide devrait donner une colonne 13 *fois* 1/2 plus élevée. C'est en effet, ce que constata Pascal dans une expérience qu'il fit à Rouen en 1648.

En supposant à la colonne de mercure une section de 1 *centimètre carré* et une hauteur de 76 cm., le volume de cette colonne serait $1 \times 0,76 = 76\ cm^3$.

Un centimètre cube d'eau pesant un gramme, un centimètre cube de mercure pèsera 13 gr. 59. Le poids de la colonne de mercure serait donc de : $76 \times 13,59 = 1$ Kg. 033, ou, en nombre rond, de 1 *kilogramme*. Ce nombre est ordinairement pris pour unité de pression et s'appelle *une atmosphère*. Lorsque, dans une chaudière à vapeur, la pression est de 2, de 3, de 4 atmosphères, cela veut dire que la pression de la vapeur est d'environ 2, 3, 4 *kg.* par centimètre carré.

BAROMÈTRES

56. Si l'on répète l'expérience de Torricelli en diverses circonstances, on remarque des variations dans la hauteur de la colonne de mercure, ce qui démontre que l'intensité de cette pression n'est pas constante. On la mesure au moyen des *baromètres.*

Les baromètres principalement employés sont le *baromètre à cuvette,* le *baromètre de Fortin,* le *baromètre à cadran* et le *baromètre de Bourdon.*

57. Baromètre à cuvette. — Le *baromètre à cuvette,* ou *baromètre normal,* a été inventé par Torricelli. On le construit en remplissant un tube de mercure que l'on renverse sur une cuvette contenant du même liquide, comme c'est expliqué plus haut. Une échelle divisée, dont le zéro correspond au niveau du mercure dans la cuvette, est adaptée à la planchette qui supporte le tube. Cette échelle permet de lire facilement la hauteur barométrique à chaque observation.

58. Baromètre de Fortin. — Le *baromètre de Fortin* joint à une grande précision l'avantage d'être transportable. Il se compose d'un tube de verre plongé dans une *cuvette à fond mobile.*

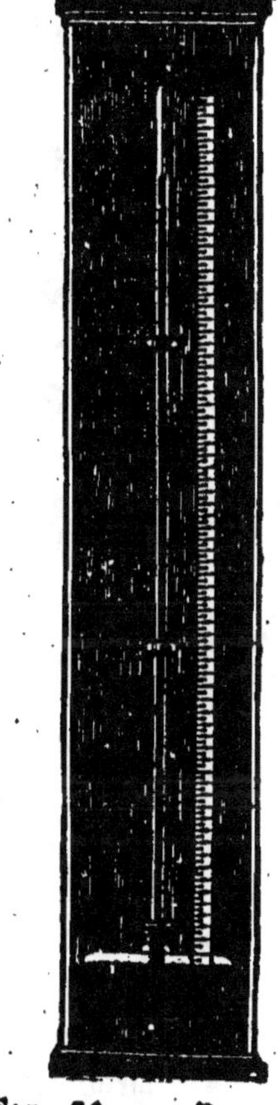

Fig. 76. — *Baromètre à cuvette.*

La cuvette est un vase cylindrique de verre dont le fond est un sac en peau de chamois, supporté en son milieu par l'extrémité d'une vis V. En soulevant ou en abaissant avec la vis le fond de la cuvette, on amène la surface du mercure en contact avec une pointe en ivoire v fixée au couvercle de la cuvette. L'étui métallique qui protège le tube barométrique porte deux fentes opposées, à travers

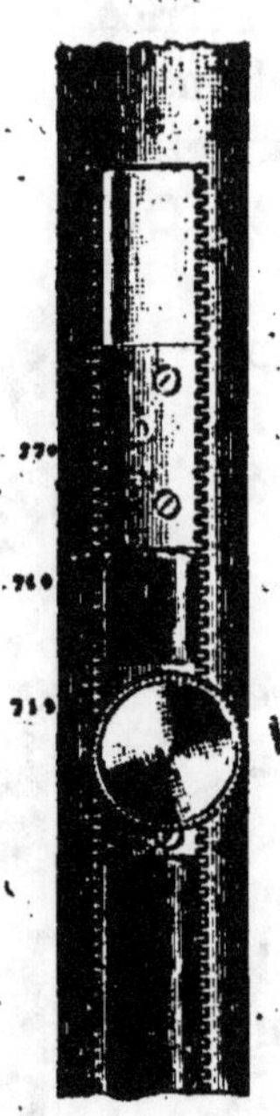

Fig. 77
Cuvette du baromètre Fortin.

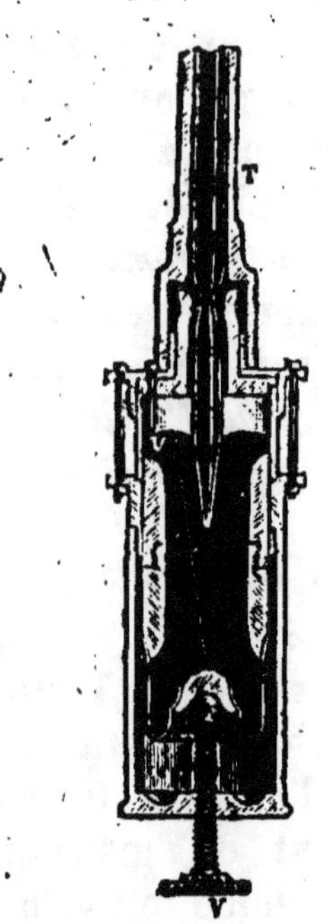

Fig. 78.
Curseur du baromètre Fortin.

lesquelles on peut voir le niveau de la colonne mercurielle ; le bord de l'une de ces fentes est muni d'une graduation métrique dont le zéro correspond au sommet de la pointe d'ivoire ; un *curseur* permet de déplacer, le long de cette graduation, une petite règle graduée, appelée *vernier*, moyennant laquelle on peut apprécier la hauteur barométrique avec une approximation de 1/20 de millimètre.

Le tube de verre de ce baromètre est uni à la cuvette au moyen d'une peau de chamois. C'est à travers les pores de cette peau que s'exerce la pression atmosphérique.

Pour faire une observation, on soulève ou on abaisse d'abord le fond mobile de la cuvette jusqu'à ce que le mercure soit en contact avec la pointe d'ivoire, puis on place le curseur de manière que le bord supérieur de son échancrure soit sur le même plan que le sommet du mercure dans le tube barométrique ; et on lit sur l'échelle la hauteur correspondant à ce niveau. Il faut qu'au moment de l'observation l'appareil soit dans une position bien verticale, ce que l'on obtient par une suspension spéciale appelée *suspension à la Cardan*.

59. Baromètre à cadran. — On donne quelquefois au tube barométrique la forme d'un siphon dans lequel les variations des pressions atmosphériques sont indiquées par une aiguille qui se meut sur un cadran gradué. L'axe de l'aiguille porte une poulie sur laquelle s'enroule un fil de soie ; ce fil est tiré d'un côté par un contrepoids, et de l'autre par un flotteur qui plonge en partie dans

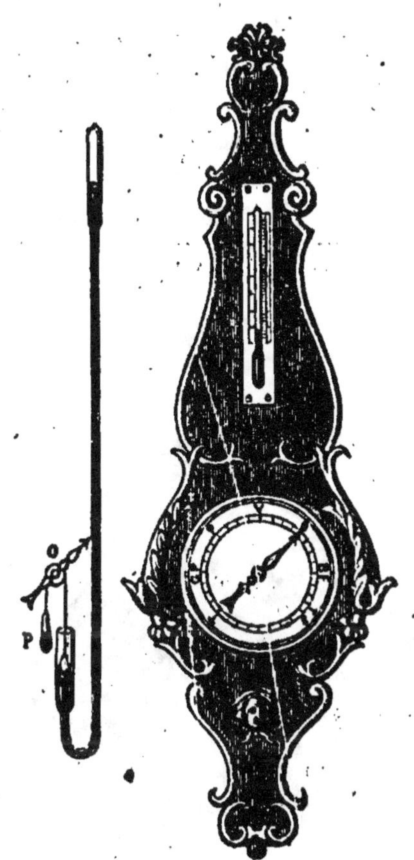

Fig. 79. — *Baromètre à cadran.*

le mercure de la branche ouverte du siphon, et qui s'élève ou s'abaisse avec ce liquide. Quand la pression atmosphérique diminue, le mercure descend dans la branche fermée du baromètre et monte dans la branche ouverte ; alors le contrepoids tire le fil de soie et fait tourner l'aiguille à gauche. C'est le contraire qui arrive quand la pression augmente.

La hauteur de la colonne barométrique est ici représentée par la différence qui existe entre les niveaux du mercure dans les deux branches du tube.

60. Baromètre de Bourdon. — On construit aujourd'hui beaucoup de *baromètres métalliques*, dits *baromètres anéroïdes*. Un des plus en usage est celui de *Bourdon*.

Ce baromètre est composé d'un tube en laiton à parois minces, aplati et courbé en arc de cercle. Ce tube est vide et hermétiquement fermé. Il augmente ou diminue de courbure suivant la pression atmosphérique ; une aiguille mue par un levier qui lui-même est mis en mouvement par le tube, indique les variations de la pression. On gradue ce baromètre par comparaison avec un baromètre à mercure.

Fig. 80. — *Baromètre de Bourdon.*

61. Applications du baromètre. — On applique le baromètre : 1° *à la prévison du temps ;* 2° *à la mesure des hauteurs.*

1° *Prévision du temps.* — On a remarqué que lorsque la colonne barométrique monte graduellement, et en ce cas le ménisque (1)

---

(1) On appelle *ménisque* la courbe que forme à sa surface un liquide enfermé dans un tube.

du mercure est très prononcé, il annonce le beau temps ; et lorsqu'il descend peu à peu (ménisque presque nul), c'est le contraire ; et qu'enfin une descente brusque du mercure est un pronostic de tempête. Ce sont ces indications qu'il faut surtout suivre pour appliquer le baromètre à la prévision du temps.

Pour rendre l'usage du baromètre plus à la portée de tout le monde, on a divisé en *six* parties égales la colonne barométrique, depuis $0^m,731$ jusqu'à $0^m,785$ limites extrêmes des variations observées, et à chacune de ces divisions qui comprend 9 millimètres on a marqué l'état du ciel qui correspond ordinairement avec cette pression de l'atmosphère. On ne doit donner à ces indications qu'une valeur relative, car il peut arriver que l'appareil indique beau temps lorsqu'il pleut à verse et réciproquement.

2° *Mesure des hauteurs.* — Le mercure a une densité qui est environ 10.500 fois plus grande que celle de l'air ; une colonne de mercure de 1^{mm} de hauteur équivaut donc à une colonne d'air de 10.500^{mm} ou soit de 10^m50 ; d'où l'on peut conclure que si on élève un baromètre à une hauteur de 10^m50, la colonne de mercure doit descendre de 1^{mm} ; c'est ce qui a lieu en effet. De là un moyen facile de mesurer des hauteurs ne dépassant pas deux ou trois cents mètres, c'est-à-dire comprises dans des limites où l'air conserve sensiblement la même densité.

PROBLÈME. — *Un baromètre marque au bord de la mer 762^{mm} ; on le porte ensuite à la cime d'une montagne où il marque 729^{mm}. Quelle est la hauteur de cette montagne ?*

La descente de la colonne de mercure a été de : $762 - 729 = 33^{mm}$.
La hauteur de la montagne est de : $33 \times 10,50 = 241^m50$.

RÉSUMÉ

L'air, comme tous les gaz, est pesant. On le démontre à l'aide d'un grand ballon que l'on pèse vide et ensuite plein d'air ; la différence des deux poids obtenus est égale au poids de l'air que ce ballon renferme.

La pression atmosphérique est une conséquence du poids de l'air. On met cette pression en évidence au moyen de plusieurs expériences dont les principales sont celle du *crève-vessie* et celle des *hémisphères de Magdebourg*.

Les expériences de *Torricelli* et de *Pascal* ont donné le moyen de mesurer cette pression. Elle est égale à 1 *kg.* 033 par *centimètre carré*. Cette pression constitue une *atmosphère*.

Les *baromètres* sont des instruments qui servent à mesurer la pression atmosphérique et à indiquer les variations du temps.

Les baromètres principalement employés sont le *baromètre à cuvette*, le *baromètre de Fortin*, le *baromètre à cadran* et le *baromètre de Bourdon*.

Le baromètre monte généralement quand le temps doit être beau et sec ; il descend dans le cas contraire. De là l'usage du baromètre pour connaître d'avance les variations du temps.

Une colonne de mercure de 1ᵐᵐ de hauteur fait équilibre à une colonne d'air de 10ᵐ50. On conclut de cela un moyen de mesurer les petites hauteurs.

CHAPITRE VI

LOI DE MARIOTTE. — MANOMÈTRES.

62. Force élastique des gaz. — Les gaz, en vertu de leur expansibilité, exercent une pression sur les parois des vases qui les contiennent. On peut le constater par l'expérience suivante :

Fig. 81.　　　　　　　　　　Fig. 82.
Démonstration expérimentale de la force expansive des gaz.

Sous la cloche d'une machine pneumatique, on introduit une vessie fermée par un robinet. Cette vessie renferme un peu d'air et elle a été assouplie par une immersion de quelques minutes dans l'eau. Il y a d'abord équilibre entre la force expansive de l'air qui est sous la cloche de la machine pneumatique et celle de l'air renfermé dans la vessie ; mais aussitôt que l'on commence à faire le vide, la pression qui s'exerçait sur la vessie s'affaiblit et l'on voit cette dernière, sous l'influence de la force expansive de l'air qu'elle contient, se gonfler de plus en plus. Si l'on fait ensuite rentrer de l'air extérieur sous la cloche, la vessie comprimée de nouveau par le gaz rentrant reprend son volume primitif. Cette propriété que posssèdent les gaz constitue leur *force élastique* ou *tension*. Cette force, pour une quantité déterminée d'un gaz, est d'autant plus grande que le gaz est réduit à un volume plus petit.

63. Loi de Mariotte. — La *loi de Mariotte* a pour objet la relation qui existe entre les différents volumes qu'occupe une masse déterminée de gaz et les pressions qu'elle supporte. Cette loi, découverte au xviie siècle par le physicien français dont elle porte le nom, l'abbé Mariotte, s'énonce ainsi :

A une même température, les volumes d'une même masse de gaz sont en raison inverse des pressions qu'elle supporte.

C'est-à-dire que plus la pression est grande, plus le volume du gaz est petit : si la pression devient *double, triple, quadruple*, etc., le volume du gaz se réduit à la *moitié*, au *tiers*, au *quart*, etc., et inversement. En désignant par V et V' deux volumes différents d'une même quantité de gaz, et par P et P' les pressions qu'il supporte, on peut donc écrire la proportion inverse :

$$\frac{V}{V'} = \frac{P'}{P}$$

Pour vérifier cette loi, on se sert d'un appareil qu'on appelle encore aujourd'hui *tube de Mariotte* (Fig. 83). Il se compose d'un tube de verre recourbé, à branches très inégales, fixé sur une planchette de bois maintenue verticalement. Le long de la petite branche qui est fermée,

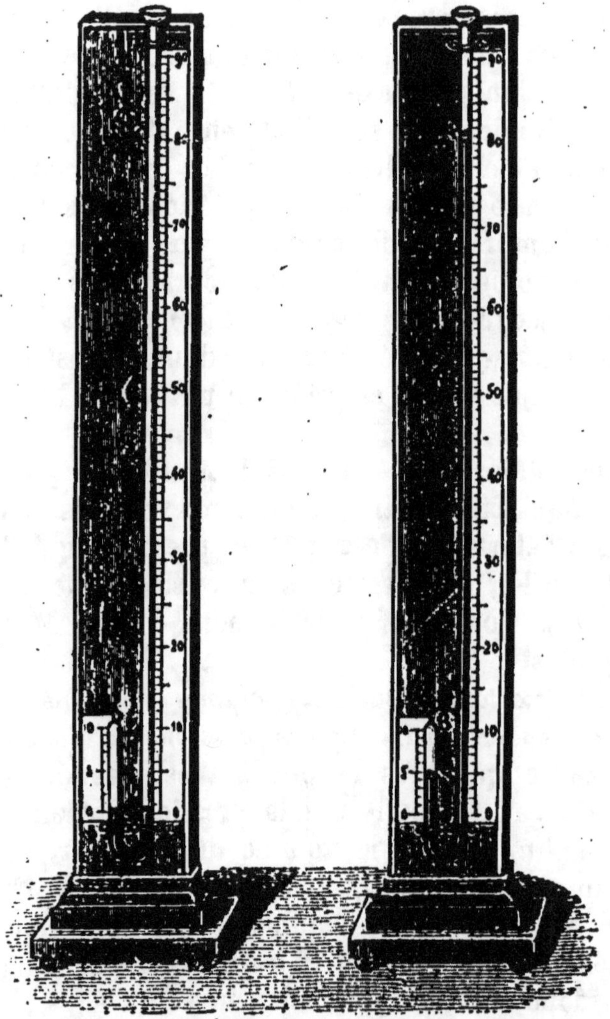

Fig. 83. — *Vérification de la loi de Mariotte.*

est une échelle indiquant des capacités égales, tandis que l'échelle qui est placée à côté de la grande branche donne les hauteurs en centimètres. Les zéros des deux échelles sont sur une même ligne horizontale. On verse d'abord du mercure dans ce tube, de manière que le niveau de ce liquide s'élève jusqu'au zéro dans les deux branches. L'air emprisonné dans la petite branche possède alors une force élastique égale à la pression atmosphérique, car le mercure étant au même niveau dans les deux branches, chacune de ses surfaces libres éprouve la même pression. On note le volume que l'air occupe dans la petite branche. Soit, par exemple, un volume de **10** *cmc*. On verse ensuite du mercure dans la grande branche jusqu'à ce que la différence des niveaux C et A soit égale à la hauteur de la colonne barométrique, et l'on constate que l'air qui est dans la petite branche n'occupe plus qu'un volume égal à la *moitié* du volume primitif, c'est-à-dire 5 *cmc*. Il supporte alors une pression *double:* celle de la colonne atmosphérique, qui agit en A, et celle de la colonne du mercure A C, qui a une même valeur. Si l'on versait une nouvelle quantité de mercure égale à la pression atmosphérique, le volume du gaz se réduirait à **8** *cmc* **1/3**, c'est-à-dire au tiers du volume primitif ; mais alors ce gaz supporterait trois atmosphères; dont deux seraient représentées par du mercure. Ces expériences prouvent bien que les volumes occupés par une masse d'air sont en raison inverse des pressions que ce gaz supporte. Si l'on remplaçait l'air par un gaz quelconque on observerait les mêmes phénomènes. La loi de Mariotte ne doit pas être considérée comme rigoureusement exacte. Ce n'est qu'une loi approchée. Certains gaz sont plus compressibles que ne l'indique la loi, d'autres le sont moins.

La proportion précédente permet de résoudre les problèmes ayant rapport au volume et à la pression des gaz, en supposant l'uniformité dans la température.

PROBLÈME. — *Un récipient de 15 litres contient de l'oxygène à la pression de 120 atmosphères. On demande : 1° Quel serait le volume de ce gaz à la pression de 12 atmosphères ; 2° id. d'une atmosphère ; 3° quel est le poids de ce gaz, sa densité étant de 1,105.*

$$1° \quad \frac{15}{V'} = \frac{12}{120}; \quad V' = \frac{15 \times 120}{12} = 150 \text{ litres.}$$

$$2° \quad \frac{15}{V'} = \frac{1}{120}; \quad V' = 15 \times 120 = 1.800 \text{ litres.}$$

3° La densité des gaz est prise par rapport à l'air.

1.800 litres d'air, à la pression ordinaire, ou soit d'une atmosphère, pèseraient $1.800 \times 1,293 = 2327$ gr. 4.

Le poids de l'oxygène sera : $2.327,4 \times 1,105 = 2.571$ gr. 777.

MANOMÈTRES

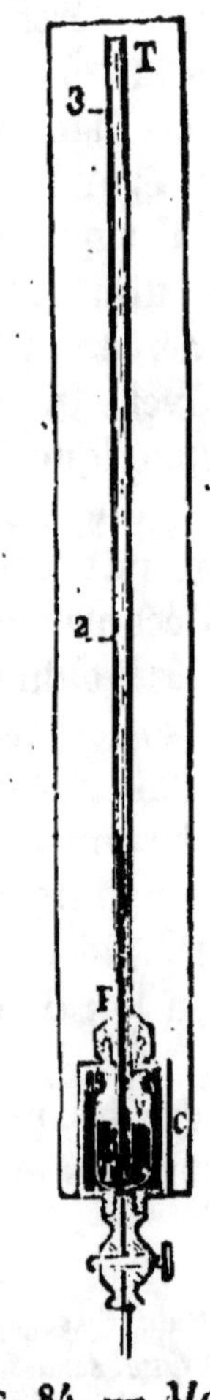

Fig. 84. — Manomètre à air libre.

64. Les *manomètres* sont des instruments destinés à mesurer la force élastique des vapeurs et des gaz. On en distingue trois espèces principales : le *manomètre à air libre*, le *manomètre à air comprimé* et le *manomètre métallique de Bourdon*.

65. Manomètre à air libre. — Le *manomètre à air libre* consiste en un tube de verre T, ouvert à ses extrémités et plongeant dans une cuvette à mercure V, placée dans une boîte métallique C ; le tube est solidement mastiqué en E. La vapeur arrivant dans la boîte, par un conduit destiné à cet effet, presse sur le mercure de la cuvette et le fait monter dans le tube. Lorsque le niveau du mercure dans le tube est sur le même plan horizontal que dans la cuvette, la pression ou la tension de la vapeur est égale à la pression atmosphérique ; si la pression de cette vapeur devient égale à *deux* atmosphères, le mercure monte de 76 *centimètres* dans le tube ; si la pression devient égale à *trois* atmosphères, le mercure monte *deux fois* 76 *centimètres*, et ainsi de suite. On suppose le diamètre du tube assez petit et celui de la cuvette assez grand pour que, dans celle-ci, le niveau du mercure reste sensiblement le même.

66. Manomètre à air comprimé. — Le *manomètre à air comprimé* repose entièrement sur la loi de Mariotte. Il diffère du précédent en ce que le tube de verre, plus court, est fermé à sa partie supérieure (Fig. 85). Lorsque la vapeur arrive dans la boîte métallique, le mercure est pressé et monte dans le tube du manomètre, en comprimant l'air que ce tube renferme. Lorsque l'air comprimé n'occupe

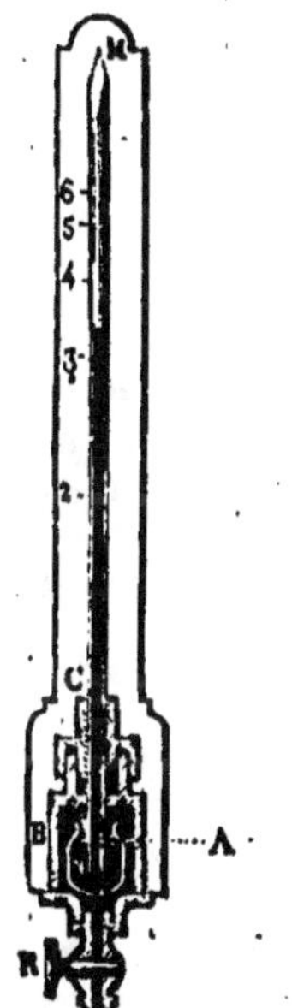

Fig. 85. — *Manomètre à air comprimé.*

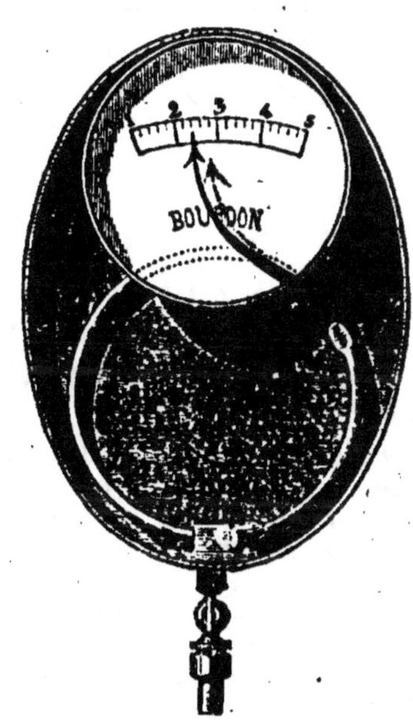

Fig. 86. — *Manomètre métallique de Bourdon.*

plus que la 1/2, que le 1/3, que le 1/4, etc., de son volume primitif, on peut dire que la pression de la vapeur est de 2, de 3, de 4 atmosphères.

67. Manomètre métallique. — Le *manomètre métallique*, inventé par Bourdon, est fondé sur l'élasticité des métaux. Il consiste en un tube de métal à section elliptique et à parois minces. Ce tube est enroulé en spirale, comme l'indique la figure 86, et l'une de ses extrémités communique avec la vapeur dont on veut mesurer la tension, tandis que l'autre est fermée et se termine par une aiguille. Lorsque la pression intérieure augmente, la spirale tend à se dérouler et l'extrémité du tube entraîne l'aiguille sur un cadran divisé, où les pressions sont marquées en atmosphères. Cet instrument est gradué par comparaison avec un manomètre à air libre. Dans cette graduation, on ne compte généralement pas la pression atmosphérique. Ainsi, 1, 2, 3 atmosphères marquées par cet appareil, correspondent à 1, 2, 3 atmosphères au-dessus de la pression atmosphérique.

RÉSUMÉ

On appelle *tension* ou *force élastique* des gaz ou des vapeurs, la pression que ces gaz ou ces vapeurs exercent, en vertu de leur force expansive, sur les parois des vases qui les contiennent.

La *loi de Mariotte* a pour objet la relation qui existe entre les différents volumes qu'occupe une masse déterminée de gaz et les pressions qu'elle supporte. Elle s'énonce ainsi :

A une même température, les volumes d'une même masse de gaz sont en raison inverse des pressions qu'elle supporte.

Pour la vérifier, on se sert du *tube de Mariotte.*

Les *manomètres* sont des instruments qui servent à mesurer la tension ou la force élastique des vapeurs et des gaz.

Il y a trois espèces principales de manomètres : le *manomètre à air libre*, le *manomètre à air comprimé* et le *manomètre métallique de Bourdon.*

CHAPITRE VII

MACHINE PNEUMATIQUE.
MACHINES DE COMPRESSION. — POMPES. — SIPHON.
AÉROSTATS. — AÉROPLANES.

68. Machine pneumatique. — La *machine pneumatique* est destinée à raréfier l'air contenu dans les récipients. Elle a été inventée, en 1650, par Otto de Guéricke, bourg-

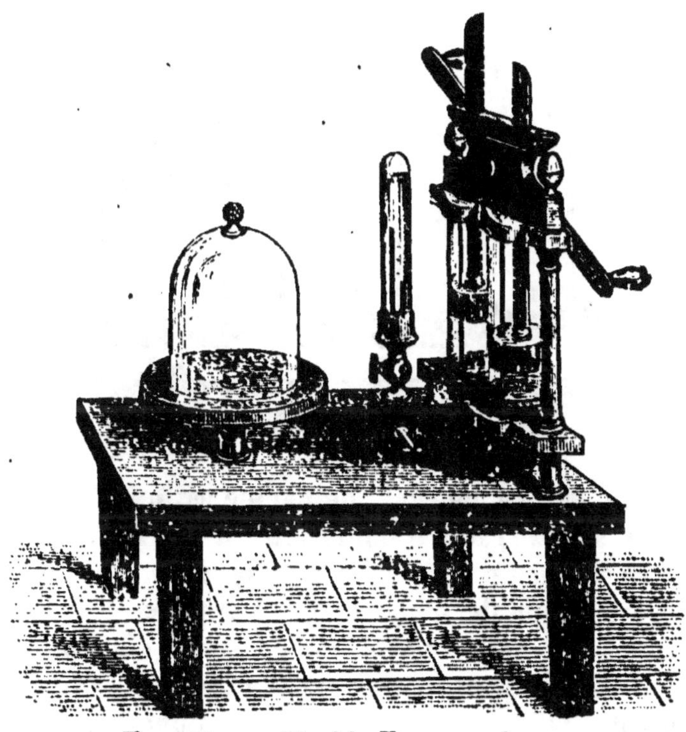

Fig. 87. — *Machine pneumatique.*

mestre de Magdebourg. Cette machine se compose de deux corps de pompe ordinairement en cristal, communiquant chacun par un conduit avec un canal nommé *canal d'aspiration*. Ce canal vient s'ouvrir au centre d'un disque de

verre bien dressé nommé *platine*. On place sur ce disque
les récipients dans lesquels on veut raréfier l'air. Dans chaque corps de pompe est un piston muni d'une soupape s'ouvrant de bas en haut. Sur le trajet du canal d'aspiration
est placé un manomètre, de la forme d'un baromètre tronqué, destiné à mesurer la force élastique de l'air qui reste
dans le récipient. A mesure que l'air est raréfié, les deux
niveaux du liquide tendent à se mettre à la même hauteur.

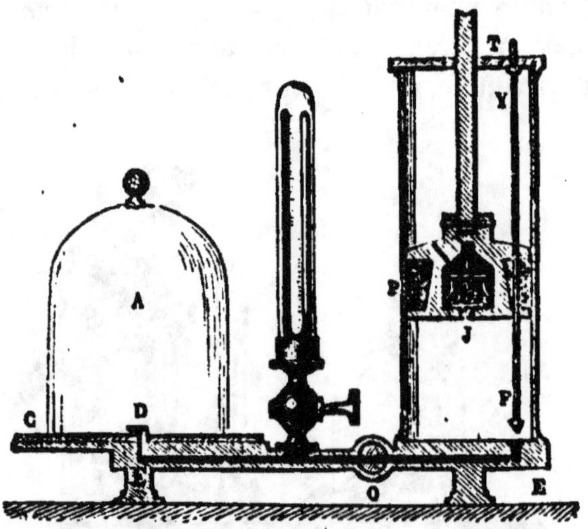

FIG. 88. — *Coupe de la machine pneumatique.*

La base de chaque corps de pompe est mise en communication avec le canal d'aspiration par une ouverture conique fermée par un cône de même grandeur. Chacun de ces
cônes est surmonté d'une tige qui traverse à frottement
dur le piston du corps de pompe correspondant, et qui
porte à sa partie supérieure un bouton destiné à arrêter,
à quelques millimètres au-dessus de l'ouverture du canal
d'aspiration, la tige et le bouchon conique, lorsque le
piston s'élève.

Il est aisé de comprendre le jeu de la machine pneumatique. Lorsqu'elle fonctionne, un piston monte quand
l'autre descend. Dans sa montée, chaque piston débouche

l'ouverture conique placée à la base du corps de pompe, et l'air du récipient passe en partie dans ce corps de pompe. Pendant sa descente, le piston ferme cette même ouverture à l'aide de la tige qui le traverse, et l'air ne pouvant plus retourner dans le récipient, soulève la soupape du piston et s'échappe au dehors. Une partie de l'air du récipient est expulsée à chaque coup de piston.

Le vide que produit cette machine n'est donc jamais parfait. Dire que l'on a fait le vide *à tant de millimètres*, c'est exprimer la différence qui subsiste entre les deux niveaux du mercure dans le manomètre.

MACHINES DE COMPRESSION

69. Les *machines de compression* sont des appareils qui servent à comprimer les gaz dans des récipients de manière à y accroître leur force élastique. Elles sont donc le contraire de la machine pneumatique.

Les machines de compression se présentent sous des formes très variées. Elles se réduisent à deux : machine à *simple effet* et machine à *double effet*.

1° Machine de compression à simple effet. — Cette machine se compose d'un corps de pompe dans lequel se meut un piston plein. A la base de ce corps de pompe se trouvent deux soupapes coniques maintenues en place par des ressorts à boudin ; la soupape d'*aspiration* a s'ouvre de l'extérieur vers l'intérieur, et la soupape de *refoulement* b s'ouvre de l'intérieur vers le récipient R où le gaz doit être comprimé.

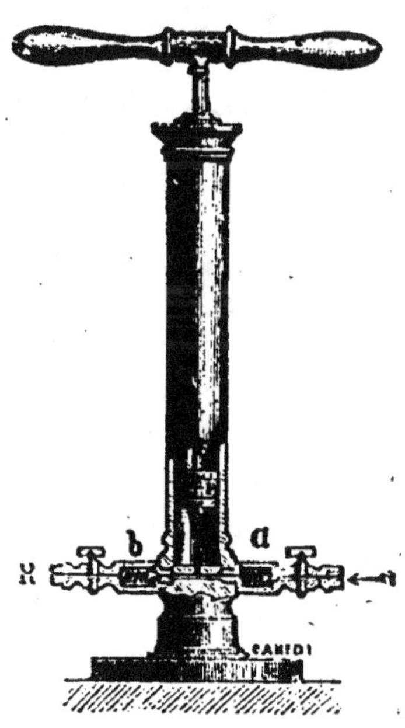

FIG. 89.
Pompe de compression.

Lorsque le piston est soulevé, le vide se fait dans le corps de pompe, la soupape *b* reste fermée tandis que l'air extérieur ouvre la soupape *a* et remplit le corps de pompe. Quand le piston descend, l'air du corps de pompe est comprimé, sa force élastique maintient la soupape *a* fermée, et il arrive un moment où cette force est assez grande pour ouvrir la soupape *b* ; l'air du corps de pompe est alors refoulé dans le récipient R.

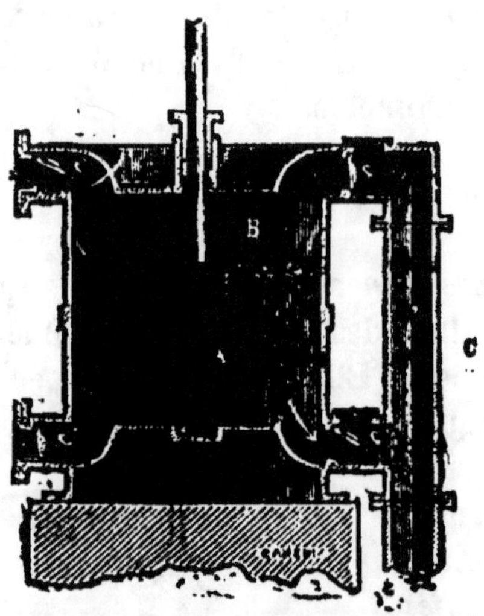

FIG. 90. — *Machine soufflante.*

2º ***Machine à double effet.*** — La machine de compression à double effet se compose ordinairement d'un très large corps de pompe dans lequel se meut un piston P actionné par la vapeur ou par une roue hydraulique ; le corps de pompe porte quatre soupapes *c*, *c'*, *c"*, *c'''* ; s'ouvrant toutes dans le même sens ; les deux soupapes de gauche, *c'* et *c'''*, donnent accès à l'air extérieur ; les deux autres, *c* et *c"*, font communiquer le corps de pompe avec le canal C qui conduit l'air dans les récipients où il doit être emmagasiné. Lorsque le piston descend, l'air entre par *c'* et sort par *c*; quand il monte, l'air entre par *c'''* et sort par *c*.

Ces machines servent non seulement pour comprimer l'air ; elles peuvent encore fonctionner comme machines soufflantes ; elles sont très employées dans l'industrie, surtout dans les établissements métallurgiques, pour activer la combustion dans les hauts-fourneaux et décarburer la fonte dans le convertisseur Bessemer.

70. Applications de l'air comprimé. — L'air comprimé est très souvent utilisé ; comme principales applications, nous citerons :

1° La *poste pneumatique*, qui transporte les dépêches dans les différents réseaux d'une ville ; ces dépêches sont enfermées dans une boîte cylindrique, laquelle est mise en mouvement dans un tube en fonte au moyen de l'air comprimé.

2° Le *frein Westinghouse*, pour l'arrêt des trains de chemins de fer : de l'air est comprimé par un appareil spécial, mis en mouvement par la vapeur de la locomotive, et cet air est lancé à un moment donné sur des pistons commandant des freins qui agissent simultanément sur les roues de tous les wagons.

3° *Les machines perforatrices*, pour le percement des tunnels et des galeries souterraines, où, à cause de la fumée, l'emploi des machines à vapeur rendrait l'air irrespirable ; ces machines perforatrices sont mises en mouvement par de l'air comprimé qui agit sur des pistons comme le fait la vapeur dans les machines ordinaires.

4° La *cloche à plongeur*, qui permet de travailler sous l'eau en toute sécurité ; cette cloche qui est en fonte ou en tôle, est ouverte par le bas et hermétiquement close de tout autre côté ; on y envoie de l'air comprimé qui en expulse complètement l'eau et qui fournit aux ouvriers l'air respirable dont ils ont besoin.

FIG. 91. — *Cloche à plongeur.*

5° *Soufflets.* — Le *soufflet ordinaire* se compose de deux tablettes A et B réunies par une lame de cuir ; la tablette inférieure est munie d'une soupape O qui s'ouvre de dehors en dedans, et la tablette supérieure est mobile au moyen d'une charnière fixée à la partie antérieure qui se termine elle-même par une tuyère T en communication avec l'intérieur de l'instrument. Quand on écarte les deux tablettes l'une de l'autre, l'air pénètre par la sou-

pape et remplit le soufflet ; quand on les rapproche, l'air ferme la
soupape et s'échappe par la tuyère.

FIG. 92. — *Soufflet ordinaire.*

Le soufflet de forge ou *à vent continu*, est formé de trois tablettes
A, B, C, dont l'une B est fixe ; ces tablettes sont réunies par des
lames de cuir de manière à former deux compartiments M et N.
La tablette A porte une soupape S s'ouvrant de dehors en dedans ;
la tablette B a également une soupape S' s'ouvrant de M vers N,
et le compartiment N est en communication avec l'extérieur
par une tuyère T. Quand on soulève la tablette A, l'air comprimé
en M fait ouvrir la soupape S' et, passant en N, soulève la tablette

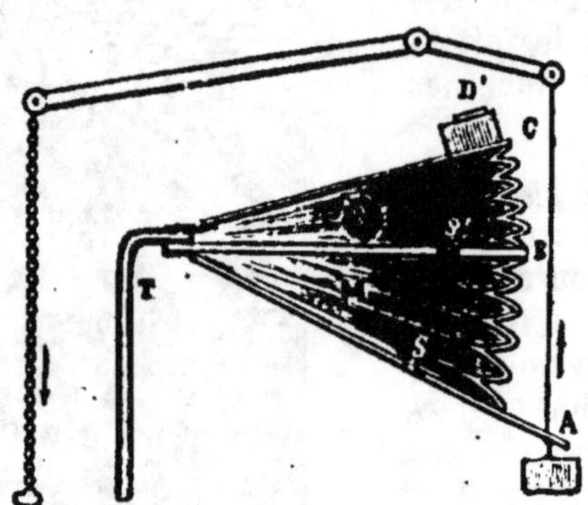

FIG. 93. — *Soufflet de forge.*

C, tandis qu'une partie s'écoule par la tuyère T. Lorsque ensuite
on laisse retomber la tablette A, à laquelle est attaché un poids,
la soupape S' se ferme et l'air extérieur rentre dans le compartiment M par la soupape S ; mais, pendant ce temps, l'air du
compartiment N continue à s'écouler par la tuyère, actionné
par un poids D' qui tend constamment à abaisser la tablette C.
Il existe des soufflets d'appartement à vent continu ; dans ces
appareils, le poids D' est remplacé par un ressort qui tend à rapprocher la tablette supérieure de la moyenne.

POMPES

71. Les *pompes* sont des appareils destinés à élever des liquides. On en distingue quatre espèces principales, savoir : la *pompe aspirante*, la *pompe foulante*, la *pompe aspirante et foulante* et la *pompe à incendie*.

72. Pompe aspirante. — La *pompe aspirante* se compose d'un corps de pompe dans lequel se meut un piston et d'un tuyau d'aspiration qui plonge dans l'eau. Deux soupapes *c* et *a* sont placées, l'une au piston, l'autre à la jonction du corps de pompe et du tuyau d'aspiration. Ces deux soupapes s'ouvrent de bas en haut. Lorsque le pis-

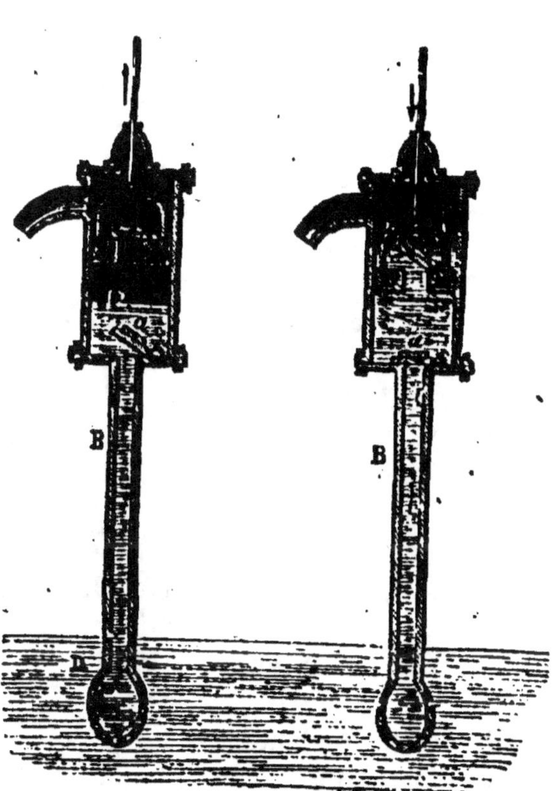

Fig. 94. — *Pompe aspirante.*

ton est au bas de sa course, c'est-à-dire à l'extrémité inférieure du corps de pompe, les deux soupapes sont fermées. Si l'on soulève le piston, le vide se fait au-dessous de lui, et l'air du tuyau d'aspiration, par sa force élastique, soulève la soupape et passe en partie dans le corps de pompe. L'air du tuyau, occupant un plus grand espace, perd un peu de sa force élastique, et la pression atmosphérique y fait monter de l'eau jusqu'à ce que la force élastique de l'air de la pompe, ajoutée à la pression de la colonne liquide soulevée, fasse équilibre à la pression atmosphérique. Si l'on abaisse de nouveau le piston, la soupape *a* se ferme ; l'air qui s'est introduit dans le corps de pompe est pressé et acquiert bientôt par la compression une force élastique qui le rend capable de soulever la soupape *c* du piston et de s'échapper par cette ouverture hors du corps de pompe. Chaque fois que le piston est soulevé, l'eau monte dans le tuyau d'aspiration ; elle finit par atteindre la soupape *a* et par pénétrer dans le corps de pompe. A partir de ce moment, lorsque le piston est abaissé, l'eau passe au-dessus de lui par la soupape dont il est muni ; quand on le soulève, sa soupape se ferme, il entraîne l'eau qui le surmonte, et en même temps la pression atmosphérique fait monter de l'eau dans le corps de pompe. Alors la pompe étant *amorcée*, le piston joue continuellement dans le liquide, élevant avec lui, à chaque ascension, un volume d'eau égal à l'espace qu'il parcourt.

Théoriquement, la pression atmosphérique devrait faire monter l'eau, dans les tuyaux d'aspiration des pompes, à la hauteur de 10 *m*. 33 ; mais, à cause de l'imperfection des appareils, elle ne peut atteindre cette limite. Dans la pratique, on ne donne jamais au tuyau d'aspiration plus de 7 *à* 8 *m*. de hauteur verticale.

73. Pompe foulante. — La *pompe foulante* n'a pas de tuyau d'aspiration ; elle se compose d'un corps de pompe qui plonge en partie dans l'eau, et d'un tuyau latéral, nommé *tuyau d'ascension ou de refoulement*, qui sert à élever l'eau. Deux soupapes *a* et *c*, s'ouvrant toutes deux de bas en haut, sont placées, l'une à la partie inférieure du corps de pompe, l'autre à la partie inférieure du tuyau d'ascension. Le piston est plein, c'est-à-dire n'a pas de soupape.

Le mécanisme de cette pompe est très simple. Supposons le piston au bas de sa course ; quand on le monte, l'eau qui presse au-dessous de la soupape *a* ouvre cette soupape et remplit le corps de pompe. Quand on redescend le piston, l'eau étant comprimée, ferme la soupape *a*, ouvre la soupape *c* et monte dans le tuyau d'ascension.

L'effort à faire pour élever le piston est à peu près nul. Pour l'abaisser, il faut une force au moins égale au poids

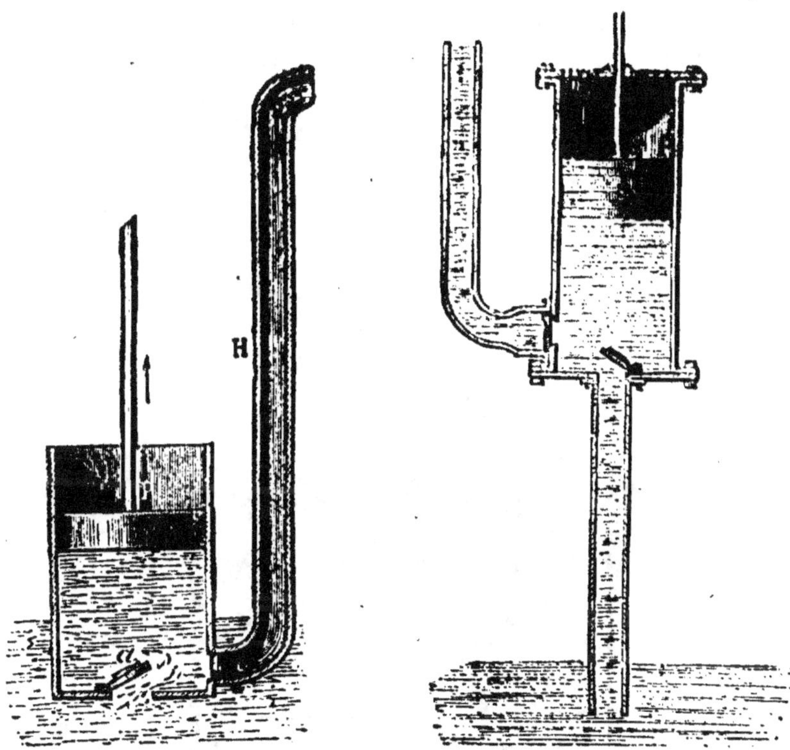

FIG. 95.
Pompe foulante.

FIG. 96.
Pompe aspirante et foulante.

d'une colonne d'eau ayant pour base la section du piston, et pour hauteur la distance verticale de l'orifice d'écoulement au niveau de l'eau dans le réservoir.

74. Pompe aspirante et foulante. — Cette pompe n'est que la réunion des deux précédentes. Elle se compose d'un tuyau d'aspiration, d'un corps de pompe muni d'un piston plein et d'un tuyau de refoulement. Elle aspire l'eau pendant la montée du piston et la refoule pendant la descente.

75. Pompe à incendie. — La *pompe à incendie* se compose de deux pompes aspirantes et foulantes disposées de manière qu'un piston monte pendant que l'autre descend. Quelquefois, elles sont simplement foulantes ; en ce cas, elles sont placées dans une bâche que l'on maintient pleine d'eau. Ces pompes envoient constamment de l'eau dans un réservoir R qui renferme une certaine quantité d'air. Cet air se trouve ainsi comprimé par l'arrivée continuelle de l'eau et, en vertu de sa force élastique, il presse

Fig. 97. — *Pompe à incendie.*

sur cette eau et l'oblige à s'échapper en jet continu à l'extrémité d'un tuyau en cuir qui prend naissance en Z, dans la partie inférieure du réservoir à air comprimé. La vitesse et la force du jet sont d'autant plus grandes que la manœuvre de la pompe est plus rapide.

SIPHON. — PIPETTE

76. Le *siphon* est un appareil destiné à transvaser les liquides, en les faisant passer au-dessus des bords des vases. Il consiste en un tube en caoutchouc, en métal ou en verre. Dans les deux derniers cas, il forme deux branches d'inégale longueur.

Pour faire usage de cet instrument, on commence par l'*amorcer*, c'est-à-dire par le remplir de liquide, opération que l'on peut réaliser simplement par aspiration de l'air intérieur. Lorsque le tube est rempli, le liquide s'écoule par la grande branche.

Il est facile d'expliquer cet écoulement. Supposons le siphon représenté par la figure 98 transvasant de l'eau, et soit MN une tranche de ce liquide située vers le

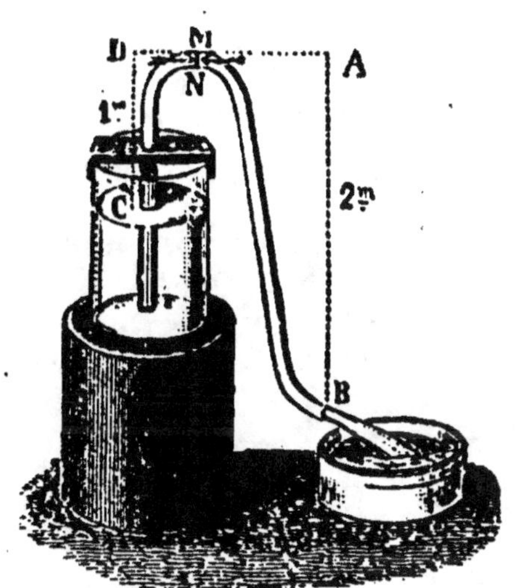

Fig. 98. — *Siphon.*

milieu de la partie courbe du siphon. Cette branche supporte des pressions inégales à droite et à gauche. En effet, si l'on suppose à la petite branche, de C à D, **1** *mètre* de hauteur, et à la grande **2** *mètres*, la pression qui s'exerce à gauche de MN est égale à la pression atmosphérique ou au poids d'une colonne d'eau de **10**^{m}**33** moins celui d'une colonne de **1** *mètre* de hauteur ; cette pression est donc égale au poids d'une colonne d'eau de **9**^{m}**33** ; la pression qui s'exerce à droite de MN est égale au poids d'une colonne d'eau de 10^m33, moins 2 *mètres*, c'est-à-dire de 8^m33 de hauteur. La tranche liquide MN, supportant un excès de pression de gauche à droite, se mettra en mouvement ; elle s'avancera de gauche à droite, et les tranches qui la remplaceront viendront à sa suite. L'écoulement aura lieu tant que la petite branche plongera dans le liquide.

Quand on opère sur des liquides corrosifs ou vénéneux, on se sert d'un siphon dont la grande branche porte un tube latéral. La petite branche étant plongée dans le liquide, on ferme l'extrémité de la grande et on l'aspire avec la bouche par l'extrémité du tube latéral. Quand le liquide

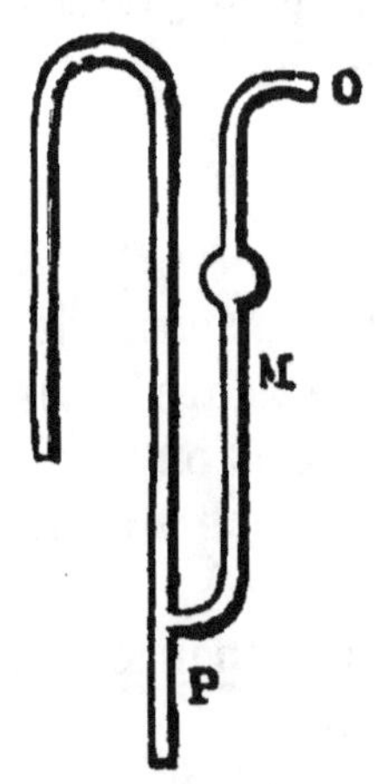

Fig. 99. — *Siphon avec tube latéral.*

Fig. 100. — *Fontaine intermittente.*

commence à arriver dans ce dernier tube, on débouche la grande branche et l'écoulement se produit.

77. Usages du siphon. — On fait journellement usage du siphon dans les laboratoires de chimie et de pharmacie ; on s'en sert aussi pour transvaser le vin et les liqueurs. On peut encore l'employer pour vider les pièces d'eau et les étangs, si la disposition du terrain le permet. Dans ce cas, on construit un siphon en bois ou en métal ayant un diamètre très grand. On l'amorce en le remplissant par le haut après avoir bouché ses deux extrémités, et, pour le faire fonctionner, il suffit de fermer l'ouverture par laquelle on l'a rempli et de déboucher ses extrémités.

78. Fontaines intermittentes. — L'explication des fontaines intermittentes naturelles, que l'on trouve dans le voisinage des montagnes, repose sur le principe du siphon. Ainsi, supposons dans un rocher une cavité qui communique avec l'extérieur par un conduit en forme de siphon, comme le représente la figure 100. L'eau des pluies qui se rend dans cette cavité par infiltration y séjournera tant qu'elle ne sera pas arrivée à la hauteur EH. Une fois parvenue à cette hauteur, l'eau s'écoulera jusqu'à ce que son niveau soit descendu en AB. L'écoulement cessera alors pour

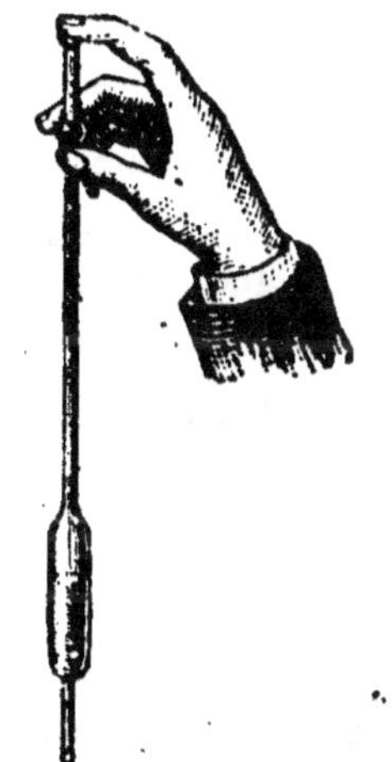

FIG. 101. — *Pipette.*

FIG. 102. — *Tâte-vin.*

recommencer lorsque le niveau de l'eau aura de nouveau atteint EH. Certaines fontaines intermittentes coulent plusieurs jours sans s'arrêter ; d'autres coulent et s'arrêtent plusieurs fois dans une heure, suivant que la cavité se remplit et se vide plus rapidement ; telle est la fontaine de Colmars, dans les Basses-Alpes, qui jaillit et tarit de sept minutes en sept minutes, et telle est aussi celle de Puits-Gros, près de Chambéry, qui coule toutes les six heures, le matin, à midi, le soir et à minuit.

79. Pipette. — Tâte-vin. — Pour transvaser de petites quantités de liquide, on emploie un instrument désigné sous le nom de *pipette*. Il se compose d'un tube renflé en son milieu et terminé à sa partie inférieure par un petit orifice. L'instrument étant rempli de liquide, si l'on applique le doigt sur l'ouverture supérieure de manière à la fermer parfaitement, le liquide ne s'écoulera pas ; mais si l'on enlève le doigt, la pression atmosphérique étant la même aux deux ouvertures du tube, le liquide s'écoulera en vertu de son poids. On arrête l'écoulement en fermant de nouveau l'orifice supérieur.

Le *tâte-vin* n'est qu'une modification de la pipette.

BAROSCOPE — AÉROSTATS

80. Le principe d'Archimède s'applique aussi bien aux gaz qu'aux liquides. Par conséquent, *tout corps plongé dans un gaz éprouve une poussée verticale, de bas en haut, égale au poids du gaz déplacé.*

Ce principe se démontre à l'aide du *baroscope*.

81. Baroscope. — Le *baroscope* se compose d'un fléau reposant sur une tige verticale et portant à l'une de ses extrémités une sphère creuse en cuivre d'un volume assez considérable, et à l'autre extrémité une petite masse de plomb. Ces deux corps se font équilibre dans l'air. Mais, si l'on met le baroscope sous la cloche d'une machine pneumatique, à mesure que l'on fait le vide l'équilibre est rompu à l'avantage de la sphère creuse. Ce fait prouve que la sphère est plus lourde que la masse de plomb, et que si l'équilibre existe dans l'air, c'est parce que la sphère, étant plus volumineuse que le plomb, perd un poids plus grand que ne fait ce dernier.

L'expérience du baroscope prouve que les pesées dans l'air ne sont rigoureusement exactes que lorsque la matière à peser a le même volume que les poids employés.

D'après le principe d'Archimède appliqué aux gaz, si un corps pèse plus que l'air sous le même volume, il tombe ; s'il pèse autant, il reste suspendu dans l'atmosphère ; enfin, s'il pèse moins, il s'élève, et sa force ascensionnelle a pour mesure l'excès du poids de l'air déplacé sur le poids du corps. Ainsi, la vapeur d'eau, la fumée, l'air chaud, ne montent que parce que leur poids est moindre que celui d'un égal volume d'air. C'est sur ce principe si simple que repose la théorie des *aérostats*.

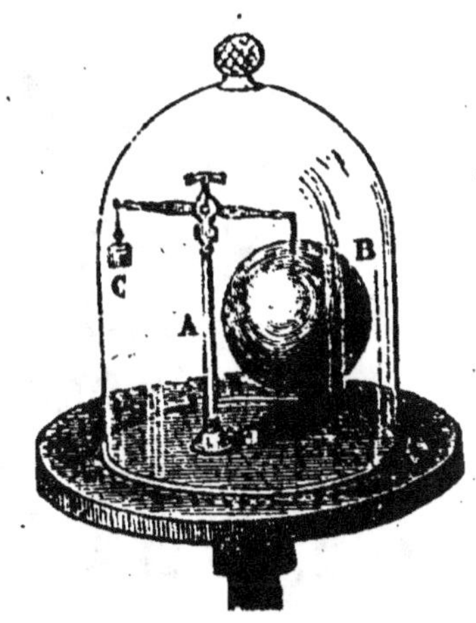

Fig. 103. — *Baroscope.*

82. Aérostats. — Les *aérostats* ou *ballons* se composent d'une ou de plusieurs enveloppes de forme sphéroïdale en étoffe légère et imperméable.

Remplis d'hydrogène, de gaz d'éclairage ou même d'air chaud, les ballons pèsent moins que l'air qu'ils déplacent, et, pour cette raison, ils montent dans l'atmosphère.

Les aérostats ont été inventés par les frères Montgolfier, d'Annonay. C'est dans cette ville que fut lancé leur premier ballon le 5 juin 1783. Ce ballon consistait en un vaste globe de toile doublé de papier. Il fut gonflé avec de l'air chaud, obtenu en brûlant de la paille et du papier humides au-dessous d'une ouverture pratiquée à la partie inférieure de l'appareil. On donna le nom de *Montgolfière* à ce ballon, et l'on donne encore le même nom à tous ceux qui sont gonflés avec de l'air chaud.

Quelques mois après l'invention des montgolfières, Charles, professeur de physique à Paris, eut l'idée de remplacer l'air chaud par le gaz hydrogène, qui est environ *quatorze fois* plus léger que l'air. Plus tard, on substitua au gaz hy-

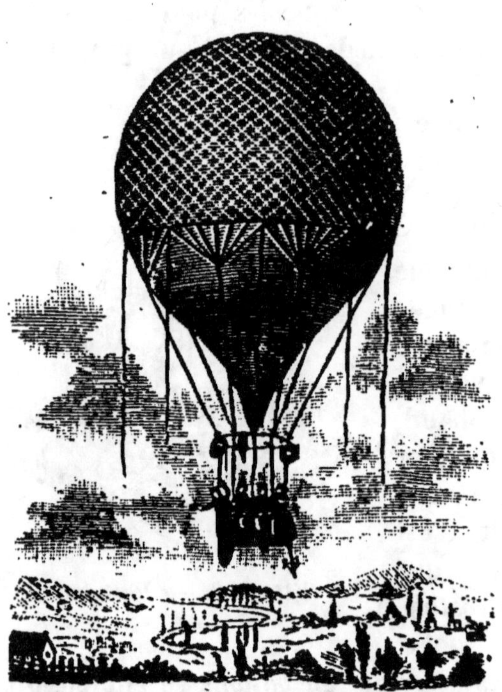

Fig. 104. — *Aérostat.*

drogène le gaz d'éclairage, qui est d'un prix moins élevé, mais dont la densité n'est que la *moitié* de celle de l'air ; comme il est beaucoup plus dense que l'hydrogène, il exige des enveloppes d'une dimension plus considérable.

L'enveloppe des ballons à gaz hydrogène ou à gaz d'éclairage est formée de taffetas rendu imperméable au moyen d'un vernis au caoutchouc ; elle est allongée à sa partie inférieure et terminée par un tube étroit servant à introduire le gaz destiné à gonfler le ballon. Un filet à mailles serrées recouvre cette enveloppe et porte tout autour un assez grand nombre de cordes. Enfin, à quelques mètres au-dessous du ballon, une nacelle est suspendue à ces cordes. C'est dans la nacelle que se tiennent les aéronautes : on y place aussi une provision de sacs de sable pour lester le ballon. La capacité du ballon doit être assez grande pour qu'il puisse s'élever avant d'être entièrement gonflé, afin d'éviter les déchirures qui pourraient se produire dans les hautes régions de l'atmosphère ; car, à mesure que l'aérostat monte, il s'enfle de plus en plus, par suite de la diminution de la pression atmosphérique.

A la partie supérieure du ballon se trouve une soupape que l'aéronaute manœuvre à volonté au moyen d'une corde qui se termine dans la nacelle ; quand il ouvre cette soupape, une partie du gaz s'échappe et le ballon, diminuant de volume, tend à descendre.

La force ascensionnelle du ballon est égale à la différence qui existe entre le poids de l'air qu'il déplace et son poids total. Ainsi, un ballon qui, gonflé, déplace 210 kilos d'air et qui, avec sa nacelle et ses accessoires, pèse 200 kilos, a pour force ascensionnelle 210—200 ou 10 kilos. Pour que la montée du ballon ne soit pas trop rapide, cette force, au départ, ne doit pas dépasser 5 ou 6 kilos.

La force ascensionnelle d'un ballon qui s'élève reste constante jusqu'à ce qu'il soit entièrement gonflé, car, rencontrant des couches atmosphériques de moins en moins denses, il prend lui-même un volume de plus en plus grand ; lorsqu'il a pris son maximum de développement, la force ascensionnelle diminue progressivement et devient bientôt nulle ; le ballon flotte alors dans l'atmosphère à une altitude constante. Si l'aéronaute veut s'élever davantage, il jette un peu de lest, et, devenu plus léger, le ballon monte de nouveau.

L'aéronaute doit se munir d'un baromètre, et c'est à l'aide de cet instrument qu'une fois parvenu dans les hautes régions de l'atmosphère, il reconnaît s'il monte ou s'il descend. Lorsqu'il monte, la colonne de mercure baisse, car la pression atmosphérique va en diminuant à mesure qu'il s'élève ; lorsqu'il descend, au contraire, le mercure monte. L'aéronaute peut aussi déduire de l'observation du baromètre la hauteur à laquelle il se trouve.

Les aérostats ont déjà rendu de grands services : le génie militaire les a adoptés pour les observations stratégiques, et les habitants des villes assiégées en ont fait fréquemment usage pour communiquer avec l'extérieur. On s'en est servi pour étudier l'état de l'atmosphère à différentes hauteurs : dans l'ascension qu'il fit en 1804, à plus de **7.000** *mètres* au-dessus du niveau de la mer, *Gay-Lussac* trouva qu'à cette hauteur le froid était excessif, la sécheresse de l'air extrême, la respiration très pénible et la circulation très active.

Mais les efforts de l'homme ne se sont pas limités à cela ; ils ont tendu à voyager dans l'air. A cette fin, après plusieurs tentatives plus ou moins fructueuses, on est arrivé à l'invention des *ballons dirigeables* et des *aéroplanes*.

83. Dirigeables. — Les premiers essais faits sur les dirigeables datent de l'an 1872 ; mais le premier dirigeable digne de ce nom

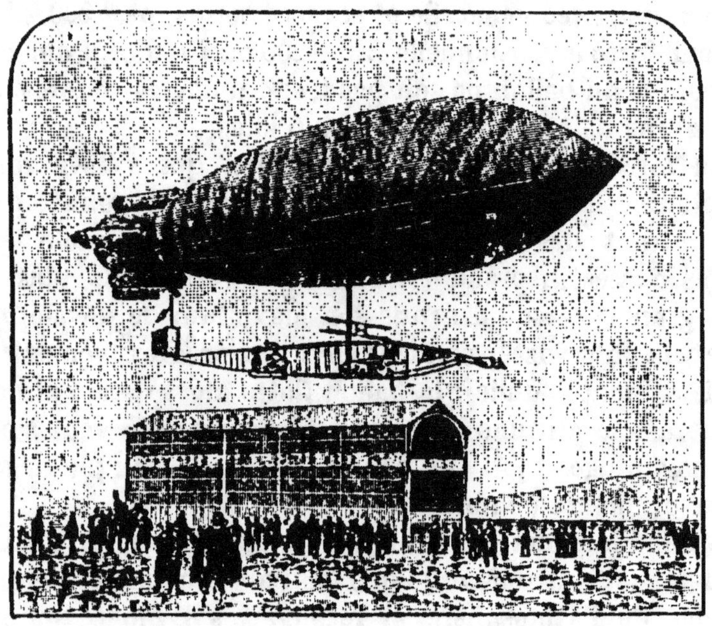

FIG. 105. — *Ballon dirigeable « Ville de Paris ».*

fut *La France*, construit par les commandants Renard et Krebbs de l'armée française, qui fit, en 1884, le trajet de Meudon à Paris.

Dès lors, les progrès ont été rapides ; en juin 1919 on a réussi à traverser l'Océan Atlantique, de New-York en Ecosse, en soixante-treize heures. Aujourd'hui, toutes les principales puissances possèdent leur flotte aérienne.

Un ballon dirigeable a une forme allongée, ce qui diminue considérablement la résistance de l'air. Il est fait d'une enve-

loppe imperméable de tissu ou de feuilles d'aluminium que
l'on remplit d'hydrogène, réparti généralement en plusieurs *bal-
lonnets*, ce qui présente l'avantage d'assurer la stabilité de l'appareil, et de localiser à une de ses parties seulement les avaries qui
pourraient se produire en cas d'accident. La nacelle est pourvue
d'un moteur actionnant une ou plusieurs hélices formées généralement de deux palettes. On dirige l'appareil de droite à
gauche au moyen d'un gouvernail dont l'axe est vertical comme
celui des navires, et de haut en bas ou réciproquement au moyen
d'un gouvernail à axe horizontal. Un dirigeable peut faire facilement de 100 à 110 Km. à l'heure, ou soit une trentaine de
mètres pas seconde, vitesse double de celle des vents forts.

AVIATION

84. Aéroplanes. — On désigne sous le nom d'*aéroplanes* des machines capables de s'élever, dans l'air, sans être plus légères que
lui. Elles s'élèvent en vertu de la résistance qu'offre l'air à des

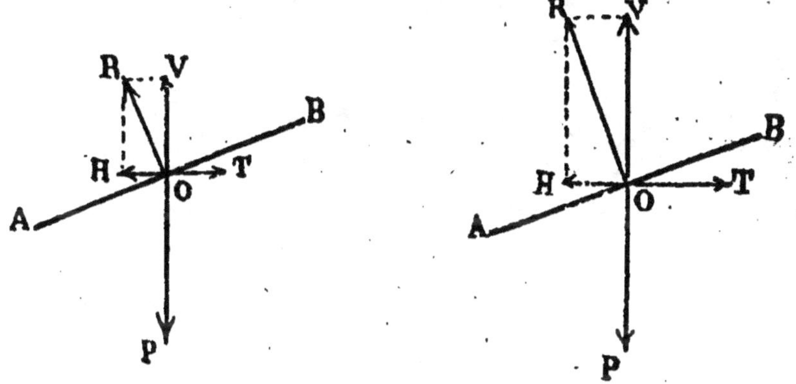

Fig. 106.   Fig. 107.

*Figures théoriques expliquant le mouvement ascensionnel
des aéroplanes.*

surfaces inclinées et animées d'un mouvement horizontal de translation suffisamment rapide. Le principe sur lequel repose leur mouvement ascensionnel est donc tout différent de celui des aérostats. Il est du ressort de la mécanique. L'explication suivante
peut en donner une idée.

Supposons l'appareil réduit à une surface plane inclinée dont
AB représente la coupe (Fig. 106). Désignons par OP le poids de

l'appareil et par OT la force de la propulsion qui le fait mouvoir horizontalement de gauche à droite. Sous l'influence de cette force, l'appareil, primitivement au repos, se met en marche. La résistance de l'air se développe sur le plan AB. Cette résistance est une force que l'on peut représenter par OR, perpendiculaire à AB. Or, cette force OR peut être décomposée en deux composantes, (9, 2°), l'une verticale OV et l'autre horizontale OH, dont OR est la résultante.

La force OR est d'abord faible ainsi que ses composantes OV et OH. Mais si l'appareil est muni d'un propulseur convenable,

Fig. 108. — *Monoplan sur lequel Blériot a traversé la Manche, le 25 juillet 1909.*

la vitesse s'accélère rapidement. La résistance OR augmente en proportion au carré de la vitesse, et avec elle sa composante OV (Fig. 107). Il arrive un moment où cette force OV devient supérieure au poids OP de l'appareil et celui-ci s'enlève. La force OH est détruite par la force OT du propulseur, qui lui est supérieure.

Les aéroplanes se composent de châssis couverts de toile formant des *plans*. Un aéroplane peut n'avoir qu'une seule surface portante : c'est le *monoplan*. Il peut en avoir deux superposées : il constitue alors le *biplan*. La force propulsive des aéroplanes est fournie par un puissant moteur à pétrole, actionnant une hélice de grande dimension, généralement en bois, le tout aussi léger que possible. Des gouvernails servent à les diriger et à les maintenir en équilibre pendant le vol. Lorsqu'ils sont à terre, ils reposent généralement sur des roues semblables à celles des bicyclettes sur lesquelles ils roulent rapidement avant de s'enlever.

Certains aéroplanes sont munis de flotteurs qui leur permettent de reposer sur l'eau. On les appelle des *hydro-aéroplanes.*

La vitesse d'un aéroplane dépasse facilement 200 kilomètres à l'heure ; ces appareils peuvent s'élever à de très hautes altitudes (10.000 mètres) et franchir des distances considérables sans toucher le sol. Blériot est le premier aviateur qui ait traversé la Manche, en juillet 1909, sur un monoplan de son invention, et Chavez, sur un appareil semblable, a franchi les Alpes au col du Simplon en septembre 1910. Malheureusement, ce dernier aviateur paya de sa vie son audacieuse entreprise ; il fit une chute mortelle au moment où il allait atterrir après cette glorieuse traversée. Le lieutenant Read a fait le trajet d'Europe en Amé-

FIG. 109. — *Le biplan de Paulhan au moment où il atterrissait après avoir franchi la distance de Londres à Manchester.*
28 avril 1910.

rique en trois étapes : de Terre-Neuve aux Açores (2.200 Km.), des Açores à Lisbonne (1.750 Km.) et de Lisbonne à Londres (1450 Km.). En mai 1919, le capitaine Alcock a traversé l'Atlantique de Terre-Neuve en Irlande (5.000 Km.). Récemment, Ross Smith, parti de Londres, a atteint l'Australie (17.000 Km.).

L'aviation a fait bien des victimes et en fait encore. Si l'on est assez bien renseigné sur l'état atmosphérique à la surface du sol, il n'en est pas de même à des altitudes élevées, où de terribles remous de vent peuvent saisir l'aéroplane, le briser ou lui faire perdre son équilibre et le précipiter sur le sol. Ces remous ont été en grande partie la cause de nombreuses catastrophes que l'aviation a eu jusque-là à déplorer.

RÉSUMÉ

La *machine pneumatique* est un appareil qui sert à raréfier l'air contenu dans un récipient. Ses principaux organes sont *deux corps de pompe*, dans chacun desquels se meut *un piston* muni d'*une soupape* s'ouvrant de bas en haut ; un *canal d'aspiration* communiquant avec les corps de pompe et débouchant au milieu d'une *platine*, et enfin une *éprouvette* contenant un *baromètre tronqué*.

Les machines de compression servent à comprimer les gaz dans des récipients de manière à y accroître leur force élastique. Elles sont à simple ou à double effet.

L'air comprimé est très souvent utilisé et notamment dans la *poste pneumatique*, le *frein de Westinghouse*, les *machines perforatrices*, les *cloches à plongeur* et les *soufflets*.

Les *pompes* sont des appareils destinés à élever des liquides. On distingue quatre espèces principales de pompes : la *pompe aspirante*, la *pompe foulante*, la *pompe aspirante et foulante* et la *pompe à incendie*.

La *pompe aspirante* se compose d'un *corps de pompe*, dans lequel se meut un *piston*, d'un *tuyau d'aspiration* et de *deux soupapes* s'ouvrant de bas en haut, placées l'une au piston et l'autre à l'extrémité supérieure du tuyau d'aspiration. La hauteur théorique d'un tuyau d'aspiration peut égaler 10.^{m}33 ; mais dans la pratique, on ne peut lui donner une hauteur dépassant 7 ou 8 ^{m}.

La *pompe foulante* n'a pas de tuyau d'aspiration ; elle est munie d'un *tuyau de refoulement*. Elle a aussi *deux soupapes* s'ouvrant de bas en haut, situées aux extrémités inférieures du corps de pompe et du tuyau de refoulement.

La *pompe aspirante et foulante* est une pompe foulante ayant un *tuyau d'aspiration*.

La *pompe à incendie* est constituée par la réunion de deux pompes aspirantes et foulantes manœuvrant alternativement et refoulant l'eau dans un réservoir à air comprimé.

Le *siphon* est employé pour transvaser les liquides, et même pour vider les pièces d'eau et les étangs.

La *pipette* et le *tâte-vin* sont des instruments qui servent à transvaser de petites quantités de liquide.

Les *aérostats* ou *ballons* sont des appareils destinés à s'élever dans l'atmosphère. Ils sont formés d'une ou de plusieurs enveloppes imperméables remplies de gaz hydrogène, de gaz d'éclairage ou même d'air chaud. Ils ont été inventés par les frères Montgolfier en 1783.

La *force ascensionnelle* d'un ballon est égale à la différence qui existe entre le poids de l'air qu'il déplace et son propre poids.

Les *dirigeables* ont une forme allongée et sont pourvus d'un moteur actionnant une ou plusieurs hélices. On les dirige au moyen de gouvernails.

L'*aviation* désigne surtout la locomotion aérienne faite à l'aide d'appareils plus lourds que l'air. Les appareils utilisés pour cela sont les *aéroplanes*.

Les aéroplanes sont des machines capables de s'élever dans l'air sans être plus légères que lui, en vertu de la résistance qu'offre l'air à des surfaces inclinées et animées d'un mouvement horizontal de translation suffisamment rapide.

Les aéroplanes se composent de châssis couverts de toile formant des *plans* et suivant qu'ils n'ont qu'une surface portante ou deux surfaces portantes, superposées, on les désigne sous les noms de *monoplan* et de *biplan*. S'ils peuvent flotter sur l'eau ce sont des *hydro-aéroplanes*.

La force propulsive des aéroplanes est fournie par un puissant moteur actionnant une hélice de grande dimension, le plus souvent en bois, afin de rendre l'appareil plus léger.

CHAPITRE VIII

CHALEUR. — DILATATION. — THERMOMÈTRES.

85. La *chaleur* est la cause qui produit en nous la sensation du *chaud* ou du *froid*.

Les corps nous paraissent au toucher *chauds ou froids*, selon que leur température est supérieure ou inférieure à celle de la partie de notre corps qui est en contact avec eux. Il n'y a ni *chaud* ni *froid* ; il n'y a que des corps à température plus ou moins élevée.

86. Effets de la chaleur. — La chaleur a deux effets très apparents sur les corps :

1º *Elle modifie leurs dimensions.* Les corps, en général, augmentent de volume lorsqu'on les chauffe, et diminuent lorsqu'on les refroidit. On dit dans le premier cas qu'*ils se dilatent*, et dans le second, qu'*ils se contractent*.

2º *Elle change leur état en transformant les solides en liquides et ceux-ci en vapeurs.*

87. Dilatation des corps.

1° *Dilatation des solides*. — On peut constater la dila-

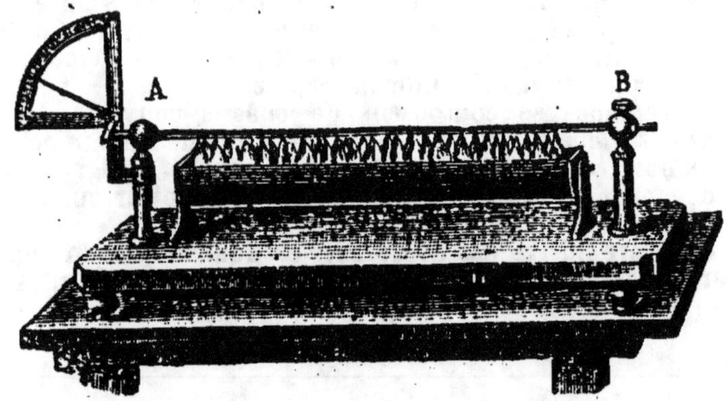

FIG. 110. — *Pyromètre à cadran.*

tation des solides au moyen du *pyromètre à cadran* et de l'*anneau de S'Gravezande.*

Le *pyromètre à cadran* se compose d'une tige métallique fixée à l'une de ses extrémités par une vis de pression ; l'autre extrémité est en contact avec le petit bras d'une aiguille coudée, mobile sur un cadran gradué. Il suffit de chauffer la tige de cet instrument pour voir l'aiguille se déplacer d'un certain

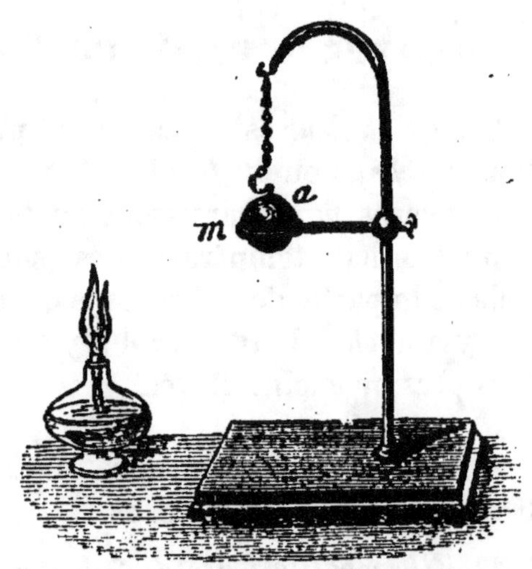

FIG. 111. — *Anneau de S'Gravezande.*

nombre de divisions sur le cadran, par suite de l'allongement de cette même tige.

L'anneau de S'Gravezande se compose d'un anneau métallique dans lequel peut passer librement à la température ordinaire une sphère en métal d'un diamètre peu inférieur à celui de l'anneau. Si l'on chauffe cette sphère, on constate qu'elle ne peut plus passer dans l'anneau, ce qui prouve qu'elle a augmenté de volume.

La première de ces expérience nous offre un exemple de *dilatation linéaire*, ou soit, considérée en un seul sens ; dans la seconde expérience cette dilatation est considérée dans tous les sens ; c'est la *dilatation cubique*.

2° Dilatation des liquides. — La dilatation des liquides est facile à observer ; il suffit de remplir exactement un ballon d'un liquide quelconque, de le fermer avec un bouchon traversé par un tube et de le chauffer pour voir le liquide monter dans le tude avec une vitesse d'autant plus grande que la source de chaleur est plus forte.

Au début de l'expérience, le niveau du liquide descend subitement au-dessous de son niveau primitif. Cela vient de ce que les parois du ballon se dilatent avant que le liquide ait eu le temps de s'échauffer. Ce phénomène n'a qu'une courte durée.

3° Dilatation des gaz. — Pour rendre visible la dilatation des gaz, on se sert d'un ballon plein d'air, dont le bouchon est traversé par un tube de faible diamètre contenant une petite colonne de mercure servant à intercepter la communication entre l'air de l'intérieur et celui de l'extérieur. La chaleur de la main appliquée sur le ballon suffit pour faire dilater l'air qu'il contient et avancer l'index du mercure vers l'extrémité libre du tube.

88. Coefficients de dilatation. — Tous les corps ne se dilatent pas dans les mêmes proportions. Supposons deux barres, l'une de cuivre et l'autre de fer, dont la longueur a 0° soit exactement de 1 mètre. Si l'on communiquait à ces barres 1 degré de chaleur, ces dimensions deviendraient :

Pour le cuivre.................. 0^{m}000017.
Pour le fer .... 0^{m}000012.

Les quantités 0,000017 et 0,000012 constituent les *coefficients de dilatation linéaire* de ces corps.

On appelle donc *coefficient de dilatation linéaire d'un corps* l'accroissement que subit une unité de longueur de ce corps, lorsqu'on augmente sa température de 0° à 1°.

Dans les liquides et les gaz on ne considère que le coefficient de dilatation cubique. Ce coefficient est :

Pour le mercure .... 0,000180.
Pour l'eau...................... 0,000492.
Pour l'alcool.................... 0,001190.

Les gaz présentent la particularité d'avoir tous le même coefficient de dilatation. Ce coefficient est 1/273, ou soit, 0,00367. Des considérations déduites de cette observation ont fait supposer que le *froid absolu* est à 273° au-dessous de 0° du thermomètre centigrade.

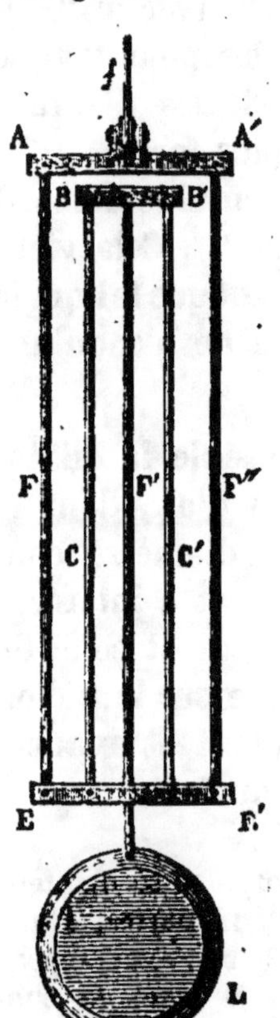

Fig. 112.
*Pendule
compensateur.*

L'expérience a démontré que la dilatation des corps est sensiblement proportionnelle à l'accroissement de la température ; ce qui permet de calculer l'augmentation de longueur ou de volume que subit un corps en vertu de la chaleur qu'on lui communique.

PROBLÈME. — *Une barre de fer a 10 mètres de longueur à la température de 15°. On la chauffe à 100°. Quelle sera sa longueur à cette température?*

La chaleur communiquée est : 100 — 15 = 85°.

Un mètre de cette barre s'allonge, pour chaque degré de chaleur, de 0^{m}000012 ;

10 mètres s'allongeront de 0,000012 × 10 = 0^{m}00012.

Cela en lui communiquant 1° de chaleur.

Pour 85°, l'augmentation sera 0,00012 × 85 = 0^{m}0092.

La longueur de la barre sera donc de 10^{m}0092.

89. Applications et conséquences de la dilatation. — 1° *Thermomètres.* — Les *thermomètres*, dont nous allons bientôt parler, sont une application de la dilatation.

2° *Pendule compensateur.* — Les horloges dont le mouvement est réglé par un pendule, retardent en été et avancent en hiver, parce que la tige de ces pendules étant métallique, s'allonge lorsqu'il fait chaud, et se raccourcit quand il fait froid. Pour obvier à cet inconvénient, on fait usage de *pendules compensateurs,* dans lesquels la tige, au lieu d'être simple, se compose de plusieurs tiges de fer et de laiton. Ces tiges sont fixées de manière que les unes, telles que F, F' et F″, tendent à allonger le pendule par leur dilatation, et les autres, comme C et C' à le raccourcir, c'est-à-dire à remonter sa lentille ; les premières sont en fer et les secondes en laiton. L'appareil est construit de manière qu'il conserve constamment et par toutes les températures une même longueur ; ce que l'on peut obtenir grâce à l'inégale dilatabilité du fer et du cuivre. Pour que la compensation soit suffisante, il faut donner au pendule au moins 9 tiges : 5 de fer et 4 de laiton.

3° *Cerclages des roues.* — On fait aussi usage de la propriété de la dilatation dans le cerclage des roues de voitures. Pour que les différentes parties qui composent une roue soient bien liées entre elles, les charrons donnent au cercle qui doit les entourer un diamètre un peu plus petit que celui de la roue. Ce cercle étant chauffé

Fig. 113. — *Cerclage des roues de voitures.*

se dilate et peut être facilement mis en place. Un refoidissement rapide le fait contracter aussitôt ; en se contractant, il resserre toutes les parties de la roue et contribue ainsi puissamment à sa solidité.

4° *Clous à river.* — Les clous à river dont on se sert pour lier ensemble les plaques de tôle qui entrent dans la construction des chaudières des machines à vapeur offrent un phénomène semblable. Avant de mettre ces clous en place, on les fait rougir au feu ; ils sont ainsi plus faciles à river et ont en outre l'avantage de resserrer davantage, en se contractant, les parties qu'ils unissent.

5° *Barreaux de fer.* — *Toitures métalliques.* — Les barreaux de fer que l'on voit à quelques fenêtres ne sont scellés qu'à une seule extrémité. Sans cette précaution, en été, ils se courberaient à cause de leur allongement, et, en hiver, ils s'arracheraient de leurs scellements. Pour la même raison, les feuilles de zinc ou de plomb qui composent certaines toitures ne sont clouées que d'un côté.

6° *Tuyaux de conduite d'eau*. — Les tuyaux de conduite d'eau ne sont pas soudés les uns aux autres, mais ils s'emboîtent avec frottement, afin que les variations de température n'aient d'autre effet que de faire avancer ou reculer leurs extrémités dans les emboîtements.

7° *Flacons bouchés à l'émeri*. — Lorsque le bouchon d'un flacon bouché à l'émeri tient trop fortement au goulot, il suffit de chauffer ce dernier avec la flamme d'une bougie, en ayant soin d'en présenter successivement au feu toutes les parties. Le goulot se chauffe et par conséquent se dilate, ce qui permet de déboucher facilement le flacon. Ce procédé ne doit pas s'employer pour déboucher les flacons contenant des liquides très volatils (éther, naphte, etc.). Il est préférable, en ce cas, de frotter énergiquement le goulot avec un morceau de drap.

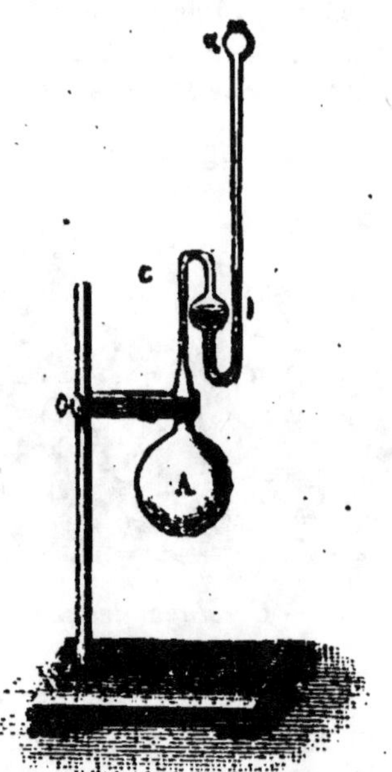

FIG. 114. — *Appareil servant à démontrer que la chaleur augmente la force expansive des gaz.*

8° *Augmentation de la force élastique des gaz par la chaleur*. — Lorsqu'on chauffe un gaz dont le volume ne peut s'accroître librement on augmente sa force expansive. Pour le démontrer on se sert d'un ballon de verre auquel est adapté un tube deux fois recourbé, et portant vers son milieu une boule creuse à moitié pleine d'un liquide coloré. Ce liquide monte à la même hauteur dans la branche ouverte du tube et dans la boule. Dès qu'on approche la main du ballon, on voit le liquide monter dans la branche ouverte du tube jusqu'à un niveau beaucoup supérieur à celui du liquide dans la boule. Le volume de l'air intérieur varie très peu, mais sa force expansive augmente, car elle arrive à faire équilibre non seulement à la pression atmosphérique qui s'exerce par la branche ouverte, mais encore à la pression produite par la colonne liquide qui a pour hauteur la différence des deux niveaux.

9° *Mouvement ascensionnel des gaz chauds*. — Les gaz en se dilatant sous l'influence de la chaleur deviennent plus légers. Ce fait explique pourquoi dans un appartement chauffé, l'air n'a pas partout la même température : l'air le plus chaud occupe les couches voisines du plafond, tandis que l'air froid reste dans la partie inférieure de l'appartement.

On peut constater le mouvement ascensionnel de l'air chaud au moyen d'une spirale de papier supportée par un pivot et placée au-dessus d'un poêle en activité. L'air, devenant plus léger à mesure qu'il s'échauffe, s'élève au-dessus de la source de chaleur, et rencontrant obliquement les parois de la spirale de papier, communique à celle-ci un mouvement qui l'oblige à tourner autour de son support.

C'est encore à la dilatation que l'air subit par la chaleur qu'il faut attribuer le double courant d'air qui s'établit, lorsqu'on ouvre la porte d'un appartement chauffé pour le mettre en communication avec un autre plus froid. L'air chaud du premier appartement, plus léger que celui du deuxième, s'échappe par le haut de la porte, tandis que l'air froid entre par le bas

FIG. 115. — *Spirale de papier mise en mouvement par l'air chaud qui s'élève au-dessus d'un poêle.*

pour venir le remplacer. Il est facile de constater l'existence de ce double courant d'air, au moyen d'une bougie allumée que l'on place successivement en haut et en bas de l'ouverture de la porte ; en haut, la flamme se dirige vers le dehors : elle est entraînée par l'air qui sort de l'appartement ; en bas, elle prend une direction contraire.

Le mouvement ascensionnel de l'air échauffé produit les courants atmosphériques, car cet air s'élevant dans les hautes régions de l'atmosphère, il est remplacé par l'air provenant des régions voisines, ce qui occasionne le *vent*.

THERMOMÈTRES

90. Les *thermomètres* sont des instruments qui servent à indiquer la *température* des corps.

On appelle température d'un corps le degré de chaleur que possède ce corps.

Les thermomètres sont basés sur le phénomène de la dilatation. Presque tous les corps pourraient servir à la construction des thermomètres, mais on choisit de préférence les liquides parce que leur dilatation, plus grande que celle des solides et moins grande que celle des gaz, se prête mieux à l'observation des variations moyennes de température.

FIG. 116.
Thermomètre.

Les liquides dont on fait usage pour la construction des thermomètres sont le *mercure* et l'*alcool*. Le mercure, parce qu'il se dilate plus uniformément que les autres liquides, parce qu'il ne bout qu'à une température très élevée, 350°, et parce qu'il ne se congèle qu'à un froid très intense, — 39° ; l'alcool, parce qu'il ne se congèle qu'à la température de — 130°.

Ces liquides sont contenus dans un petit réservoir en verre, de forme cylindrique ou sphérique. A ce réservoir est uni un tube capillaire en verre. Le liquide, en se dilatant monte dans le tube, à une hauteur d'autant plus grande que la température est plus élevée. Une échelle graduée, placée le long de ce tube, indique le *degré* de température correspondant à la dilatation du liquide.

Remarque. — La sensibilité d'un thermomètre à liquide dépend des trois conditions suivantes :

1° *Du rapport qui existe entre la capacité du réservoir et le diamètre du tube :* plus le réservoir est grand et le tube étroit, plus l'instrument est sensible ;

2° *De la nature du liquide :* plus le liquide se dilate rapidement, plus la sensibilité est grande, c'est pour cette raison que les thermomètres à alcool sont plus sensibles que les thermomètres à mercure ;

3° *De la forme du réservoir :* plus la surface du réservoir est grande relativement au volume du liquide, plus le liquide s'échauffe et se refroidit rapidement.

91. Graduation du thermomètre. — Deux points fixes ont été adoptés pour la graduation du thermomètre ; ces points sont indiqués par la température de la glace fondante et par celle de la vapeur d'eau bouillante, sous la pression de 0^m760 ; le premier donne le 0, et le second le 100e degré de la graduation.

Pour déterminer la position des deux points fixes sur le tube thermométrique, on place d'abord l'instrument dans un vase rempli de glace fondante ; le liquide du thermomètre descend et on marque 0 au point où il s'arrête. On plonge ensuite le thermomètre dans de la vapeur d'eau bouillante, comme c'est représentée à la figure 118. Le liquide du thermomètre se dilate, il monte dans le tube, et, après avoir pris la température de la vapeur d'eau,

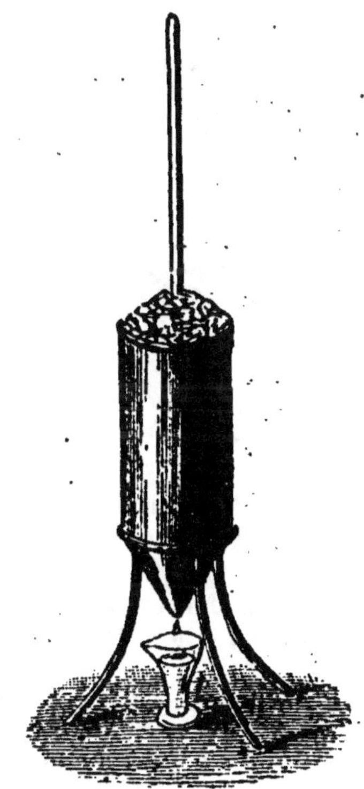

Fig. 117. — *Détermination du point 0.*

il s'arrête en un point où l'on marque 100. On divise ensuite en 100 parties égales, appelées *degrés*, l'espace compris entre le 0 et le point 100, et on prolonge la division, s'il y a lieu, au-delà de ces deux points fixes.

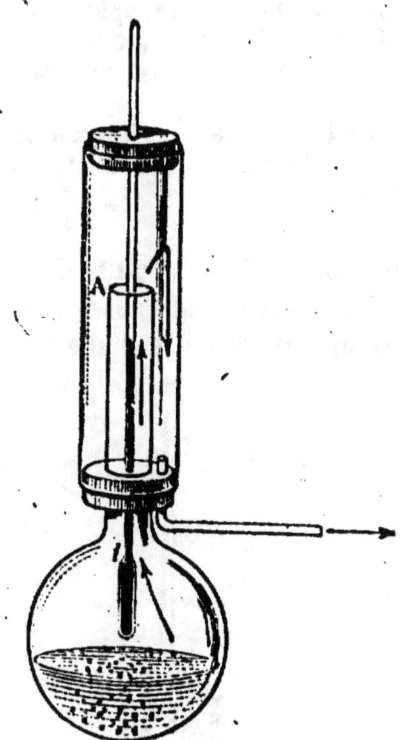

FIG. 118. — *Détermination du point* 100.

Dans les notations thermométriques, on fait précéder du signe — les chiffres qui indiquent les températures inférieures à zéro degré, pour les distinguer des températures supérieures. Ainsi, par exemple, — 15° désigne une température de 15 degrés au-dessous de zéro, tandis que +15° ou simplement 15°, indique une température de 15 degrés au-dessus de zéro.

REMARQUE. — L'alcool bout à 78°; on ne peut donc placer le thermomètre construit avec ce liquide dans la vapeur d'eau bouillante pour déterminer le point fixe supérieur de la graduation. Ce point s'obtient de la manière suivante : on met le thermomètre à graduer dans un bain dont la température est donnée par un thermomètre à mercure déjà gradué. Si cette température est de 25°, par exemple, on marque 25 au point où l'alcool s'arrête dans le tube et on a ainsi un second point qui permet de compléter la graduation de l'instrument.

92. Diverses échelles thermométriques. — L'échelle thermométrique que nous venons de décrire est nommée *échelle centigrade.* Il en existe encore deux autres ; l'échelle *Réaumur* et l'échelle *Fahrenheit.*

Le zéro de l'échelle Réaumur est déterminé de la même manière que celui de l'échelle centigrade ; mais au point donné par la température de la vapeur de l'eau bouillante, on marque 80 degrés au lieu de 100.

Par suite, 100° *centigrades* valent 80° *Réaumur*, et 1° *centigrade* ne vaut que les 80/100 ou les 4/5 de 1° *Réaumur*.

Réciproquement, 1° *Réaumur* vaut les 5/4 de 1° *centigrade*.

Le thermomètre de Fahrenheit est spécialement employé en Angleterre, en Hollande et dans l'Amérique du Nord. Le zéro de l'échelle de ce thermomètre est déterminé par le froid qu'on obtient en mélangeant des poids égaux de sel ammoniac et de glace pilée. Le point fixe supérieur est encore donné par la température de la vapeur de l'eau bouillante. L'espace compris entre ces deux points fixes est divisé en 212°. Le zéro des deux premières échelles thermométriques correspond au 32° degré de cette graduation.

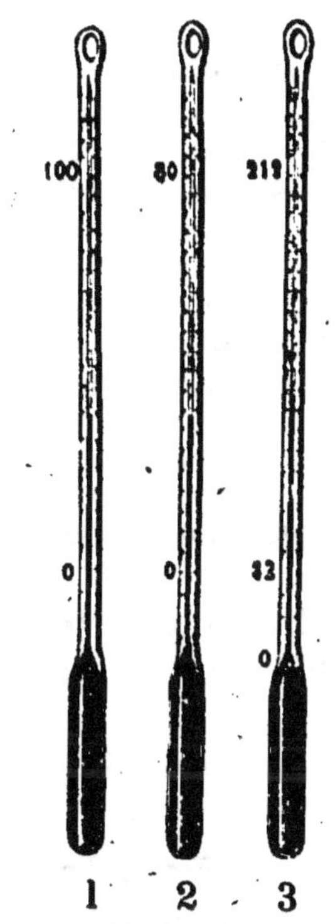

FIG. 119.

Échelles thermométriques.

1. Échelle centigrade. — 2. Échelle Réaumur.— 3. Échelle Fahrenheit.

Donc, 100° *centigrades* valent 212° — 32° ou 180° *Fahrenheit*, et 1° *centigrade* vaut les 180/100 ou les 9/5 de 1° *Fahrenheit*.

Réciproquement, 1° *Fahrenheit* ne vaut que les 5/9 de 1° *centigrade*.

Problèmes. — 1. *Combien de degrés Réaumur correspondent à 20° centigrades ?*

$$20 \times \frac{4}{5} = 16°.$$

2. *Combien de degrés centigrades correspondent à 32° Réaumur ?*

$$32 \times \frac{5}{4} = 40°.$$

3. *Un thermomètre Fahrenheit marque 77°. A combien de degrés centigrades cette température correspond-elle ?*

En soustrayant les 32 degrés que ce thermomètre marque au-dessous du zéro centigrade, il reste 77-32=45°. On a alors :

$$45 \times \frac{5}{9} = 25°.$$

4. *A 60° centigrades, combien de degrés marque le thermomètre Fahrenheit ?*

$$60 \times \frac{9}{5} = 108.$$

Le thermomètre Fahrenheit marquera : 108+32=140°.

98. Thermomètre à maxima et à minima. — Le *thermomètre à maxima et à minima* est destiné à faire connaître

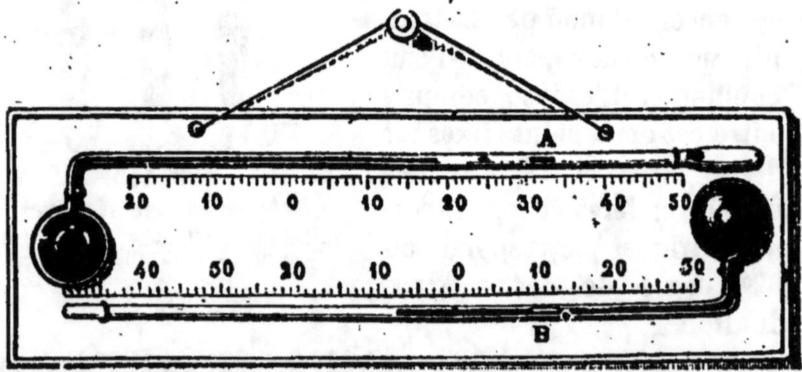

Fig. 120. — *Thermomètre à maxima et à minima.*

la plus haute et la plus basse température qui ont existé dans un lieu pendant un temps déterminé. Cet instrument se compose de deux thermomètres placés horizontalement l'un au-dessous de l'autre. Le thermomètre à maxima est à mercure et le thermomètre à minima à alcool.

Dans le *thermomètre à maxima*, le mercure par sa dilatation pousse devant lui un petit index A en acier ; cet index n'étant pas mouillé par le mercure, reste en place lorsque, par l'effet du refroidissement, le mercure se contracte et se retire. L'index indique donc, par son extrémité la plus rapprochée du mercure, la plus grande dilatation de ce liquide, c'est-à-dire la température *maxima* marquée par l'instrument.

Le *thermomètre à minima* contient un petit index B en émail. L'index est immergé dans l'alcool, et son adhérence avec ce liquide l'empêche d'en sortir. Lorsque l'alcool se contracte, il entraîne avec lui l'index ; quand, au contraire, il se dilate, il passe sans difficulté entre l'index et la paroi du tube. L'alcool laisse donc l'index au point où il l'a amené lors de sa plus grande contraction, c'est-à-dire au moment de la plus faible température marquée par l'instrument. Cette température minima est donnée par l'extrémité de l'index la plus éloignée de l'ampoule du thermomètre. Quand on a constaté les températures indiquées par les deux index, il suffit de redresser l'instrument pour ramener ceux-ci aux extrémités des deux colonnes liquides des thermomètres.

94. Pyromètres. — Les *pyromètres* sont des instruments qui servent à mesurer les hautes températures ; tel est le *pyromètre* à cadran (fig. 110) où l'on applique la dilatation d'une tige métallique. Mais on préfère généralement les pyromètres basés sur la dilatation des gaz, et à cet effet, on emploie spécialement l'azote. Le gaz est enfermé dans un récipient en communication avec un tube manométrique, et en vertu de la force élastique qu'il acquiert par la chaleur, il agit sur une aiguille parcourant un cadran, gradué ordinairement jusqu'à 500°. Pour des températures plus élevées, celle des fours à puddler par exemple, on juge approximativement du degré de chaleur par l'aspect que présentent les pièces qui y sont chauffées.

95. Maximum de densité de l'eau. — L'eau présente dans sa dilatation une particularité bien remarquable. Comme les autres corps, elle se contracte par le refroidissement, mais seulement jusqu'à la température de **4** *degrés* au-dessus de zéro. Si le refroidissement devient plus grand, elle se dilate.

Il est facile de déterminer la température du maximum de concentration de l'eau à l'aide d'un thermomètre construit avec ce liquide. On voit que, par un abaissement de température, l'eau descend dans le tube thermométrique, mais seulement jusqu'à **4** *degrés* au-dessus de zéro ; et que, si le froid augmente, l'eau monte dans ce même tube. A 0 *degré*, elle occupe à peu près le même espace qu'à 8 *degrés*.

L'eau ayant son maximum de concentration à + 4° doit aussi avoir à cette température son maximum de densité. Ce phénomène explique pourquoi dans les lacs et dans les mers, l'eau, à partir d'une certaine profondeur, conserve invariablement, en été comme en hiver, la température de 4 *degrés*.

96. Chaleur spécifique. — On appelle *chaleur spécifique* d'un corps la quantité de chaleur qu'il faut lui transmettre pour élever de 1° de température le poids de 1 gramme de ce corps.

L'unité de chaleur spécifique est la *calorie*.

Une calorie est la quantité de chaleur nécessaire pour élever de 1 degré de température le poids de 1 gramme d'eau (petite calorie) *ou de 1 kilo d'eau* (grande calorie). Une grande calorie vaut donc 1.000 petites calories.

Chaque corps a sa chaleur spécifique. Ainsi celle de l'eau étant 1, celle de l'air est 0,24 ; celle du mercure, 0,033 ; celle du fer, 0,114, etc.

Il est évident, d'après les définitions précédentes, que

la chaleur absorbée par un corps pour s'élever à une température déterminée est proportionnelle au poids de ce corps. L'expérience démontre qu'elle est aussi proportionnelle à l'élévation de température qu'il subit.

PROBLÈME. — *Combien de calories absorbent 100 Kg. de fer pour s'élever de 20° à 1.200°?*

L'élévation de la température est 1200—20=1180°.

La chaleur absorbée sera : 0,114×100×1180=13.452 grandes calories.

En effet, pour élever de 1° la température de 1 Kg. de fer, il faut 0 calorie 114. Pour 100 Kg. il en faudra 11,4.

Cela, pour lui communiquer un degré de chaleur; pour lui en communiquer 1180, il faudra lui céder : 11,4×1180 calories.

RÉSUMÉ

La chaleur est la cause qui produit en nous la sensation du *chaud* ou du *froid*.

La chaleur dilate les corps. Dans les solides, on distingue la dilatation *linéaire* et la dilatation *cubique ;* la première se montre à l'aide du *pyromètre à cadran*, et la seconde avec l'*anneau de S'Gravezande.*

On appelle *coefficient de dilatation linéaire* d'un corps l'accroissement de longueur qui subit une unité de longueur de ce corps lorsqu'on augmente sa température de 0° à 1°.

Les gaz se dilatent beaucoup plus que les liquides, et ceux-ci beaucoup plus que les solides. Lorsqu'on chauffe un gaz dont le volume ne peut s'accroître librement, on augmente sa force expansive.

On utilise la dilatation des corps dans la fabrication des *thermomètres*, dans la construction des *pendules compensateurs*, dans le *cerclage des roues*, dans la pose des *clous à river ;* on en tient compte dans la pose des *grillages métalliques*, des *toitures de zinc*, des *tuyaux des conduites d'eau*, etc. La dilatation explique l'*augmentation de la force élastique des gaz par la chaleur*, et *les courants ascensionnels des gaz.*

Les thermomètres sont des instruments qui servent à indiquer la *température* des corps. *On appelle température d'un corps, le degré de chaleur que possède ce corps.*

On a choisi les liquides pour la construction des thermomètres proprement dits, parce que leur dilatation se prête mieux à l'observation des variations moyennes de température. On les construit avec du *mercure* ou de l'*alcool*. Les thermomètres à mercure peuvent indiquer les températures depuis — 39° jusqu'à + 359° et les thermomètres à alcool depuis — 130° jusqu'à +78°.

La sensibilité d'un thermomètre à liquide dépend : 1° *du rapport qui existe entre la capacité du réservoir et le diamètre du tube ;* 2° *de la nature du liquide ;* 3° *de la forme du réservoir.*

La graduation des thermomètres est basée sur deux températures fixes : la température de la *glace fondante* et celle de l'*eau bouillante,* sous la pression de 0ᵐ760.

On distingue trois échelles thermométriques : l'*échelle centigrade,* l'*échelle Réaumur* et l'*échelle Fahrenheit.* Un degré centigrade vaut les 4/5 d'un degré Réaumur et les 9/5 d'un degré Fahrenheit. Réciproquement, un degré Réaumur et un degré Fahrenheit valent le premier les 5/4, et le second les 5/9 d'un degré centigrade.

Les thermomètres à *maxima* et à *minima* sont destinés à indiquer la plus haute et la plus basse température qui ont existé en un lieu pendant un temps déterminé.

Les *pyromètres* sont des instruments qui servent à mesurer les hautes températures. On emploie généralement les pyromètres basés sur la dilatation des gaz.

Le maximum de concentration de l'eau et par conséquent son maximum de densité, est à + 4°.

On appelle *chaleur spécifique* d'un corps la quantité de chaleur qu'il faut lui transmettre pour élever de 1° le poids de 1 gramme de ce corps. L'unité de chaleur spécifique est la *calorie.*

CHAPITRE IX

CHANGEMENTS D'ÉTAT DES CORPS
MACHINES A VAPEUR.

97. Dans les changements d'état des corps, il se produit quatre phénomènes distincts savoir : la *fusion*, la *solidification*, la *vaporisation* et la *liquéfaction*.

FUSION

98. La *fusion* est le passage d'un corps de l'état solide à l'état liquide sous l'influence de la chaleur. La fusion est soumise aux deux lois suivantes :

1° *La température à laquelle s'opère la fusion est inva-*

*riable pour chaque corps, lorsque la pression reste cons-
tante.*

2º *La température d'un corps qui fond demeure constante
pendant toute la durée de la fusion.*

TEMPÉRATURE DE FUSION DE QUELQUES CORPS

Mercure........	— 39°	Plomb........	326°
Glace.........	0	Zinc.........	412
Phosphore......	44	Argent.......	962
Stéarine........	60	Fonte blanche.	1100
Potassium......	62	Fonte grise....	1200
Cire vierge.....	63	Or...........	1045
Sodium........	96	Fer doux.....	1500
Soufre........	115	Platine.......	1775
Etain.........	235	Iridium.......	2000

99. Chaleur latente de fusion. — Nous venons de dire
que la température d'un corps qui fond reste constante
pendant toute la durée de la fusion. Ainsi le plomb, qui
fond à 326°, se maintient à cette température pendant
toute la durée de sa fusion, quelle que soit la source de
chaleur à laquelle il est exposé. La conséquence de ce fait,
c'est que la chaleur cédée au corps par le foyer est tout
entière employée à opérer le changement d'état de ce corps;
elle devient *latente*, c'est-à-dire cachée, et n'a aucun effet
sensible.

L'expérience suivante donne une idée exacte de ce
qu'on entend par la chaleur latente et montre aussi que
la quantité de chaleur sensible absorbée dans la fusion
est considérable. On verse 1 *kg.* d'eau à 79° sur 1 *kg.* de
neige ou de glace pilée à 0° ; celle-ci fond immédiatement
et l'on a 2 *kg.* d'eau à 0°. Le kilo d'eau chaude a donc
perdu 79 *calories* et le kilo de neige ne *s'est pas échauffé*,
mais il a changé d'état ; pour ce changement d'état, il a
absorbé toute la chaleur sensible de l'eau et cette chaleur est devenue latente. *Un kilo* de glace absorbe donc
pour se fondre 79 *grandes calories.*

REMARQUE. — Si l'on met un corps solide dans un liquide capable de le dissoudre, ce corps se liquéfie. Ce changement d'état absorbe de la chaleur sensible, qui est empruntée au liquide. Ainsi, le sel dissous dans l'eau produit un abaissement de température. Cet abaissement peut arriver à un grand nombre de degrés au-dessous de zéro, si l'on remplace l'eau par la neige ou la glace. La dissolution (lorsque aucun phénomène chimique n'intervient) a donc quelque analogie avec la fusion, puisque dans les deux cas il y a absorption de chaleur. On applique cette propriété de la dissolution dans la fabrication des *mélanges réfrigérants*, utilisés dans les laboratoires de physique et de chimie et dans l'économie domestique.

TABLEAU INDIQUANT QUELQUES MÉLANGES RÉFRIGÉRANTS

SUBSTANCES MÉLANGÉES	Proportions en poids	Abaissement de la température
Sel marin .... Glace pilée ou neige............	1 2	de + 10° à — 18°
Sulfate de sodium .... Acide chlorhydrique étendu..	2 1	de + 10° à — 17°
Chlorure de calcium........... Glace pilée ou neige.........	8 5	de + 10° à — 51°
Anhydride carbonique solide.. Ether.................	5 1	de + 10° à — 100°

Il existe un petit appareil connu sous le nom de *glacière des familles*, qui permet d'obtenir de la glace en toutes saisons. Cet appareil consiste en une boîte métallique divisée en plusieurs compartiments concentriques, comme l'indique la figure 121. Au milieu, ainsi que dans le compartiment B, on place l'eau à congeler ; dans les compartiments O et C, on introduit le mélange réfrigérant ; enfin, dans le compartiment le plus près de l'extérieur, se trouvent des matières peu conductrices de la chaleur. Une manivelle permet d'imprimer un mouvement de rotation au mélange réfrigérant, ce qui active la vitesse de la dissolution et par suite l'intensité du refroidissement. La congélation étant produite, l'eau de fusion de la glace se rend peu à peu dans le réservoir situé dans la partie inférieure de l'appareil et vient rafraîchir les boissons qu'on y a placées.

SOLIDIFICATION

100. La *solidification* est le passage d'un corps de l'état liquide à l'état solide. Elle est soumise aux trois lois suivantes :

1° La température de solidification d'un corps est invariable ; elle est la même que celle de la fusion ;

2° La température d'un corps reste constante pendant toute la durée de sa solidification ;

3° La solidification est accompagnée du dégagement de toute la chaleur sensible absorbée pendant la fusion.

L'eau, dans quelques circonstances, fait exception à la première de ces lois. En effet, placée dans un vase à l'abri de toute agitation et dont la surface intérieure est bien polie, elle peut être refroidie jusqu'à — 12° sans se solidifier. Mais le moindre ébranlement amène sa congélation, et sa température remonte immédiatement à 0°. Ce phénomène connu sous le nom de *surfusion*, n'est pas particulier à l'eau ; le soufre et le phosphore présentent la même propriété.

FIG. 121.
Glacière des familles.

Les corps liquides, en se solidifiant, éprouvent une diminution de volume. L'eau cependant fait exception à cette règle ; en se solidifiant, elle se dilate et sa densité diminue par là même. Il en est de même du fer.

La dilatation de l'eau, lors de sa congélation, est accompagnée d'une force expansive considérable. Pour prouver l'existence de cette force expansive, on a exposé à une température de plusieurs degrés au-dessous de zéro des bombes remplies d'eau et solidement bouchées. Quelques-unes de ces bombes ont eu leur bouchon violemment chassé, d'autres ont été brisées et un épais bourrelet de glace s'est formé à leur surface.

Les pierres gélives, qui se délitent après la gelée, et les tissus des jeunes plantes qui se désorganisent lorsque celles-ci ont été surprises par le froid, sont encore des exemples de cette force expansive.

REMARQUE. — La légèreté spécifique de la glace et la température du maximum de densité de l'eau sont pour nous des bienfaits du Créateur. En effet, par suite de la seconde de ces deux

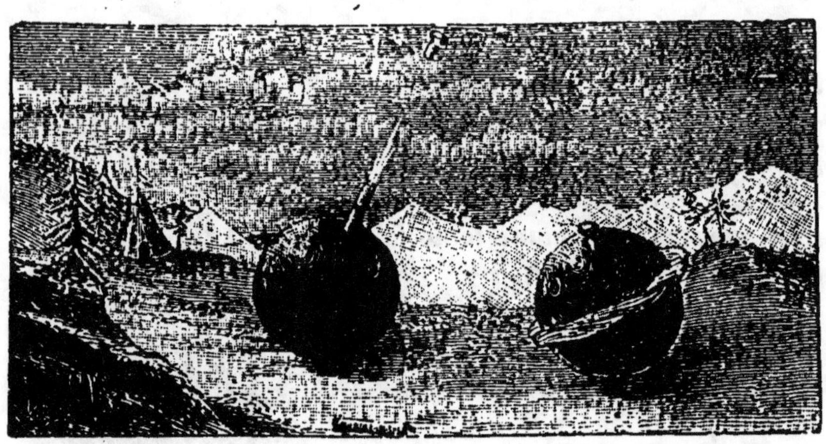

FIG. 122. — *Effets de la force expansive de la glace.*

propriétés, l'eau ne se congèle qu'à la surface. Elle conserve ainsi au-dessous de la couche glacée qui la protège contre le refroidissement, la fluidité nécessaire pour que les poissons puissent y vivre. Si l'eau suivait les lois générales de la dilatation, à zéro degré elle occuperait les régions inférieures. Dans ces régions, elle ne pourrait jamais s'échauffer à cause de sa faible conductibilité pour la chaleur. Si la glace était plus dense que l'eau, elle tomberait au fond des fleuves et des lacs à mesure qu'elle se formerait, et bientôt les eaux de ceux-ci seraient entièrement congelées. La vie des animaux aquatiques deviendrait impossible, dans beaucoup de contrées, ce qui priverait les habitants d'une de leurs principales sources de substances alimentaires. De plus, les chaleurs de l'été étant insuffisantes pour fondre cette glace, les lits des fleuves se trouveraient encombrés par une matière solide, et il s'ensuivrait que chaque année de vastes inondations désoleraient les pays riverains.

VAPORISATION

101. — La *vaporisation* est la transformation des liquides en vapeurs. Elle se fait de deux manières : par *évaporation* et par *ébullition*.

102. Evaporation. — On désigne sous le nom d'*évaporation* la formation des vapeurs à la surface libre des liquides. Presque tous les liquides exposés à l'air s'évaporent plus ou moins rapidement, suivant leur nature.

La rapidité de l'évaporation dépend de plusieurs circonstances, telles que l'*élévation de la température*, l'*étendue de la surface liquide*, la *sécheresse et l'agitation de l'air* et surtout la *pression que le liquide supporte*.

Ainsi, plus l'air est à une température élevée, plus il peut absorber des vapeurs ; aussi, voit-on l'évaporation s'effectuer plus rapidement par un temps chaud que par un temps froid. Lorsque l'air avec lequel un liquide est en contact est déjà saturé des vapeurs de ce liquide, l'évaporation est nulle ; s'il en renferme peu, l'évaporation s'effectue très rapidement. Dans une atmosphère parfaitement calme, l'évaporation est lente, parce que l'air, à mesure qu'il se sature, reste en contact avec le liquide ; dans une atmosphère agitée, l'évaporation est très rapide, parce que des couches d'air non saturé sont sans cesse mises en contact avec le liquide. Nous verrons bientôt que la pression influe beaucoup sur l'évaporation.

103. Froid produit par l'évaporation. — Le passage de l'état liquide à l'état gazeux ne peut se faire sans qu'il y ait absorption d'une quantité considérable de chaleur sensible, qui devient latente. Plus l'évaporation est rapide, plus l'absorption de chaleur est considérable. Quelques gouttes d'éther ou d'alcool versées sur la main ne tardent pas à y produire une impression de froid. Les frissons éprouvés au sortir du bain ont pour cause l'évaporation de la légère couche de liquide qui reste adhérente à la peau. Le refroidissement de l'atmosphère, que l'on constate toujours après les pluies, en été, est aussi occasionné par l'évaporation rapide de l'eau tombée.

L'emploi des *alcarazas*, dont on se sert dans les pays chauds pour maintenir à l'eau sa fraîcheur, est fondé sur le même principe. Les alcarazas sont des vases de terre très poreuse ; l'eau qu'ils renferment suinte constamment à travers les parois et vient s'évaporer à leur surface ; elle emprunte pour cela au liquide intérieur une certaine quantité de chaleur, et, par suite celui-ci se refroidit.

<table>
<tr><td>FIG. 123.
*Introduction d'un liquide dans un
baromètre.*</td><td>FIG. 124.
*Force élastique des vapeurs
dans le vide.*</td></tr>
</table>

Le froid produit par l'évaporation de la sueur est un phénomène analogue. La sueur ne peut s'évaporer sans emprunter de la chaleur au corps, et cela en quantité d'autant plus considérable que l'évaporation est plus rapide. Aussi est-il très prudent de ne pas s'exposer à un courant d'air quand on est en moiteur, et de remplacer par du linge sec celui qui est mouillé par la transpiration.

104. Formation des vapeurs dans le vide. — Lorsqu'on introduit dans un baromètre quelques gouttes de liquide, de l'alcool, par exemple, ce liquide se transforme aussitôt en vapeurs, et le mercure baisse immédiatement dans le tube. Ce fait prouve que, dans le vide, les liquides se vaporisent instantanément, et que les vapeurs possèdent, comme les gaz, une certaine force élastique.

En répétant plusieurs fois cette même expérience, on constate qu'il arrive un moment où le liquide introduit ne se vaporise plus, et qu'alors le mercure se maintient à un niveau constant. L'espace de la chambre barométrique renferme alors toute la vapeur qu'il peut contenir, il est *saturé* ; dans ce cas, la vapeur elle-même est dite *saturante;* elle a son maximum de tension ou de force élastique. Cette force varie avec la nature des liquides. C'est ce que l'on peut constater en introduisant différents liquides dans le baromètre. Ainsi, la fig. 124 représente quatre baromètres, le premier sert de témoin ; dans les trois autres on a introduit de l'eau, de l'alcool et de l'éther respectivement jusqu'à formation des vapeurs saturantes. On voit que l'abaissement produit par la vapeur d'éther est plus grand que l'abaissement produit par la vapeur d'alcool, et ce dernier est encore supérieur à celui qui a été occasionné par la vapeur d'eau.

105. Ebullition. — L'*ébullition* est un dégagement rapide de vapeurs qui se forme au sein même du liquide.

Lorsqu'on observe un liquide en ébullition, on voit qu'à chaque instant, des bulles de vapeur prennent naissance aux points les plus chauffés des parois du vase. Les premières bulles formées se condensent à mesure qu'elles s'élèvent dans la masse encore froide ; l'eau qui se précipite pour combler les vides occasionnés par cette condensation, produit un bruissement particulier connu sous le nom de *chant du liquide.* Lorsque tout le liquide a atteint une température suffisante, les bulles viennent crever à la surface, et la vapeur qu'elles contiennent se répand dans l'atmosphère. Ces bulles sont petites au moment de leur formation, mais elles deviennent de plus en plus volumineuses, à mesure qu'elles s'approchent de la surface du liquide. Elles se succèdent avec rapidité aux points les plus chauds.

Pour que le phénomène de l'ébullition se produise, il faut que la force élastique des vapeurs soit au moins égale à la pression que ces vapeurs supportent. On peut démontrer cela au moyen de l'appareil de *Dalton* représenté à la fig. 125. Cet appareil se compose de deux baromètres A e B, plongeant dans une même cuvette à mercure M. Les deux baromètres sont enveloppés d'un manchon de verre contenant de l'eau, dont on peut élever la température à l'aide d'un fourneau placé sous la cuvette à mercure. Un thermomètre T indique à chaque instant la température du liquide. On introduit dans l'un des deux baromètres, dans le baromètre A, par exemple, une quantité d'eau plus que suffisante pour saturer l'espace de sa chambre barométrique. Ensuite on chauffe l'eau du manchon, en ayant soin de l'agiter, afin d'y répandre uniformement la chaleur.

A mesure que s'élève la température du liquide contenu dans le manchon et par suite celle de la vapeur d'eau du baromètre A, une partie de l'eau en excès dans ce baromètre se vaporise, et l'on voit le niveau du mercure baisser de plus en plus dans le tube. Ces dépressions mesurent les différentes tensions de la vapeur d'eau aux diverses températures auxquelles on a porté le liquide du manchon. Quand ce liquide a atteint la température de 100°, le mercure du baromètre renfermant de la vapeur d'eau est déprimé jusqu'au niveau de celui de la cuvette. Cette expérience prouve que *la force élastique de la vapeur d'eau, à la température d'ébullition de ce liquide à l'air libre est égale à la pression atmosphérique.* La même propriété s'applique à tous les autres liquides ; leurs vapeurs ont une tension égale à la pression atmosphérique, lorsqu'elles sont à la température d'ébullition de ces liquides.

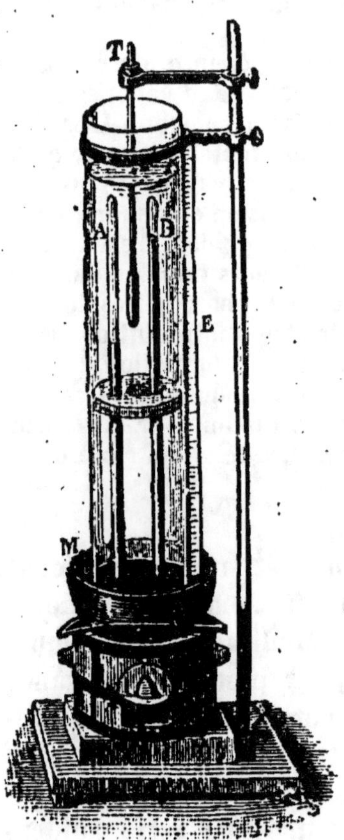

Fig. 125.
Appareil de Dalton.

106. Lois de l'ébullition. — Le phénomène de l'ébullition est soumis aux deux lois suivantes :

1° *Un même liquide, placé dans les mêmes conditions, commence toujours à bouillir à la même température* ;

2° *La température d'un liquide reste constante pendant toute la durée de son ébullition.*

TEMPÉRATURE D'ÉBULLITION DE QUELQUES CORPS

Anhydride sulfureux .	— 10°	Benzine	80°
Éther	35°	Acide nitrique concentré.	86°
Sulfure de carbone ..	46°	Eau	100°
Chloroforme	60°	Essence de térébenthine.	159°
Alcool méthylique....	66°	Mercure	359°
— de vin pur	78°	Soufre	447°

107. Causes qui font varier la température de l'ébullition. — Les causes qui font varier la température à laquelle l'ébullition se produit, sont : *la nature du liquide, la nature du vase, les substances tenues en dissolution dans le liquide et la pression qu'il supporte.*

1° *La nature du liquide.* — Chaque liquide a sa température propre d'ébullition. Le tableau précédent donne celle des principaux corps sous la pression de 0^m76.

2° *La nature du vase.* — L'eau bout à une température plus élevée dans un vase en verre que dans un vase métallique. Ainsi, dans un ballon en verre, dont la surface intérieure est bien polie, l'eau peut s'élever jusqu'à la température de 106°, sans bouillir. Il est démontré aujourd'hui que l'air adhérent aux parois des vases et l'air dissous dans les liquides, jouent un grand rôle dans l'ébullition et favorisent considérablement ce phénomène. Or, les parois d'un vase en verre poli retiennent beaucoup moins d'air adhérent que celles d'un vase métallique. Il est donc tout naturel que dans le premier de ces vases le point d'ébullition soit retardé.

3° *Les substances tenues en dissolution.* — Les substances non volatiles dissoutes dans un liquide retardent son point d'ébullition. L'eau saturée de sel marin ne bout qu'à 109° ; saturée de carbonate de potassium, elle commence à bouillir à 185° ; saturée de chlorure de calcium, à 179°.

4° *La pression.* — Le point d'ébullition d'un même liquide est plus ou moins élevé, selon que la pression que supporte ce liquide est plus ou moins forte : si la pression augmente, il faut donner plus de chaleur aux vapeurs pour qu'elles aient une tension suffisante pour vaincre cette pression ; le point d'ébullition est donc retardé ; si la pression diminue, la tension de la vapeur lui devient facilement supérieure, le point d'ébullition est donc avancé. Ainsi, au niveau de la mer, où la pression atmosphérique est d'environ 0m76, l'eau entre en ébullition à 100° ; mais sur les montagnes, où la pression est moindre, l'ébullition commence à une température inférieure à 100° : sur le mont Blanc, l'eau bout à 84°.

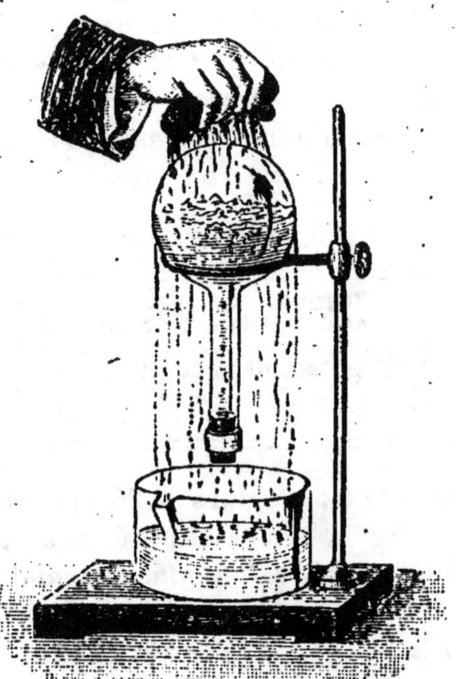

FIG. 126. — *Expérience de Franklin.*

On peut la faire bouillir à la température ordinaire sous le récipient d'une machine pneumatique où on fait le vide.

Voici, sur ce sujet, une expérience très facile à réaliser.

Expérience de Franklin. — On prend un ballon de verre à moitié rempli d'eau. On fait d'abord bouillir vivement cette eau de manière que sa vapeur chasse tout l'air du ballon. Celui-ci est ensuite retiré du feu, fermé avec un bouchon et retourné sens dessus dessous. Le liquide cesse alors de bouillir ; mais si l'on répand de l'eau froide sur la surface supérieure du ballon ainsi renversé, la vapeur qui est au-dessus du liquide se condense en partie, sa tension diminue et il se produit dans le liquide une vive ébullition que l'on peut prolonger pendant quelques minutes.

108. Marmite de Papin. — Au moyen de la marmite de Papin, on démontre qu'en augmentant la pression que supporte un liquide, on retarde son point d'ébullition.

Cet appareil consiste en un vase cylindrique en bronze, à parois très résistantes, hermétiquement fermé par un couvercle au moyen d'une vis de pression. Le couvercle est muni d'une petite ouverture bouchée par une soupape, maintenue en place à l'aide d'un levier à l'extrémité duquel est suspendu un poids.

L'appareil, aux deux tiers rempli d'eau, est placé sur un foyer. La vapeur qui se forme au-dessus de l'eau, ne pouvant se dégager, exerce une forte pression sur ce liquide, et la température dépasse bientôt 100° sans que l'ébullition se manifeste. La force élastique de la vapeur croît très rapidement à mesure que la température augmente, comme on peut le voir dans le tableau ci-après. Ce tableau donne en atmosphères la tension de la vapeur d'eau lorsque sa température s'élève de 100 à 236°.

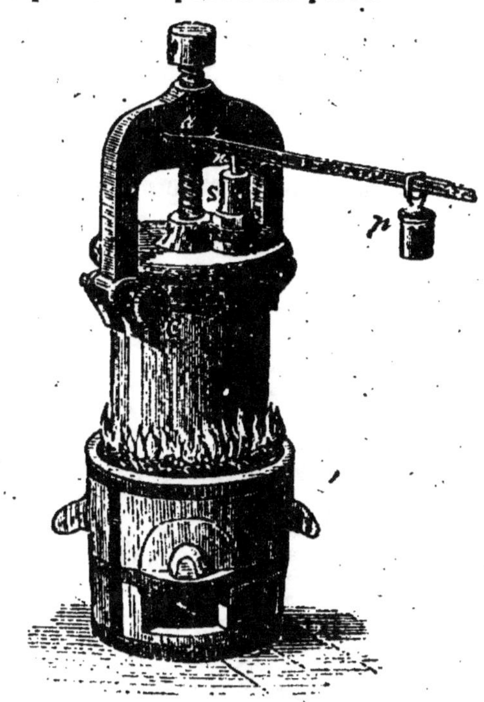

Fig. 127. — *Marmite de Papin.*

La marmite de Papin éclaterait sous l'action de la force de la vapeur, si cette vapeur ne soulevait la soupape de sûreté pour s'échapper lorsque sa tension est trop grande.

Cet appareil est aussi nommé *digesteur de Papin*, parce que la haute température à laquelle l'eau peut y être portée, augmente beaucoup son pouvoir dissolvant. On se sert du digesteur de Papin pour cuire en peu de temps les substances alimentaires ; mais son usage est peu répandu à cause des dangers qu'il présente.

TENSION DE LA VAPEUR D'EAU ENTRE 100 ET 236 DEGRÉS

Température —	Tension en atmosph. —	Température —	Tension en atmosph. —
100°..............	1 atm.	153°..............	5 atm.
121°..............	2 —	181°..............	10 —
135°..............	3 —	215°..............	20 —
145°..............	4 —	236°..............	30 —

LIQUÉFACTION

109. La *liquéfaction* est le passage d'un corps de l'état gazeux à l'état liquide. Le refroidissement et la compression sont les deux causes qui produisent ce phénomène.

110. Chaleur latente des vapeurs. — Lorsque les vapeurs

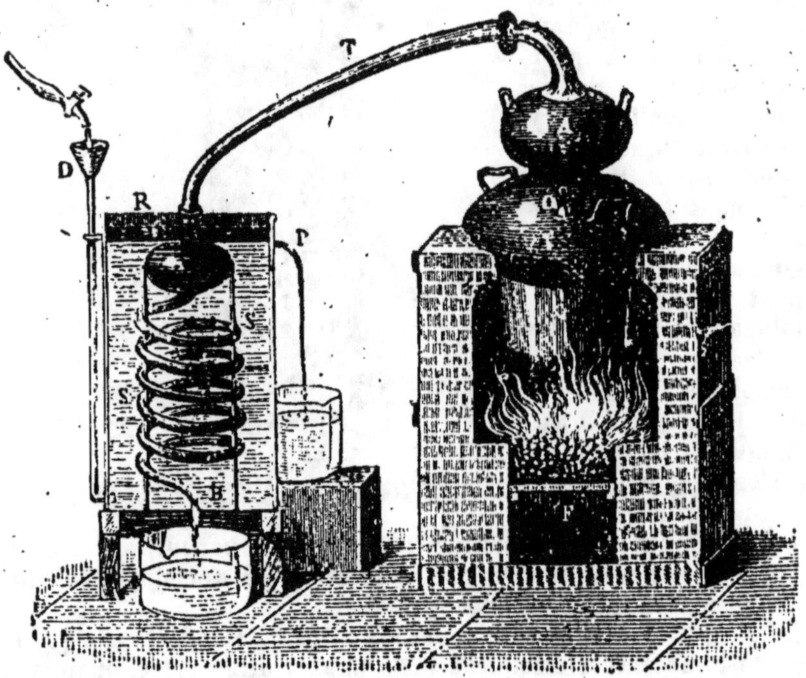

FIG. 128. — *Alambic.*

C, Cucurbite. — A, Chapiteau. — T, Tube faisant communiquer le chapiteau avec le serpentin. — S, Serpentin. — D, Arrivée de l'eau froide qui est ensuite dirigée à la partie inférieure du réfrigérant. — P, Sortie de l'eau chaude du réfrigérant.

se condensent, elles restituent leur chaleur latente de vaporisation, qui devient chaleur sensible. *Un kilo* de vapeur à 100°, en se condensant dans 5 *kg.* 400 d'eau à 0°, porte celle-ci à la température de 100° et l'on a 6 *kg.* 400 d'eau bouillante ; ce sont donc 540 grandes calories qu'il émet. Cette propriété de la vapeur d'eau est mise à profit dans beaucoup de circonstances, principalement pour le chauffage des bains, des habitations et des serres.

111. Distillation. — La *distillation* consiste à vaporiser les liquides par la chaleur, et à les amener ensuite à l'état liquide par la condensation. Elle a pour objet d'isoler les liquides des substances qu'ils tiennent en dissolution, ou bien de séparer les uns des autres des liquides inégalement volatils.

Les appareils qui servent à la *distillation* se nomment *alambics*. Ils se composent de trois parties principales, savoir : une chaudière appelée *cucurbite*, dans laquelle on met la substance à distiller ; un *chapiteau*, qui ferme exactement la cucurbite, et enfin un long tube métallique, contourné en spirale, nommé *serpentin*. Le serpentin communique avec le chapiteau pour recevoir les vapeurs qui s'échappent de la cucurbite, et traverse un vase rempli d'eau froide, appelé *réfrigérant*. C'est dans le serpentin que les vapeurs se condensent par l'effet de l'abaissement de leur température.

MACHINES A VAPEUR

112. Les *machines à vapeur* sont des appareils qui servent à transformer en mouvement la force élastique de la vapeur d'eau. Toute machine à vapeur se compose de trois parties essentielles : la *chaudière*, le *cylindre* et les *organes transformateurs du mouvement*.

113. Chaudière. — La *chaudière* est la partie de la machine dans laquelle se produit la vapeur. Elle est construite avec d'épaisses feuilles de tôle solidement assemblées. Il existe trois espèces de chaudières : les *chaudières tubulaires*, les *chaudières à foyer intérieur* et les *chaudières à bouilleurs*.

Les chaudières tubulaires sont toujours employées dans les machines mobiles à cause de leurs dimensions restreintes ; les deux autres espèces de chaudières conviennent particulièrement aux machines fixes quand on dispose du grand espace nécessaire à leur installation.

La chaudière à bouilleurs dont la coupe est représentée par la figure 129, se compose d'un gros cylindre horizontal communiquant par deux tubulures T avec deux autres

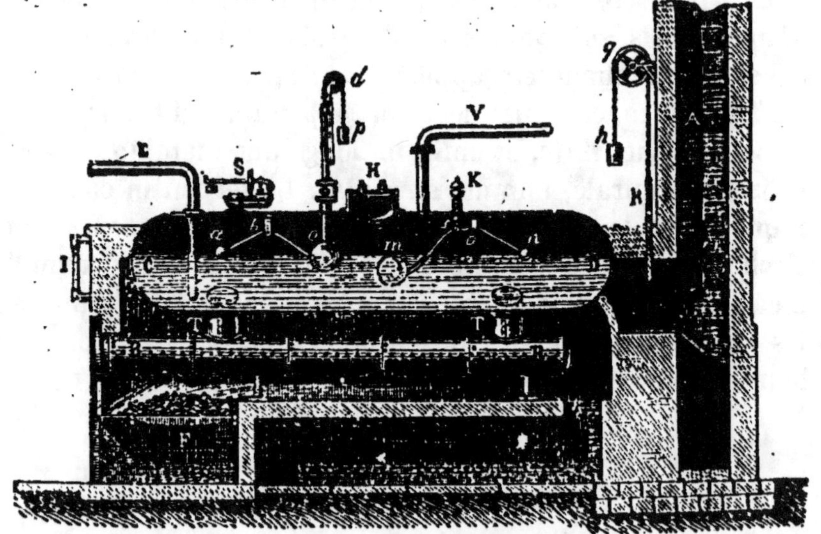

FIG. 129. — *Coupe d'une chaudière à bouilleurs.*

B, Bouilleurs. — C D, Chaudière. — H, Trou d'homme. — I, Tube indicateur. — Kmon, Sifflet d'alarme. — S, Soupape de sûreté. — abodp, Flotteur-indicateur. — E, Tube amenant l'eau dans la chaudière. — V, Tube par où sort la vapeur. — Rgh, Registre.

cylindres plus petits B, nommés *bouilleurs*. Le tout est encastré dans un fourneau en maçonnerie. Des cloisons sont convenablement disposées pour que la flamme du foyer chauffe les bouilleurs et la chaudière sur la plus grande surface possible. Les bouilleurs doivent être entièrement remplis d'eau et la chaudière proprement dite à moitié. La vapeur produite dans les bouilleurs monte dans la chaudière et s'y concentre dans la partie supérieure. Un

tube V la conduit au cylindre, où elle produit son effet sur
le piston.

114. *Appareils de sûreté adaptés aux chaudières.* — Dans une
chaudière, il ne faut pas que la vapeur atteigne une tension
trop forte ; de plus, il importe que le niveau de l'eau se maintienne
à une hauteur à peu près constante ; car, si ce niveau descendait
trop bas, certaines parties des parois de la chaudière en contact
avec la flamme pourraient se surchauffer, et, lorsqu'on rétablirait
le niveau primitif, il se produirait brusquement une énorme quantité de vapeur, ce qui pourrait déterminer une explosion. Pour prévenir tout accident on a imaginé divers appareils de sûreté ; les
principaux sont le *manomètre*, la *soupape de sûreté*, le *tube indicateur*, le *flotteur indicateur* et le *sifflet d'alarme*.

Le *manomètre* sert à indiquer à chaque instant la tension de
la vapeur dans la chaudière.

La *soupape de sûreté* consiste en un cône tronqué S qui ferme
une ouverture pratiquée dans les parois de la chaudière. Elle est
maintenue en place par un levier chargé d'un poids déterminé.
Si la tension dépasse la résistance de la soupape, le poids est soulevé et la vapeur s'échappe.

Le *tube indicateur* est un tube de verre I très solide, communiquant par deux conduits métalliques avec l'eau et avec la
vapeur de la chaudière. Le niveau de l'eau dans le tube indicateur est toujours à la même hauteur que dans la chaudière, de
sorte qu'il est facile de se rendre compte de la quantité d'eau que
renferme cette dernière.

Le *flotteur indicateur* consiste en un levier mobile *abo* terminé
par deux sphères. La sphère *o* est creuse et suit le niveau de l'eau.
Elle supporte une tige qui sort de la chaudière ; à cette tige est
fixé un contrepoids *p* au moyen d'une chaîne passant sur une poulie *d*. La position du contrepoids le long d'une règle graduée indique le niveau de l'eau dans la chaudière.

Le *sifflet d'alarme* est analogue au flotteur indicateur. Il consiste
aussi en un levier terminé par deux sphères *m* et *n*. Lorsque l'eau
est au niveau voulu, le bras *mo* du levier tient fermée une ouverture *f* ménagée dans la paroi de la chaudière ; si ce niveau baisse
trop, l'ouverture *f* devient libre, la vapeur s'échappe et fait vibrer
un timbre *K* ; ce timbre produit un sifflement qui avertit que la
chaudière ne renferme pas une quantité d'eau suffisante.

115. Cylindre. — Le *cylindre* ou *corps de pompe* est l'appareil destiné à utiliser la force expansive de la vapeur.
Il se compose d'un cylindre creux dans lequel un piston

se meut d'un mouvement continu de va-et-vient. Pour que ce mouvement se produise, il faut que la vapeur agisse alternativement sur l'une et l'autre face du piston et dis-

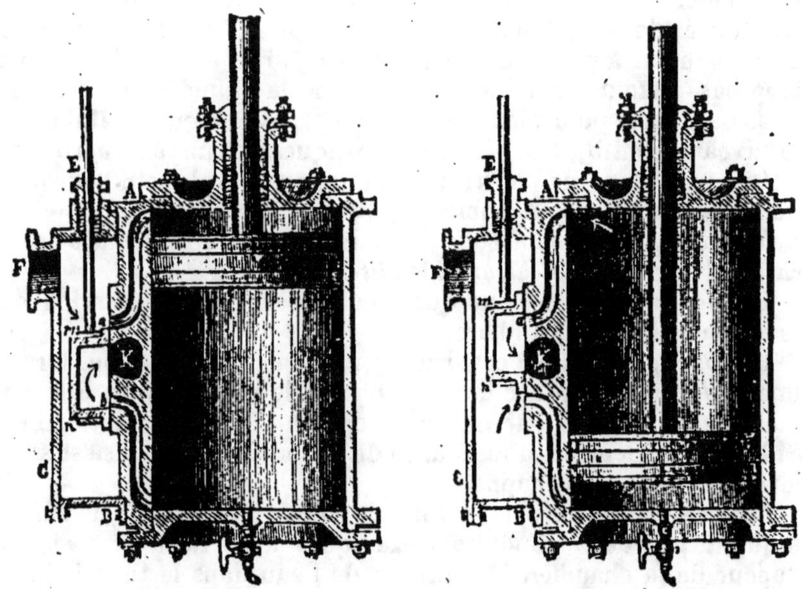

FIG. 130.   FIG. 131.
Coupe du cylindre montrant la distribution de la vapeur.

F, Ouverture par laquelle la vapeur arrive dans le tiroir. — *a* et *b*, Ouvertures par lesquelles elle pénètre au-dessus ou au-dessous du piston. — K, Ouverture par laquelle elle s'échappe au dehors.

paraisse après avoir produit son effet. On obtient ce dernier résultat en faisant communiquer la vapeur avec l'air extérieur ou avec un condenseur après qu'elle a agi sur le piston. Pour faire arriver la vapeur à tour de rôle sur les deux faces du piston, on adapte au cylindre un organe spécial, nommé *tiroir*, lequel se meut dans un compartiment accolé au cylindre et qui est appelée *boîte à vapeur*. Le tiroir a pour fonction de mettre les deux faces du piston alternativement en communication avec la vapeur de la chaudière et avec l'air extérieur. La figure 130 montre la position du tiroir lorsque le piston est en haut de sa

courso. Dans cette position, la vapeur qui est au-dessous
du piston communique avec l'air extérieur par l'ouverture K, celle qui arrive dans la boîte à vapeur par le conduit

FIG. 132. — *Principaux organes transmetteurs du mouvement.*

F, no peut se rendre ailleurs qu'au-dessus du piston ;
là, par sa force élastique, elle agit et fait descendre le piston. Lorsque celui-ci est parvenu au bas de sa course
(Fig. 131), le tiroir, par un mécanisme spécial, a changé
de position : il fait alors communiquer la partie supérieure
du cylindre avec l'ouverture K, et la partie inférieure avec
la boîte à vapeur. La vapeur de la chaudière arrive ainsi
au-dessus du piston, agit sur lui et le fait monter.

Afin d'utiliser tout le travail mécanique que peut produire la vapeur, le tiroir est construit de manière à ne la laisser arriver dans le cylindre que pendant *une fraction de la course du piston* ; par sa *détente* ou *force expansive*, la vapeur achève ensuite de pousser le piston jusqu'au point qu'il doit atteindre.

116. Organes transmetteurs du mouvement. — Pour transmettre le mouvement qu'il a reçu de la vapeur, le piston est surmonté d'une tige A qui agit sur une autre tige I, nommé *bielle*, qui est elle-même articulée à une *manivelle* K. Il en résulte un mouvement de rotation qui fait tourner un *essieu* ou un *arbre de couche* fixé à la manivelle. Le mouvement de la machine est régularisé par une grande roue appelée *volant*. C'est au volant ou à des poulies placées sur l'arbre de couche que s'adaptent les courroies sans fin qui transmettent le mouvement.

Les machines à vapeur sont à *basse*, à *moyenne* ou à *haute pression*. Une machine est dite à basse pression quand la tension de sa vapeur ne dépasse pas *une atmosphère et demie* ; à moyenne pression, quand la tension de sa vapeur est comprise entre *une atmosphère et demie et 5 atmosphères* ; les machines dont la tension de la vapeur est supérieure à 5 *atmosphères* sont dites à haute pression.

117. Rendement d'une machine à vapeur. — Dans une machine à vapeur, on transforme la chaleur en mouvement. Entre ces deux manifestations de l'énergie, il existe un rapport fixe. Une série d'expériences soigneusement exécutées par le physicien anglais Joule, ont démontré qu'*une grande calorie peut produire un travail de 426 Kgm.* ; c'est ce que l'on appelle l'*équivalent mécanique de la chaleur*. Or, 1 Kg. de houille produit, en brûlant environ 8.000 grandes calories ; si toute cette chaleur était transformée en travail, on aurait donc : $8.000 \times 426 = 3$ millions 408.000 Kgm. En supposant que ce kilo de charbon emploie une heure (3.600") pour se consumer, ce serait un travail de $3.408.000 : 3600 = 946$ Kgm. par seconde ou soit : $946 : 75 = 12$ **HP** à peu près. Mais en réalité, une très minime partie de cette chaleur se transforme en mouvement, le reste s'échappant par la cheminée ou chauffant inutilement les récipients, murs, etc. qui se trouvent autour du foyer. Une machine à vapeur ne produit qu'un cheval, à peu près, par kilo de charbon. Le rendement de cette machine n'est donc que de 0,10 environ.

RÉSUMÉ

Dans les changements d'état des corps, il se produit quatre phénomènes distincts, savoir : la *fusion*, la *solidification*, la *vaporisation* et la *liquéfaction*.

La *fusion* est le passage d'un corps de l'état solide à l'état liquide sous l'influence de la chaleur. Elle est soumise aux deux lois suivantes :

1° *La température à laquelle s'opère la fusion est invariable pour chaque corps lorsque la pression reste constante ;*

2° *La température d'un corps qui fond demeure constante pendant toute la durée de la fusion.*

On appelle chaleur *latente* la chaleur employée au changement d'état d'un corps sans que ce corps change de température.

Les *mélanges réfrigérants* sont utilisés pour produire des abaissements considérables de température. Ils sont fondés sur l'absorption de chaleur sensible qu'exige la dissolution de certains corps.

La *glacière des familles* est un appareil qui permet d'obtenir rapidement de la glace à l'aide du froid produit par un mélange réfrigérant.

La *solidification* est le passage d'un corps de l'état liquide à l'état solide. Elle est soumise aux trois lois suivantes :

1° *La température de solidification d'un corps est invariable ; elle est la même que celle de fusion ;*

2° *La température d'un corps reste constante pendant tout le temps que dure la solidification ;*

3° *La solidification est accompagnée du dégagement de toute la chaleur sensible absorbée pendant la fusion.*

L'eau en se solidifiant augmente de volume.

La *vaporisation* est la transformation des liquides en vapeurs. Elle se fait de deux manières : par *évaporation* et par *ébullition*.

L'*évaporation* est la formation des vapeur à la surface libre des liquides. Elle ne peut se produire sans qu'il y ait absorption d'une quantité considérable de chaleur sensible qui devient latente.

Une vapeur est *saturante* lorsqu'elle est en présence d'un excès de liquide. La tension des vapeurs saturantes varie avec la nature des liquides.

L'*ébullition* est un dégagement rapide de vapeurs qui se forment au sein même des liquides. *La tension de la vapeur d'eau à la température d'ébullition de ce liquide à l'air libre est égale à la pression atmosphérique.*

L'ébullition est soumise aux lois suivantes :

1° *Un même liquide placé dans les mêmes conditions commence toujours à bouillir à la même température ;*

2° *La température d'un liquide reste constante pendant toute la durée de son ébullition.*

Les causes qui font varier la température de l'ébullition sont : la *nature du liquide*, la *nature du vase*, les *substances en dissolution* et surtout la *pression que le liquide supporte.*

La *liquéfaction* est le passage d'un corps de l'état de vapeur à l'état liquide. Elle est produite par le *refroidissement* ou par la *pression.*

La *distillation* a pour objet d'isoler un liquide des substances qu'il tient en dissolution ou de séparer les uns des autres des liquides inégalement volatils.

On distille avec l'*alambic*. Cet appareil se compose d'une *cucurbite*, d'un *chapiteau* et d'un *serpentin placé dans un réfrigérant.*

Les *machines à vapeur* sont des appareils servant à transformer en mouvement la force élastique de la vapeur.

Les principales parties d'une machine à vapeur sont la *chaudière*, le *cylindre* et les *organes transformateurs du mouvement.*

On divise les machines à vapeur en machines à *basse*, à *moyenne* et à *haute pression.*

Dans une machine à vapeur il y a transformation de la chaleur en mouvement. *Une grande calorie peut produire un travail de 426 kgm. C'est l'équivalent mécanique de la chaleur.* Le rendement des machines à vapeur n'est que 0,10 environ.

CHAPITRE X

PROPAGATION DE LA CHALEUR. — MÉTÉOROLOGIE.

118. La chaleur peut se transmettre d'un corps à un autre de deux manières différentes : par *conductibilité* et par *rayonnement*. Dans le premier cas, elle se communique de molécule à molécule dans toute la masse du corps ; dans le second, elle franchit directement les intervalles qui séparent les corps.

119. Conductibilité. — La *conductibilité* est la propriété dont jouissent les corps de transmettre la chaleur de proche en proche dans l'intérieur de la masse.

Si l'on plonge dans l'eau bouillante l'extrémité d'une cuillère d'argent, cette cuillère s'échauffe rapidement à son autre extrémité. C'est en vertu de la conductibilité de l'argent que la température de cet objet s'élève ainsi : la chaleur de l'eau se propage de molécule à molécule dans toutes les parties de la cuillère ; avec la cuillère de bois, un semblable phénomène n'aurait pas lieu. On peut, de même, tenir entre ses doigts une allumette enflammée, mais on se brûlerait en tenant de la même manière une épingle dont la pointe serait introduite dans la flamme d'une bougie.

Si l'on met la main sur une barre de fer puis sur un morceau de bois de même température, le fer *paraît plus froid* que le bois, car la chaleur transmise par la main se répand dans toute la masse de fer et ne l'échauffe pas d'une manière sensible ; le bois, au contraire, ne laisse pas la chaleur se propager ; il en résulte que les couches superficielles seules s'échauffent en n'enlevant qu'une faible quantité de chaleur à la main.

On voit, par ce qui précède, que tous les corps ne conduisent pas également la chaleur. On appelle *bons conducteurs* ceux qui la transmettent facilement, et *mauvais conducteurs* ceux dans l'intérieur desquels elle ne se propage que très difficilement.

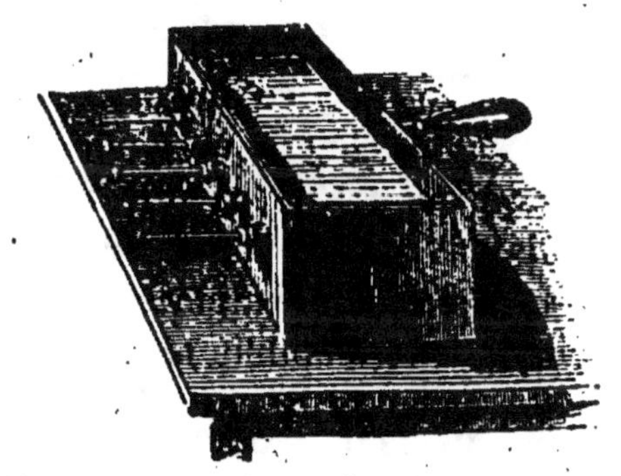

Fig. 133. — *Appareil d'Ingenh*

120. Conductibilité des solides. — Pour observe eux les pouvoirs conducteurs des solides, on se l'*appareil d'Ingenhousz.*

Cet appareil se compose d'une caisse rect en fer-blanc ou en laiton. Sur une des parois sont fixées, à l'aide de tubulures et de bouchons, des baguettes de même longueur, de même diamètre, mais de substances différentes telles que : argent, cuivre, zinc, étain, verre, bois, etc. On trempe ces baguettes dans de la cire fondue, en tenant l'appareil par le manche, et, lorsque la couche de cire qui les recouvre est refroidie, on verse de l'eau bouillante dans la caisse rectangulaire. La chaleur se transmet dans la longueur des tiges, et on juge de la conductibilité par la distance à laquelle se propage la fusion de la cire.

121. Conductibilité des liquides. — La conductibilité des liquides est très faible. On peut s'en convaincre par l'expérience suivante. Dans un vase de verre presque plein d'eau, on place horizontalement un petit thermomètre de manière qu'il soit un peu au-dessous du niveau du liquide, et on achève de remplir avec de l'alcool auquel on met le feu. Il se produit alors une chaleur considérable au-dessus de l'eau, et cependant, on n'observe qu'une légère élévation de température dans le thermomètre ; ce qui prouve que l'eau conduit mal la chaleur.

Lorsqu'on chauffe un liquide par sa partie inférieure, les couches qui reçoivent directement l'action de la chaleur se dilatent ; par suite, diminuant de densité, elles s'élèvent et sont aussitôt remplacées par d'autres, qui montent à leur tour. Il s'établit ainsi des courants ascendants de liquide chaud et des courants descendants de liquide froid. L'échauffement a donc lieu par *déplacement* et non par *conductibilité*. Parmi les liquides, le mercure seul possède un degré de conductibilité un peu considérable.

122. Conductibilité des gaz. — Les gaz sont encore plus mauvais conducteurs de la chaleur que les liquides. Si une masse gazeuse s'échauffe assez facilement au contact d'un corps chaud, ce n'est que par suite des courants ascendants et descendants qui s'établissent et qui transportent la chaleur en tous ses points. L'air en repos est très mauvais conducteur de la chaleur.

Le vide ne conduit pas la chaleur.

123. Applications diverses. — Le peu de conductibilité que présentent certains corps pour la chaleur offre une foule d'applications utiles. Ainsi le duvet, le coton, la laine et les fourrures étant de très mauvais conducteurs de la chaleur, à cause de la couche d'air qu'ils emprisonnent, sont employés pour nous protéger contre les rigueurs du froid. Ces mêmes substances peuvent servir à maintenir un corps à une température relativement élevée, car elles s'opposent à la déperdition de la chaleur. La neige, étant un mauvais conducteur de la chaleur, protège efficacement les plantes contre la gelée. Les Esquimaux habitent des huttes faites avec de la neige, et la chaleur fournie par une lampe à huile de poisson suffit pour y maintenir une douce température.

On conserve la glace pendant l'été en l'enveloppant de substances peu conductrices de la chaleur, comme la paille, la sciure de bois, la laine, etc.; ces substances empêchent la température extérieure d'agir sur la glace qu'elles entourent. La construction des *glacières* repose sur le même principe.

On conserve l'air liquide dans des récipients à doubles parois. Dans l'espace compris entre les deux parois, on fait le vide le plus parfait possible.

On adapte des poignées de bois aux manches des instruments métalliques destinés à être placés sur le feu, parce que le bois est mauvais conducteur de la chaleur.

Si, dans nos habitations, les carreaux de brique nous paraissent plus froids que les parquets, c'est parce qu'ils conduisent mieux la chaleur. Pour rendre les appartements plus chauds en hiver et plus frais en été, on a recours à l'emploi des doubles portes et des doubles fenêtres : la couche d'air emprisonnée entre ces portes et ces fenêtres, conduisant mal la chaleur, empêche l'atmosphère extérieure d'agir sur la température de l'appartement.

Enfin le Créateur a donné aux animaux des régions glacées du Nord, des fourrures longues, serrées et soyeuses, qui s'opposent à la déperdition de la chaleur du corps, tandis que ceux des pays chauds n'ont reçu qu'un pelage ras et peu serré, qui permet à la sueur cutanée de s'évaporer facilement, ce qui est pour eux une cause de refroidissement.

124. Chaleur rayonnante. — La chaleur *rayonnante* est celle qui se transmet d'un corps à un autre à travers l'espace.

Elle se propage dans le vide. Le soleil nous en fournit une preuve, puisque ses rayons calorifiques ne nous parviennent qu'après avoir traversé les espaces planétaires, où il n'existe aucune matière pondérable.

125. Pouvoir émissif. — On nomme *pouvoir émissif* la propriété dont jouissent les corps de rayonner autour d'eux une plus ou moins grande quantité de chaleur. Le noir est très émissif ; aussi, pendant l'hiver, les vêtements de couleur peu foncée sont préférables aux vêtements noirs, parce qu'ils conservent mieux la chaleur du corps. Les métaux dont la surface est très unie rayonnent peu ; c'est pour ce motif qu'un corps chaud placé dans un vase métallique bien poli à l'extérieur conserve pendant longtemps sa chaleur primitive.

126. Pouvoir absorbant. — On appelle *pouvoir absorbant* la propriété que possèdent les corps d'absorber une certaine quantité de chaleur émise par d'autres corps. Le pouvoir absorbant des corps est en raison directe de leur pouvoir émissif, c'est-à-dire que les corps qui rayonnent le plus de chaleur sont également ceux qui peuvent en absorber davantage.

Le blanc absorbe peu de chaleur, et, pour cette raison, pendant l'été, les vêtements blancs sont préférés aux vêtements noirs qui en absorbent beaucoup. A cause de sa couleur, la neige fond lentement au soleil ; pour en hâter la fusion, il suffit de la recouvrir d'une mince couche de suie ou de terre.

127. Pouvoir réflecteur. — On désigne par *pouvoir réflecteur* la propriété que possèdent les corps de réfléchir, c'est-à-dire de renvoyer une certaine quantité de la chaleur qu'ils reçoivent par rayonnement. Le pouvoir réflecteur d'un corps est d'autant plus fort que son pouvoir absorbant est plus faible. Il est évident, en effet, que moins un corps absorbe de chaleur, plus il en réfléchit, et réciproquement.

Le laiton et l'argent polis sont les corps qui jouissent du plus grand pouvoir réflecteur.

128. Pouvoir diathermane. — Plusieurs corps laissent passer la chaleur à travers leur masse, comme les corps transparents laissent passer la lumière. D'autres corps arrêtent complètement les rayons calorifiques comme les corps opaques le font pour les rayons lumineux. Les premiers sont appelés *corps diathermanes* et les seconds, *corps athermanes*. Le sel gemme, l'air et le verre sont des corps diathermanes ; les bois et les métaux, des corps athermanes.

Certains corps, tels que le verre et l'air sont diathermanes pour la chaleur accompagnée de lumière, ou *chaleur lumineuse*, et athermanes pour la chaleur non accompagnée de lumière, ou *chaleur obscure*.

Cette propriété du verre le fait employer dans la construction des *serres* et la fabrication des *cloches des jardiniers*. La chaleur solaire étant lumineuse passe à travers le vitrage des serres et des cloches, mais au contact du sol et des plantes, elle devient obscure et ne peut plus se répandre que difficilement au dehors. Elle s'accumule donc dans les serres et sous les cloches, où, avec l'eau de l'arrosage, elle produit une atmosphère humide et tiède très favorable à la végétation.

MÉTÉOROLOGIE

129. La *météorologie* est l'étude des phénomènes atmosphériques appelées *météores*. Les principaux de ces phénomènes sont les *météores aqueux* ou *aériens*, tels que la pluie, la neige, les vents, etc. Leur théorie repose sur l'*hygrométrie*, dont nous allons d'abord dire quelques mots.

130. Hygrométrie. — L'*hygrométrie* a pour objet la détermination de la proportion de la vapeur d'eau contenue dans l'atmosphère. L'air atmosphérique, surtout dans ses couches inférieures, contient toujours de la vapeur d'eau, provenant de l'évaporation continuelle de l'eau qui est à la surface de la terre. Le degré d'humidité de l'atmosphère est indiqué par les *hygromètres*. Le plus simple des hygromètres est celui de Saussure.

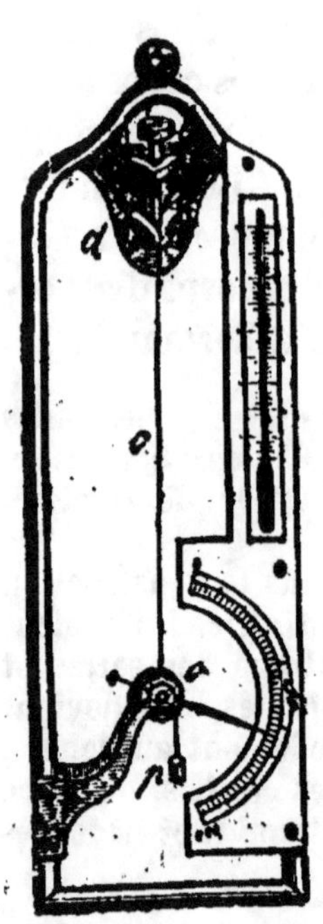

FIG. 134. — *Hygromètre à cheveu.*

L'*hygromètre à cheveu* de Saussure est basé sur la propriété dont jouissent les cheveux de s'allonger par l'humidité et de se raccourcir par la sécheresse. Cet instrument se compose d'un cadre de cuivre ou de bois au milieu duquel est tendu verticalement un cheveu bien dégraissé. Ce cheveu est maintenu à son extrémité supérieure par une pince que serre une vis de pression. L'extrémité inférieure du cheveu est enroulée et fixée sur une des gorges d'une poulie double. A la partie supérieure de l'autre gorge de la poulie est attaché un fil de soie qui supporte un petit poids. L'axe de la poulie est muni d'une aiguille qui parcourt les divisions d'un cadran gradué. Quand l'air se charge d'humidité, le cheveu s'allonge et le poids fixé à la poulie fait mouvoir l'aiguille de haut en bas ; quand l'air se dessèche, le cheveu se raccourcit et fait mouvoir l'aiguille de bas en haut.

Pour graduer l'hygromètre à cheveu, on le place d'abord dans une atmosphère privée de vapeur d'eau et l'on marque 0° au point où s'arrête l'aiguille ; l'instrument étant ensuite porté dans une atmosphère saturée d'humidité, on marque 100° au point déterminé par la nouvelle position que prend l'aiguille. On achève la construction en divisant en 100 parties égales l'espace compris entre ces deux points.

Pour déterminer d'une manière très exacte la quantité de vapeur d'eau que renferme l'atmosphère à un moment donné, on se sert de l'*hygromètre chimique*. Cet appareil se compose d'une série de tubes en U, contenant de la pierre ponce imbibée d'acide sulfurique, dans lesquels on fait passer un volume d'air déterminé. L'acide sulfurique absorbe la vapeur d'eau contenue dans l'air qui traverse les tubes, et l'augmentation de poids qui en résulte pour ces derniers donne celui

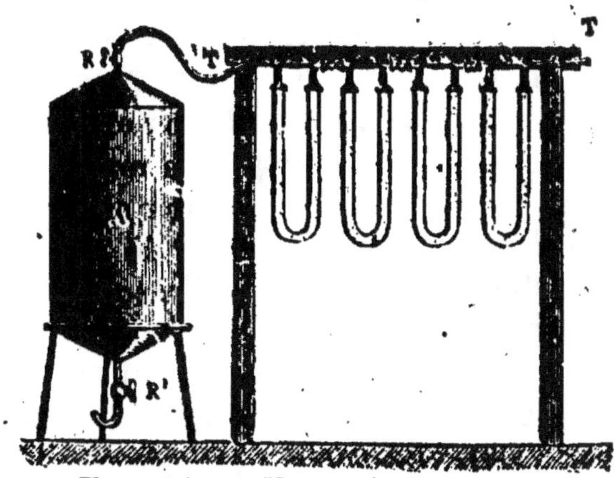

FIG. 135. — *Hygromètre chimique.*

de la vapeur d'eau contenue dans l'air soumis à l'expérience. Pour faire passer l'air dans les tubes en U, on les met en communication avec un *aspirateur*, qui consiste en un récipient A plein d'eau dont on ouvre le robinet d'écoulement R'; à mesure que l'écoulement a lieu, l'air atmosphérique vient remplir le vide produit à l'intérieur de l'appareil, en passant par les tubes en U.

131. Rosée. — On désigne sous le nom de *rosée*, les gouttelettes d'eau que l'on voit le matin sur les plantes et sur les autres corps situés à la surface de la terre. La rosée est occasionnée par le refroidissement du sol ; elle est le résultat de la condensation de la vapeur atmosphérique. Pendant la nuit, lorsque le temps est serein, la terre rayonne de sa chaleur et se refroidit. Sa température, en été, peut baisser de 5, de 6 et même de 8 *degrés* au-dessous de celle de l'atmosphère. Ce refroidissement se communique aux couches d'air qui sont en contact avec le sol, et une partie de la vapeur d'eau contenue dans ces couches d'air, passe à l'état liquide.

Les causes qui s'opposent au refroidissement du sol, empêchent aussi le dépôt de la rosée. Ainsi, lorsque le ciel est couvert, il ne se forme pas de rosée, parce que les nuages s'opposent à la déperdition de la chaleur terrestre.

182. Gelée blanche. — La *gelée blanche* n'est autre chose que la rosée congelée. Elle se produit lorsque le refroidissement du sol a été considérable et s'est continué au-dessous de 0° après la formation de la rosée.

Les gelées blanches ont lieu surtout en automne et au printemps. Celles d'avril et de mai sont les plus redoutées des agriculteurs. A cette époque, les jeunes bourgeons, encore très tendres, gèlent facilement et *roussissent* ensuite. On attribue vulgairement et à tort cet effet à l'influence de la lune qui commence en avril et se termine en mai ; cette lune, pour cette raison, est appelée *lune rousse.*

183. Brouillards. — Les *brouillards* sont le résultat d'un commencement de condensation de la vapeur d'eau contenue dans les couches d'air avoisinant le sol. En son état normal, la vapeur d'eau est invisible ; mais lorsqu'un abaissement de température survient, elle se condense en petites gouttelettes creuses extrêmement fines, qui altèrent la transparence de l'air. Le même phénomène de condensation opéré à une certaine hauteur donne naissance aux *nuages*.

184. Nuages. — D'après leur forme et leur position, les nuages sont nommés *cirrus, stratus, cumulus* ou *nimbus.* Les *cirrus* sont des stries blanches qui apparaissent au milieu d'un ciel bleu. Ils se tiennent généralement à une hauteur de 8 à 10 *kilomètres* et sont constitués par des aiguilles de glace extrêmement fines. On nomme *stratus* les nuages disposés par bandes étagées sur le bord de l'horizon au moment du coucher du soleil. Les *cumulus* sont de gros nuages blancs à contours arrondis qui s'accumulent à l'horizon pendant les chaleurs de l'été ; leur apparition est souvent un signe d'orage ; ils sont élevés ordinairement de 2 à 3 *kilomètres* au-dessus-du sol. Enfin, on désigne sous le nom de *nimbus* un ensemble de nuages sombres, d'un gris uniforme et qui se résolvent facilement en pluie. Ces derniers sont généralement situés beaucoup plus bas que les précédents ; ils peuvent même arriver à raser la surface du sol.

135. Neige. — La neige résulte de la congélation de la vapeur d'eau dans les régions élevées de l'atmosphère. Si l'air est tranquille, la neige prend des formes cristal-

FIG. 136. — *Cristaux de neige.*

lines d'une parfaite régularité analogues à celles des étoiles à six branches. La neige tombe avec moins de vitesse que la pluie parce qu'elle est moins dense que l'eau.

136. Pluie. — La *pluie* provient des nuages dont les gouttelettes vésiculaires acquièrent, par suite d'une plus grande condensation, un poids tel qu'elles ne peuvent plus se maintenir en équilibre au sein de l'atmosphère.

La quantité de pluie qui tombe annuellement varie selon le climat de chaque région. A Paris, toutes les eaux tombées pendant une année formeraient sur le sol une couche de 0ᵐ56 si elles étaient soustraites à l'infiltration et à l'évaporation ; à Lyon, la couche serait de 0ᵐ89 ; à Naples, de 0ᵐ95, à Calcutta, de 2ᵐ05.

137. Grêle. — La *grêle* est produite par des gouttes d'eau qui se congèlent. On croit généralement qu'elle prend naissance dans les régions élevées de l'atmosphère alors que l'air est très agité ; les aiguilles de glace qui constituent les cirrus, se rassemblent en petites boules, et, au contact des nimbus, ces boules grossissent en se couvrant d'eau qui se congèle presque instantanément. La grêle est toujours accompagnée de phénomènes électriques, tels que des éclairs et des tonnerres.

138. Vents. — Les *vents* sont des déplacements plus ou moins rapides de l'air. Ils sont occasionnés par des changements de température ou des condensations de la vapeur d'eau contenue dans l'atmosphère. En effet, si, dans une contrée quelconque, l'air qui est près du sol s'échauffe plus qu'ailleurs, il se dilate, et, devenant plus léger, il s'élève dans les régions supérieures. L'air avoisinant se précipite pour le remplacer et produit les courants atmosphériques connus sous le nom de *vents*. De même, si un nuage se résout en pluie et en grêle, il y a rupture d'équilibre dans l'atmosphère, déplacement d'air et production de vent.

Les vents qui soufflent constamment dans la même direction ou à des époques déterminées, sont appelés *vents réguliers*. Ces sortes de vents existent dans les régions intertropicales ; ce sont les *vents alizés*, la *mousson* et le *simoun*. Les vents qui soufflent tantôt dans une direction, tantôt dans une autre et à des époques indéterminées, sont nommés *vents irréguliers*.

189. Sources de chaleur. — Pour terminer ces notions sur la chaleur, il ne reste plus qu'à dire quelques mots des principales sources de chaleur et des principaux modes de chauffage. Les sources de chaleur peuvent se diviser en trois groupes : les *sources physiques*, les *sources mécaniques* et les *sources chimiques*.

1° *Sources physiques.* — Les sources physiques comprennent la *radiation solaire*, la *chaleur terrestre* et l'*électricité*.

Le *soleil* est de toutes les sources de chaleur la plus importante. On a calculé que si tout le calorique fourni par le soleil à la térre était employé à fondre la glace, il pourrait en liquéfier annuellement une couche de 48 mètres d'épaisseur tout autour de notre globe.

La *terre* elle-même est une source de chaleur, car la plupart des géologues la considèrent comme étant formée d'un immense globe de matières minérales en fusion, recouvertes d'une couche solide dont l'épaisseur n'est que le centième du rayon de la sphère terrestre. L'augmentation de température que l'on constate à mesure que l'on descend dans l'intérieur de la terre, les sources thermales et les éruptions volcaniques nous prouvent assez que la terre est une source de chaleur.

L'*électricité* peut être aussi considérée comme une source de chaleur, puisque, par l'action des courants électriques on parvient, ainsi qu'on le verra plus loin, à fondre et à volatiliser les métaux qui ne sont fusibles qu'à de très hautes températures.

2º *Sources mécaniques*. — Les sources mécaniques de chaleur sont le *frottement*, la *compression* et la *percussion*.

De nombreux exemples nous prouvent que le *frottement* engendre de la chaleur. Tout le monde sait, en effet, que lorsqu'on se frotte les mains, on a pour but de se les réchauffer. On arrive à faire fondre deux morceaux de glace en les frottant l'un contre l'autre. C'est encore le frottement qui fait que les roues d'une voiture prennent feu quelquefois lorsqu'elles tournent rapidement sur leurs essieux. Deux morceaux de bois bien secs frottés énergiquement l'un contre l'autre, s'échauffent au point de s'enflammer ; certaines peuplades sauvages se procurent ainsi du feu. Enfin, l'étincelle qui jaillit sous le briquet, et la gerbe de feu qui se forme sous l'instrument que le rémouleur appuie sur la roue à aiguiser, sont encore des exemples de la chaleur engendrée par le frottement.

La *compression* et la *percussion* produisent aussi de la chaleur : les pièces de monnaie qui reçoivent le choc du balancier s'échauffent considérablement ; il en est de même du morceau de fer que l'on martelle à coups redoublés sur une enclume. La balle de fusil, en frappant avec force contre une plaque de fonte, s'échauffe et souvent même atteint sa température de fusion. Enfin, comme dernier exemple, nous citerons les boulets qui, lancés contre les plaques de blindage des navires cuirassés, atteignent quelquefois, au moment du choc, la température du fer rouge.

3º *Sources chimiques*. — Les combinaisons chimiques dégagent de la chaleur. Ainsi, l'eau jetée sur de la chaux vive se combine avec elle et la rend brûlante ; un mélange d'une partie d'eau et de quatre parties d'acide sulfurique s'échauffe jusqu'à 100°. Mais de toutes les actions chimiques celle qui nous fournit le plus de chaleur, c'est la *combustion*.

DIFFÉRENTS SYSTÈMES DE CHAUFFAGE

140. Le chauffage a pour objet d'utiliser dans l'industrie et dans l'économie domestique la source de chaleur que nous offre la combustion. D'après les appareils qui servent à cet effet, on peut distinguer cinq systèmes de chauffage, savoir : les *cheminées*, les *poêles*, le *chauffage par l'air chaud* ou les *calorifères*, le *chauffage par la vapeur* et le *chauffage par la circulation de l'eau chaude*.

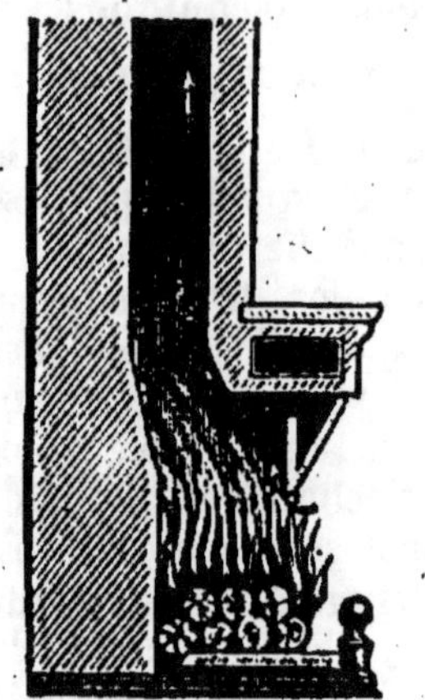

Fig.137. — *Cheminée.*

1° *Cheminées.* — Les cheminées sont des foyers ouverts adossés à un mur et surmontés d'un tuyau par lequel se dégagent les produits de la combustion. Elles constituent le système de chauffage le plus imparfait et le plus dispendieux, car elles n'utilisent que le *dixième* de la chaleur dégagée par la combustion. Néanmoins, elles sont un mode de chauffage très agréable et très sain ; très agréable par le plaisir que procure la vue du feu, très sain par l'aération continue qu'elles occasionnent dans les appartements.

2° *Poêles.* Les poêles sont des appareils de chauffage à foyer fermé. Ils sont ordinairement placés au milieu même de la masse d'air que l'on veut échauffer, ce qui permet à la chaleur de rayonner dans tous les sens autour du foyer Ces appareils sont très économiques, car ils utilisent presque toute la chaleur produite ; mais ils sont loin d'être aussi salubres que les cheminées. Ils ne procurent qu'une faible aération et répandent des odeurs désagréables, ainsi que des gaz délétères, surtout quand ils sont en tôle ou en fonte.

3° *Chauffage par la vapeur.* — La propriété qu'ont les vapeurs de restituer leur chaleur de vaporisation lorsqu'elles se condensent, a été utilisée pour le chauffage des serres, des ateliers, des édifices publics, etc. Pour cela, on produit de la vapeur dans des chaudières analogues à celles des machines ordinaires, puis on la fait circuler dans des tuyaux placés dans les endroits qu'il s'agit de chauffer. La vapeur se condense dans ces tuyaux, leur cède sa chaleur de vaporisation, et ceux-ci la transmettent à l'air ambiant.

4° *Chauffage par l'air chaud.* — Le chauffage par l'air chaud consiste à chauffer de l'air à l'aide d'un fourneau placé dans la partie inférieure de l'édifice, et à diriger cet air par des tuyaux dans les salles que l'on veut chauffer. Ce système de chauffage est économique, mais il ne favorise pas l'aération des appartements.

5° *Chauffage par la circulation de l'eau chaude.* — L'appareil qui sert à ce système de chauffage se compose d'une chaudière et d'une série de tubes entièrement pleins d'eau. La chaudière est placée à la partie inférieure de l'édifice ; les tubes partent du haut de la chaudière, montent dans les appartements, s'y étalent contre les murs et redescendent à la chaudière, où ils débouchent dans sa partie inférieure. A mesure que l'eau s'échauffe, elle diminue de poids spécifique, s'élève dans les tubes, circule dans les appartements et leur cède sa chaleur. Après s'être refroidie, elle revient à la chaudière pour s'y échauffer de nouveau et recommencer son trajet. Comme on le voit, dans ce système de chauffage, l'eau n'est que le véhicule de la chaleur. Le chauffage par la circulation de l'eau chaude est très économique, il maintient dans les appartements une chaleur douce et constante, mais il a aussi l'inconvénient de ne pas favoriser l'aération.

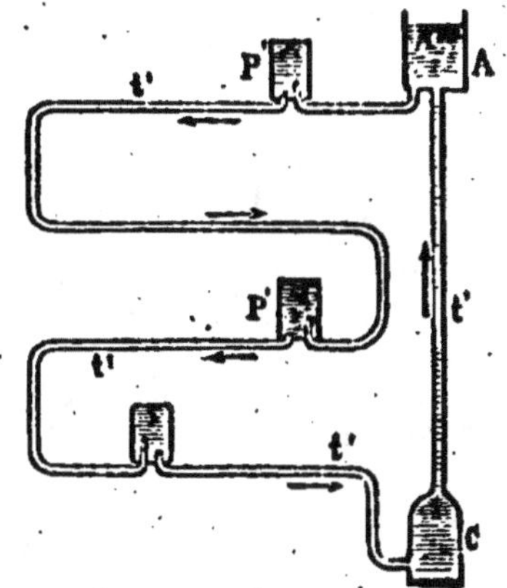

FIG. 138. — *Calorifère à eau chaude.*

Cette figure théorique indique le mouvement de l'eau dans les appareils de chauffage à circulation d'eau chaude : C, Chaudière. — A, Réservoir d'eau chaude. — P' P', Poêles à eau. — t' t', Conduits d'eau chaude.

RÉSUMÉ

La chaleur se transmet d'un corps à un autre par *conductibilité* ou par *rayonnement*.

On appelle *conductibilité* la propriété dont jouissent les corps de transmettre la chaleur dans l'intérieur de leur masse.

Tous les corps ne conduisent pas également la chaleur ; on appelle *bons conducteurs* ceux qui la transmettent facilement et *mauvais conducteurs* ceux qui ne la transmettent que faiblement. Les liquides et les gaz ont un pouvoir conducteur très faible. La plupart des solides, surtout les métaux, sont bons conducteurs.

La chaleur *rayonnante* est celle qui se transmet d'un corps à un autre à travers l'espace.

Le *pouvoir émissif* est la propriété dont jouissent les corps de rayonner autour d'eux une plus ou moins grande quantité de chaleur.

Par *pouvoir absorbant* on entend la propriété que possèdent les corps d'absorber une certaine quantité de chaleur émise par d'autres corps.

On nomme *pouvoir réflecteur* la propriété qu'ont les corps de renvoyer une partie de la chaleur qu'ils reçoivent par rayonnement.

Les corps qui laissent passer la chaleur sont appelés *corps diathermanes* et ceux qui l'arrêtent, *corps athermanes*.

L'*hygrométrie* a pour objet la détermination de la proportion de vapeur d'eau contenue dans l'atmosphère, à l'aide des *hygromètres* ; le plus simple de ces appareils est l'*hygromètre à cheveu* de Saussure. Pour déterminer d'une manière très exacte la quantité de vapeur d'eau que renferme l'atmosphère à un moment donné on se sert de l'*hygromètre chimique*.

La *rosée* est le résultat de la condensation, à la surface du sol, d'une partie de la vapeur d'eau contenue dans l'atmosphère. La *gelée blanche* est formée par la congélation de la rosée.

La condensation de la vapeur d'eau qui se trouve dans l'air, donne naissance aux *brouillards* ou aux *nuages*. Ces derniers prennent les noms de *cirrus*, de *stratus*, de *cumulus* ou de *nimbus*, selon leur forme et leur position. Les nuages peuvent, sous l'influence des variations de la température, se résoudre en *pluie*, en *neige* ou en *grêle*.

Les *vents* sont des courants produits par des déplacements plus ou moins rapides de l'air. Ils proviennent d'une rupture d'équilibre dans l'atmosphère, résultant de la dilatation de l'air ou de la condensation de la vapeur d'eau contenue dans l'air atmosphérique. On les divise en *vents réguliers* et en *vents irréguliers*.

On divise les sources de chaleurs en *sources physiques*, en *sources mécaniques* et en *sources chimiques*. Les sources physiques sont la radiation solaire, la chaleur terrestre et l'électricité ; les sources mécaniques comprennent le frottement, la pression et la percussion ; les sources chimiques sont les combinaisons chimiques et principalement la *combustion*.

Le *chauffage* a pour but d'utiliser, dans l'industrie et dans l'économie domestique, la source de chaleur que nous offre la combustion. Il existe cinq systèmes principaux de chauffage, savoir : les *cheminées*, les *poêles*, le *chauffage par la vapeur*, le *chauffage par l'air chaud* et le *chauffage par la circulation de l'eau chaude*.

CHAPITRE XI

ÉLECTRICITÉ

141. — L'*électricité* est un agent, encore inconnu, qui se manifeste à nous par les phénomènes qu'il produit. Les principaux de ces phénomènes sont des attractions et des répulsions, des commotions organiques, des combinaisons et des décompositions chimiques, des effets lumineux, des effets calorifiques, etc.

Les principales sources d'électricité sont le *frottement*, l'*influence d'un*

Fig. 139. — *Corps électrisé par le frottement.*

corps électrisé ou celle d'un *aimant*, et les *actions chimiques*.

L'électricité peut s'accumuler à la surface des corps et s'y maintenir en équilibre. On a en ce cas l'*électricité statique* ou *en repos*.

Elle peut aussi se mouvoir à l'intérieur des corps ; elle prend alors le nom d'*électricité dynamique* ou *en mouvement*. A cet état, elle traverse les corps et forme des courants ayant une vitesse comparable à celle de la lumière.

142. Développement de l'électricité par le frottement. — Certains corps, tels que l'*ambre*, la *résine*, le *verre*, le *caoutchouc durci*, le *soufre*, le *papier*, etc., acquièrent la propriété d'attirer les corps légers quand on les frotte, par exemple, avec une étoffe de laine ou avec une peau de chat. On dit alors que ces corps sont *électrisés*. La cause de l'énergie qu'ils ont acquise a reçu le nom d'*électricité*, dérivé du grec *électron* (ambre jaune).

143. Corps bons conducteurs. — **Corps mauvais conducteurs.** — Relativement à l'électricité, les corps se divisent en corps *bons conducteurs* et en corps *mauvais conducteurs*. Les corps bons conducteurs sont ceux que l'électricité parcourt aisément ; tels sont les *métaux*, le *corps humain*, le *charbon calciné*, l'*eau acidulée*, le *sol*, l'*air humide*, etc. Les corps mauvais conducteurs sont ceux qui ne se laissent pas traverser par l'électricité ; les principaux d'entre eux sont le *verre*, le *caoutchouc*, les *résines*, la *soie*, les *gaz secs*, etc. Lorsqu'un corps bon conducteur est mis en communication par un seul point avec une source d'électricité, il s'électrise sur toute sa surface. Au contraire, les corps mauvais conducteurs ne s'électrisent qu'aux points en contact avec les corps électrisés. L'énergie électrique est localisée à ces points.

144. Corps isolants. — Tous les corps s'électrisent par le frottement, mais les corps mauvais conducteurs seuls gardent l'électricité ; les corps bons conducteurs la transmettent au sol par l'intermédiaire de l'opérateur. Si, au lieu de tenir à la main un corps bon conducteur que l'on veut électriser, on le tient par un manche mauvais conduc-

teur, en d'autres termes, si on l'*isole*, il s'électrisera bien•
tôt. Les corps mauvais conducteurs servant ainsi à isoler
les autres, prennent le nom de *corps isolants*.

145. Pendule électrique. — Pour constater l'état électrique d'un corps, on se sert de certains instruments nommés
électroscopes. Le pendule électrique est le plus simple de
ces appareils. Il consiste en une petite balle de moelle de
sureau suspendue à un support par un fil de soie. Lorsqu'on
approche un corps électrisé de la balle de sureau elle s'écarte
de sa position d'équilibre.

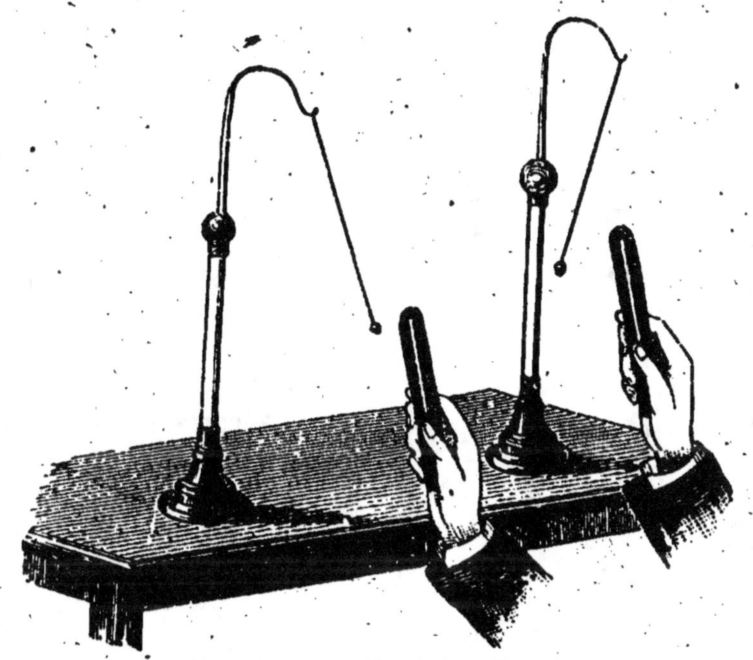

Fig. 140. — *Pendules électriques.*

146. Modes d'électrisation. — Quand on approche d'un
pendule électrique un bâton de verre poli frotté avec un
morceau de drap, la balle de sureau est attirée, elle vient
toucher le verre, s'électrise à son contact, puis elle est
ensuite vivement repoussée.

Si, avec un bâton de résine frotté de la même manière, on répète cette expérience sur la balle d'un autre pendule électrique, on observe des phénomènes semblables : la balle est d'abord attirée, puis repoussée.

Lorsqu'on approche le bâton de verre de la balle électrisée par le bâton de résine, cette balle est attirée. La résine a aussi la propriété d'attirer la balle électrisée par le verre. De plus, on observe que les balles de sureau électrisées différemment tendent à se rapprocher.

L'électricité développée sur le bâton de verre est donc différente de celle développée sur la résine.

De ces expériences, on déduit les conséquences suivantes :

1° *Il y a deux modes d'électrisation :* celui du *verre* et celui de la *résine,* et il *n'y en a que deux ;* car tous les corps s'électrisent comme le verre ou comme la résine.

L'électricité développée sur le verre est appelée électricité *positive.* On la représente par le signe +.

Celle qui se développe sur la résine est nommée électricité *négative.* On la représente par le signe —.

Fig. 141. — *Sphère creuse isolée.*

2° *Les corps chargés de la même électricité se repoussent.*

3° *Les corps chargés d'électricités contraires s'attirent.*

147. L'électricité se porte à la surface des corps. — Lorsqu'un corps est électrisé, le fluide libre se porte à sa surface et nullement dans son épaisseur. On peut le démontrer au

moyen d'une sphère métallique creuse, percée d'une ouverture à sa partie supérieure, et supportée par un pied isolant. La sphère étant électrisée, si l'on touche sa surface
extérieure avec un petit disque de clinquant fixé à l'extrémité d'une petite baguette de gomme laque, on constate
que ce disque s'électrise ; mais si l'on touche l'intérieur
de la sphère, on ne reconnaît sur le disque de clinquant
aucune trace d'électricité. L'expérience démontre aussi
que l'air est un isolant électrique ; car, dans le vide, les
corps électrisés perdent rapidement leur électricité.

148. Pouvoir des pointes. — Le fluide électrique ne se
répartit pas toujours uniformément à la surface des corps :
il se porte principalement vers les arêtes et les pointes.
Ainsi, sur un corps sphérique, l'électricité se distribue
uniformément, mais sur un corps de forme allongée, la
tension électrique est plus grande aux extrémités qu'au

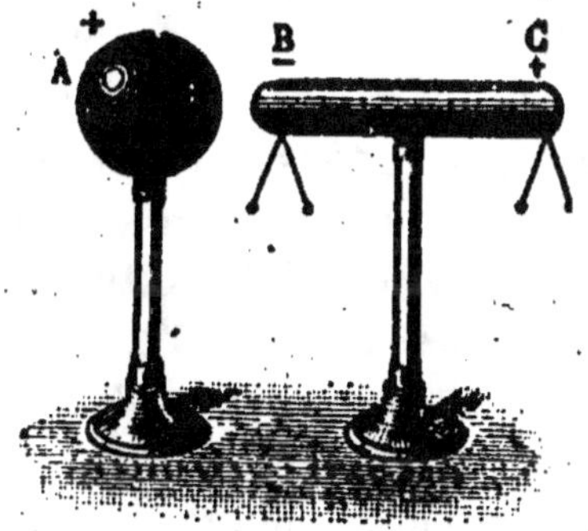

FIG. 142.   FIG. 143.
Cylindres électrisés par influence.

milieu. Lorsqu'un corps présente des pointes ou des arêtes
vives, le fluide électrique s'accumule vers ces pointes ou
vers ces arêtes et y acquiert une tension suffisante pour
vaincre la résistance de l'air et s'échapper dans l'atmosphère. Une machine électrique dont un des conducteurs
est armé d'une pointe, ne peut se charger ; car, à mesure
que l'électricité se développe, elle se porte sur cette pointe

et s'écoule dans l'atmosphère. En approchant la main de la pointe, on sent comme un souffle léger qui se dégage, souffle qui peut incliner et même éteindre la flamme d'une bougie. Dans l'obscurité, ce dégagement se manifeste par une aigrette lumineuse.

149. Electrisation par influence. — L'électrisation se développe non seulement par le frottement, mais encore par *influence*. Ainsi on peut électriser un corps bon conducteur, s'il est isolé, en le plaçant à une faible distance d'un corps électrisé.

Soit l'appareil représenté par la figure 142. Supposons la sphère A électrisée positivement. Son électricité décompose par influence le fluide neutre du cylindre métallique voisin, attire à l'extrémité la plus rapprochée le fluide négatif de ce cylindre, et repousse à l'autre extrémité le fluide positif. Les petits pendules que porte le cylindre en B et en C s'électrisent de la même manière que les extrémités où ils sont attachés, et, comme ils ont deux à deux le même fluide électrique ils se repoussent. De plus, on constate que vers le milieu du cylindre, il se trouve une ligne qui ne présente aucune trace d'électricité. Cette ligne a été nommée, pour cette raison, *ligne neutre*. Si l'on vient à éloigner le cylindre de la sphère électrisée, il perd toute toute son électricité, car les deux fluides se combinent de nouveau et reconstituent le fluide neutre. Mais, si avant d'écarter le cylindre de la sphère, on touche avec le doigt un point quelconque de sa surface, toute son électricité positive, repoussée par l'électricité de même nom que possède la sphère, disparaît dans le sol par le corps de l'opérateur. On peut alors écarter le cylindre de la sphère sans qu'il perde sa charge d'électricité négative.

150. Electroscope à feuilles d'or. — L'*électroscope à feuilles d'or* est un appareil qui sert à reconnaître si un corps est électrisé et quelle est la nature de son électricité. Il se compose d'une cloche en verre dont la tubulure livre passage à une tige métallique terminée à sa partie supérieure par une petite sphère, et à sa partie inférieure par deux feuilles d'or.

Pour constater la présence de l'électricité sur un corps au moyen de l'électroscope, on approche ce corps de la sphère de l'appareil. S'il est électrisé, il décompose par influence l'électricité neutre de la tige métallique, attire sur la sphère l'électricité de nom contraire à la sienne, et repousse celle de même nom dans les feuilles d'or, qui s'écartent aussitôt.

Pour reconnaître la nature de l'électricité, on charge d'abord l'électroscope d'une électricité connue. A cet effet, on approche un corps électrisé de la sphère de cet appareil. Si ce corps est électrisé négativement, le fluide positif de la tige se porte sur la sphère, et de même que dans l'expérience indiquée au numéro 149, il suffit de toucher avec le doigt un point quelconque de cette sphère pour faire écouler le fluide négatif dans le sol.

Fig. 144. — *Électroscope à feuilles d'or.*

Après avoir retiré d'abord le doigt, puis le corps électrisé, la tige reste chargée d'électricité positive et les feuilles d'or divergent, parce qu'elles sont électrisées de la même manière. Si l'on approche alors lentement de la sphère un corps chargé d'électricité négative, les feuilles d'or se rapprochent, parce que leur électricité se porte sur la sphère ; si, au contraire, on approche un corps électrisé

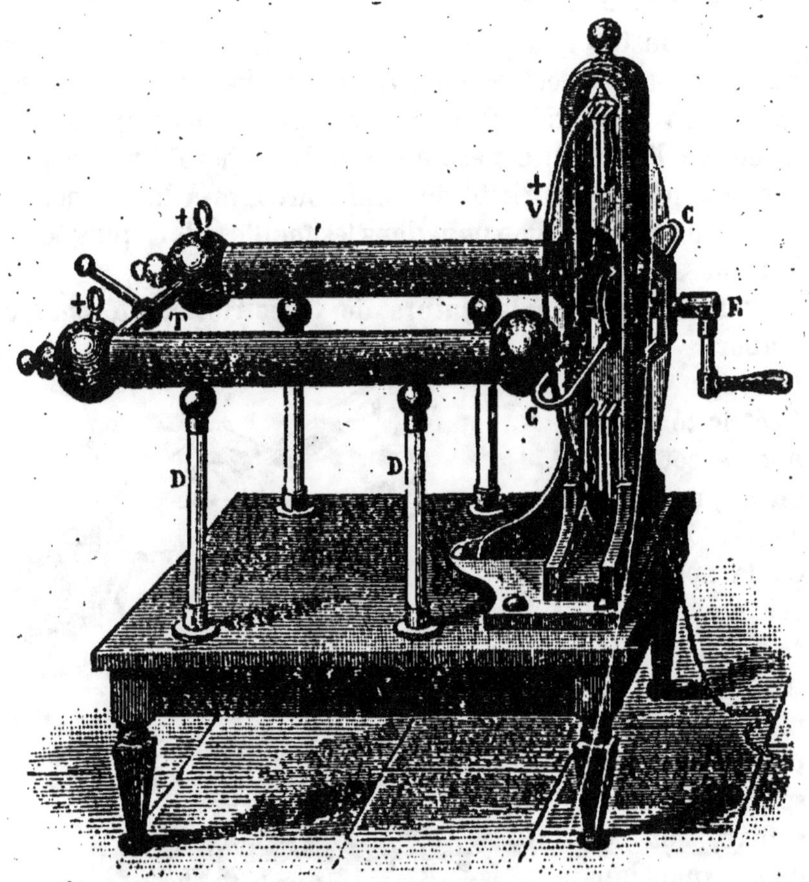

Fig. 145. — *Machine électrique de Ramsden.*

positivement, toute l'électricité positive de la tige est repoussée dans les feuilles d'or, ce qui augmente leur divergence.

151. Machines électriques. — Les *machines électriques* sont des appareils qui servent à développer de l'électricité. Les principales sont celles de *Ramsden*, de *Carré*, de *Nairne*, de *Holtz*, et de *Wimshurst*. Nous ne décrirons que celle de Ramsden, qui est une des plus anciennes et des plus connues.

La machine électrique de Ramsden se compose d'un plateau de verre tournant à frottement doux entre deux paires de coussins. Ces coussins sont en cuir rembourré de crin ; on les recouvre d'une couche de *bisulfure d'étain* dans le but d'augmenter le développement de l'électricité. En avant du plateau se trouvent deux cylindres creux en laiton, nommés *conducteurs*, isolés par des supports de verre. Les conducteurs communiquent entre eux par une tige transversale, et se terminent du côté du plateau par deux pièces métalliques contournées en fer à cheval,

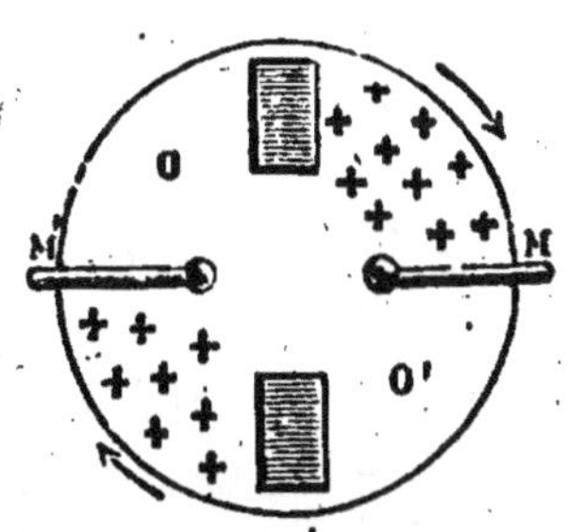

Fig. 146. — *État électrique du plateau de la machine Ramsden en mouvement.*

Les secteurs marqués du signe + sont électrisés positivement ; les autres sont à l'état neutre.

appelées *mâchoires* ou *peignes*. Ces deux pièces embrassent le plateau de verre et sont garnies à l'intérieur de pointes qui se terminent très près de lui.

Le fonctionnement de cette machine est facile à comprendre. Les coussins, par leur frottement, développent sur le plateau de verre de l'électricité positive. L'électricité positive du verre décompose par influence le fluide neutre des conducteurs ; elle attire leur électricité négative, qui s'échappe par les pointes des peignes et vient neutraliser l'électricité du plateau. Les deux conducteurs étant ainsi privés de leur électricité négative, restent électrisés positivement. Il résulte de ce qui précède que chacun des quatre secteurs du plateau est successivement chargé d'électricité positive par le frottement des coussins, puis déchargé de son électricité en passant devant les peignes ; le pla-

teau a donc constamment deux de ses secteurs électrisés
et deux autres qui ne le sont pas.

FIG. 147. — Électrophore de Volta.

152. Électrophore. — L'*électrophore*, inventé par Volta,
est une sorte de machine électrique, qui, dans beaucoup
d'expériences, peut remplacer la machine de Ramsden.
Il se compose d'un gâteau de résine et d'un disque de bois
recouvert d'une feuille d'étain et muni d'un manche isolant. Pour faire fonctionner l'électrophore, on électrise
d'abord la résine en la battant avec une peau de chat ;
on place ensuite le disque sur la résine, puis on le touche
avec le doigt. Si après cela on le soulève, on constate qu'il
est électrisé positivement et qu'il peut même donner une
assez forte étincelle. Voici comment on explique le fonctionnement de cet appareil :

Le gâteau de résine battu avec la peau de chat s'électrise négativement ; son électricité décompose par influence
le fluide neutre du disque de bois ; l'électricité négative est
repoussée dans le sol par le corps de l'opérateur lorsque

celui-ci touche avec le doigt la partie supérieure de l'appareil ; l'électricité positive, attirée par l'électricité néga-

Fig. 148. — *Charge de la bouteille de Leyde.*

tive de la résine, reste sur le disque et devient libre quand on le soulève par son manche isolant. Le gâteau de résine, lorsqu'il est électrisé, peut servir à charger le disque plusieurs fois consécutives sans qu'il soit nécessaire de le frapper de nouveau avec la peau.

153. Bouteille de Leyde. — La *bouteille de Leyde,* ainsi

Fig. 149. — *Décharge de la bouteille de Leyde.*

nommée du nom de la ville de Hollande où elle fut inventée, en 1746; est un appareil destiné à accumuler de grandes quantités d'électricité. Elle se compose d'un fla-

con. de verre rempli de minces feuilles d'or ou de cuivre ;
ces feuilles forment ce qu'on appelle l'*armature intérieure*
de la bouteille ; le flacon est extérieurement recouvert
jusqu'aux deux tiers de sa hauteur d'une feuille d'étain,
qui en est l'*armature extérieure*. Une tige métallique
recourbée traverse le bouchon de liège qui ferme le goulot,
plonge au milieu des feuilles d'or et s'y termine en pointe.

Pour charger une bouteille de Leyde, on la présente
à une machine électrique, en la tenant comme l'indique la
figure 148. Les feuilles d'or s'électrisent positivement ;
leur électricité agit par influence au travers du verre sur
le fluide neutre de la feuille d'étain ; elle repousse son électricité positive dans le sol et attire la négative contre le
verre. A son tour, cette dernière attire l'électricité posi-

Fig. 150. — *Charge d'une batterie électrique.*

tive des feuilles d'or et la condense sur la paroi intérieure
du flacon, ce qui permet aux feuilles d'or d'en recevoir
de nouvelles quantités, lesquelles agissent de la même
manière. Quand la bouteille de Leyde est chargée, ses
deux armatures contiennent des quantités considérables
des deux électricités, qui se retiennent mutuellement en
présence et que la seule résistance du verre maintient.

séparées. Une forte étincelle jaillit quand on met les deux armatures en communication au moyen d'un conducteur métallique nommé *excitateur*.

Si, tenant la bouteille d'une main, on touchait de l'autre la sphère qui termine sa tige, le corps ferait fonction d'excitateur, et on éprouverait une violente commotion. Avec une grande bouteille, l'expérience pourrait être dangereuse.

154. Batteries électriques. — Les *batteries électriques* sont formées par la réunion d'un certain nombre de grandes bouteilles de Leyde, appelées *jarres*. Les jarres sont placées dans une caisse dont la surface intérieure est tapissée de feuilles d'étain ; de cette manière, leurs armatures extérieures communiquent toutes entre elles. Les armatures intérieures sont reliées au moyen

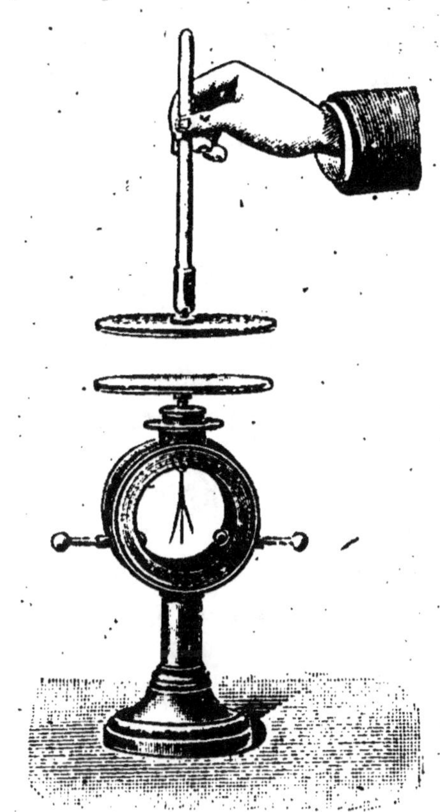

Fig. 151. — *Electroscope condensateur de Volta.*

de conducteurs métalliques. On charge la batterie électrique en faisant communiquer les armatures intérieures des jarres avec une machine électrique, et les armatures extérieures avec le sol par une chaîne métallique.

155. Electroscope condensateur de Volta. — Cet appareil est un électroscope à feuilles d'or, qui, au lieu d'une sphère, porte un plateau métallique, sur lequel repose un autre plateau semblable, muni d'un manche isolant. Les faces des deux plateaux qui doivent être mises en contact sont recouvertes d'une mince couche d'un vernis isolant, de sorte que, lorsque les plateaux sont placés l'un sur l'autre, ils forment un condensateur.

Cet électroscope s'emploie à l'étude des sources d'électricité à production continue, mais à un potentiel très faible. Telle est, par exemple, l'électricité fournie par un élément de pile.

156. Potentiel. — Ainsi qu'on l'a constaté, l'électricité développée dans les appareils précédents s'y maintient en équilibre tant qu'ils sont suffisamment isolés ; mais si l'on approche de ces appareils d'autres corps ne possédant pas le même état électrique, l'électricité se met en mouvement et produit des étincelles et des commotions.

On a vu en hydrostatique que si deux vases, renfermant de l'eau à un même niveau, sont mis en communication, il ne se produit aucun mouvement à l'intérieur de ces vases ; mais que si les niveaux de l'eau sont différents, un écoulement s'établit du vase dont le niveau est le plus élevé vers l'autre, et cet écoulement dure jusqu'à ce que les vases deux aient pris le même niveau.

L'expérience démontre qu'il en est de même pour l'électricité : lorsque, par un fil métallique, on met en communication deux conducteurs également électrisés, c'est-à-dire qui sont au *même niveau électrique*, on ne constate dans le fil aucun courant électrique ; mais si les conducteurs ne sont pas également électrisés, c'est-à-dire sont à *des niveaux électriques différents*, on constate qu'il se produit, dans le fil, un courant électrique instantané, qui va du conducteur le plus électrisé à celui qui l'est moins, et que les deux conducteurs prennent le même niveau électrique.

Le niveau électrique d'un conducteur électrisé est désigné sous le nom de *potentiel*. On juge du potentiel d'un conducteur électrisé au moyen des *électromètres*. On peut utiliser à cette fin l'*électroscope à feuilles d'or*.

Deux conducteurs ont le même potentiel, lorsque mis successivement en communication au moyen d'un fil conducteur long et fin, avec un électroscope à l'état neutre, l'écart des feuilles d'or est le même pour chacun d'eux, et que les feuilles sont chargées de la même électricité positive ou négative.

Lorsqu'un conducteur mis en contact avec l'électroscope ne fait pas écarter ses feuilles d'or, on dit qu'il est à l'*état neutre*, son potentiel est *zéro*.

Le potentiel du sol est *zéro*. Il est choisi comme *point de repère* des potentiels des conducteurs électrisés. On admet, en effet :

1º Qu'un conducteur *électrisé positivement* a un potentiel *plus élevé* que celui du sol ; son potentiel est donc *positif* ;

2º Qu'un conducteur *électrisé négativement* a un potentiel *moins élevé* que celui du sol ; son potentiel est donc *négatif*.

157. Courants électriques. — De ce qui a été dit, on conclut que :

1º Lorsqu'on met un conducteur électrisé positivement en communication avec le sol au moyen d'un fil métallique, ce fil est traversé par un courant électrique qui va *du conducteur au sol*, et le conducteur est ramené à l'état neutre ;

2º Lorsqu'on met un conducteur électrisé négativement en communication avec le sol par un fil métallique, ce fil est traversé par un courant électrique, qui va *du sol au conducteur*, et ce dernier est ramené à l'état neutre ;

3º Lorsque l'on met deux conducteurs électrisés à des potentiels différents en communication, au moyen d'un fil métallique, ce fil est traversé par un courant électrique qui *va du corps dont le potentiel est le plus élevé vers celui dont le* potentiel est le moins élevé, et les deux conducteurs prennent un même potentiel, intermédiaire entre les potentiels primitifs,

158. Effets de la décharge électrique. — Les effets produits par la décharge électrique peuvent se diviser en trois classes savoir : les *effets physiques*, les *effets chimiques* et les *effets physiologiques*.

1° *Effets physiques*. — Les différents effets physiques consistent en production de lumière et de chaleur, et en certaines actions mécaniques, telles que l'attraction et la répulsion de quelques corps, la rupture et la perforation de substances peu conductrices de l'électricité.

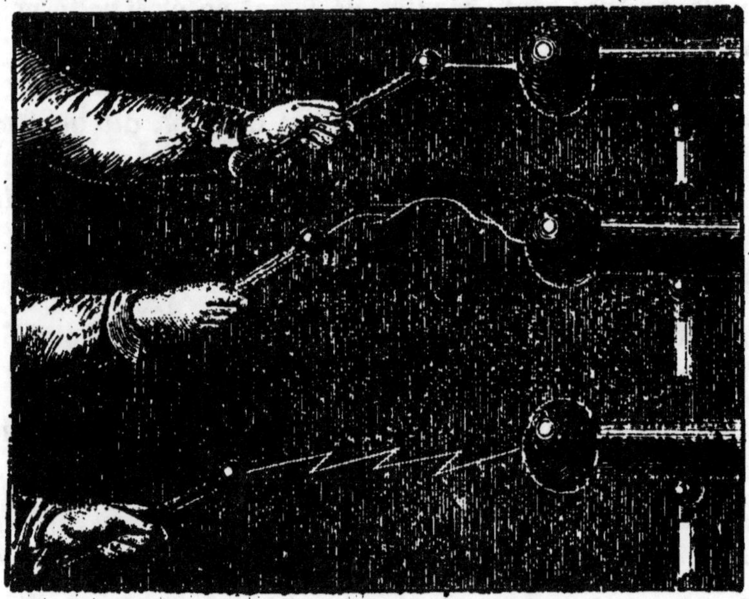

FIG. 152. — *Étincelles électriques.*

Lorsqu'on approche un corps bon conducteur d'une machine électrique suffisamment chargée, il se produit des étincelles dont la forme dépend de la force de la machine et de la distance à laquelle elles jaillissent. Si cette distance est faible, les étincelles sont rectilignes ; à une distance plus grande, elles prennent une forme sinueuse avec des ramifications très déliées. Avec une machine très puissante, les étincelles présentent la forme en zigzag observée dans les éclairs.

Chaque fois qu'une étincelle se produit, il y a également production de chaleur. Le coton-poudre, l'éther, l'alcool sont très facilement enflammés par l'étincelle électrique ; la décharge d'une batterie ou même d'une forte bouteille de Leyde suffit pour fondre et volatiser les métaux réduits en lames minces ou en fils très fins.

Une expérience, connue sous le nom de *grêle électrique*, montre bien les propriétés attractives et répulsives de l'électricité pour certains corps. Elle se fait à l'aide d'un appareil qui se compose d'une cloche dans le bouchon de laquelle passe une tige de laiton terminée par un anneau à sa partie supérieure et par une sphère ou un disque à sa partie inférieure. La cloche repose sur un plateau métallique et renferme un grand nombre de balles de sureau. Quand la tige est mise en communication avec une machine électrique en activité, la sphère inférieure s'électrise et attire les balles de sureau ; celles-ci s'élèvent, viennent toucher la sphère et sont ensuite violemment repoussées. Elles tombent sur le plateau inférieur, où elles perdent l'électricité qu'elles avaient acquise au contact de la sphère. Elles remontent de nouveau pour retomber ensuite. Il se forme ainsi un rapide mouvement de va-et-vient qui rappelle, en quelque sorte, celui de la grêle.

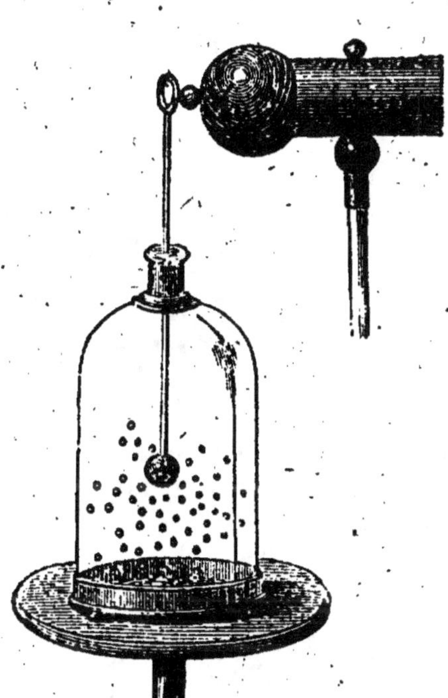

Fig. 153. — *Grêle électrique.*

Si l'on fait jaillir l'étincelle électrique entre deux pointes séparées par une carte, fig. 154, cette carte est perforée. L'étincelle produite par la décharge d'une batterie peut percer une plaque de verre d'une assez grande épaisseur.

2° *Effets chimiques.* — Le passage de l'électricité dans les corps composés ou dans les mélanges de corps simples peut produire, dans les uns des décompositions, et, dans les autres, des combinaisons. On démontre cette dernière propriété à l'aide du *pistolet* de *Volta*, fig 155. Cet appareil consiste en un petit flacon en métal portant sur sa partie latérale un tube de verre traversé par une tige métallique ; la tige se termine à une faible distance de la paroi opposée. Pour faire fonctionner le pistolet de Volta, on le remplit d'un mélange d'hydrogène et d'oxygène ou d'hydro-

gène et d'air, et, après l'avoir bouché, on approche sa tige métallique d'une machine électrique en activité. Une étincelle jaillit

Fig. — 154. — *Perce-cartes.*

dans l'intérieur du pistolet ; cette étincelle détermine la combinaison des deux gaz, laquelle est accompagnée d'une violente
détonation.

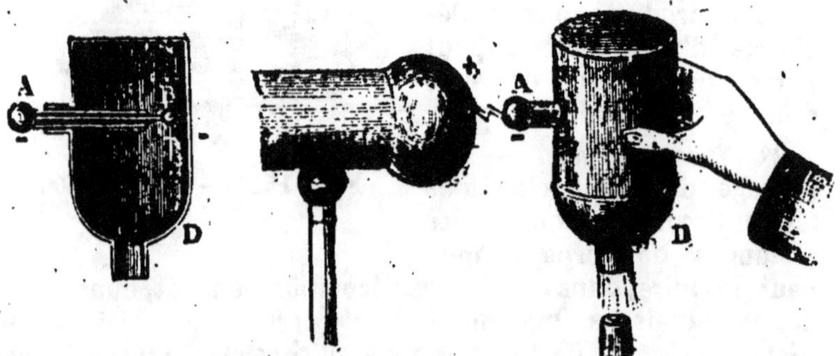

Fig. 155. — *Pistolet de Volta.*

3° **Effets physiologiques.** — L'électricité agit fortement sur
l'organisme. L'étincelle d'une machine électrique produit une

commotion aux articulations des doigts et du poignet ; celle d'une bouteille de Leyde est beaucoup plus forte ; elle donne des secousses d'un caractère particulier, qui se ressentent dans les bras et la poitrine. Ces secousses peuvent se transmettre à un grand nombre de personnes à la fois. Il suffit pour cela que ces personnes se tiennent par la main et que les deux d'entre elles qui sont placées aux extrémités de la chaîne, touchent, en même temps, l'une l'armature intérieure et l'autre l'armature extérieure d'une bouteille de Leyde chargée. La décharge d'une batterie est toujours dangereuse : elle peut être suffisante pour foudroyer des animaux d'assez grande taille ; elle pourrait mettre en péril la vie d'un homme.

ÉLECTRICITÉ ATMOSPHÉRIQUE

159. Les premiers physiciens qui observèrent les phénomènes électriques produits sur nos machines, furent frappés de la ressemblance qui existe entre ces phénomènes et ceux qui sont occasionnés par la foudre. Ce fut vers le milieu du xviii° siècle que deux savants, un Français, Dalibard, et un Américain, Franklin, en démontrèrent l'identité.

En 1752, Dalibard fit dresser dans un jardin de Marly, une tige métallique de 14 *mètres* de hauteur ; elle était placée sur un support isolant et terminée en pointe à sa partie supérieure. Sous l'influence d'un nuage orageux, il obtint de nombreuses et fortes étincelles et put même charger plusieurs bouteilles de Leyde.

Quelques jours après, Franklin, qui ne connaissait pas l'expérience de Dalibard, lança vers un nuage orageux un cerf-volant muni d'une pointe métallique ; il en avait attaché la corde à une clef et celle-ci à un cordon de soie fixé à un arbre. Il n'obtint d'abord aucun résultat ; mais une pluie fine étant survenue, elle mouilla la corde et lui donna le pouvoir conducteur qui lui manquait ; Franklin put alors tirer des étincelles de la clef.

Quelques années plus tard, de Romas, en France, et Richmann, à Saint-Pétersbourg, reprirent les expériences de Dalibard et de Franklin. De Romas parvint à tirer des étincelles ayant 4 *mètres* de longueur, et Richmann fut foudroyé par une étincelle qui vint le frapper au front.

160. Foudre. — Ce n'est pas seulement dans les temps d'orage que l'atmosphère contient de l'électricité ; car, avec des électroscopes très sensibles, on peut reconnaître qu'en tout temps, l'air en est plus ou moins chargé.

En temps ordinaire et par un ciel serein, la surface du sol est électrisée négativement et l'atmosphère positivement. La quantité des deux électricités est d'autant plus considérable que l'air est plus pur et plus sec.

Les nuages sont, d'ordinaire, fortement électrisés. Les uns sont chargés d'électricité positive et les autres, d'électricité négative. Si deux nuages chargés d'électricités contraires se rapprochent suffisamment l'un de l'autre, une violente étincelle jaillit entre eux, et leurs fluides se combinent. D'autres fois, un nuage électrisé passant près du sol, décompose, par influence le fluide neutre de la terre, attire à lui l'électricité contraire à la sienne et détermine une décharge électrique entre lui et le point le plus rapproché du sol. On dit alors, suivant une ancienne expression, que la *foudre tombe*.

Éclairs. — Les *éclairs* sont les phénomènes lumineux qui accompagnent la foudre. Ils sont de deux sortes : les uns sont des traits de feu en zigzag éclairant vivement la voûte du ciel et les objets placés à la surface de la terre ; les autres sont des traînées lumineuses que l'on n'aperçoit que pendant les chaudes soirées de l'été et qui, pour cette raison, sont appelés *éclairs de chaleur*. Il est probable que ces éclairs sont des éclairs ordinaires sillonnant les nues au-dessous de l'horizon, mais à de trop grandes distances pour que le spectateur puisse entendre le bruit du tonnerre.

Tonnerre. — Le *tonnerre* est la détonation violente qui accompagne la foudre ; il a lieu en même temps que l'éclair. L'intervalle qui s'écoule entre l'apparition de l'éclair et l'audition du tonnerre, dépend de la distance qui sépare l'observateur du point où éclate la foudre. Le son ne parcourt que **340** *mètres* par seconde, tandis que la lumière franchit des espaces très grands en des temps inappréciables. Donc, un observateur éloigné de 840 *mètres* du lieu où se produit la décharge électrique, n'entendra le tonnerre qu'une seconde après avoir vu l'éclair. De là un moyen bien simple de calculer approximativement la distance qui nous sépare du lieu de chaque explosion de la foudre.

161. Effets de la foudre. — Les effets produits par la foudre sont semblables à ceux que nous obtenons avec nos appareils électriques ; ils ne s'en distinguent que par une intensité beaucoup plus grande. Quand l'étincelle jaillit entre un nuage et le sol, elle met le feu aux matières inflammables, fond et volatilise les métaux, détruit les corps mauvais conducteurs, brise et déchire les arbres, fond le sable et les matières terreuses. Elle produit sur les êtres animés des commotions si violentes et si soudaines, que, presque toujours, elles amènent instantanément la mort.

La foudre éclate de préférence sur les objets les plus élevés, tels que les clochers et les arbres. Il est donc imprudent de se mettre sous un arbre pendant l'orage.

En France, la moyenne actuelle des foudroyés est de quatre-vingts ; plus de la moitié de ces victimes de la foudre sont frappées sous des arbres. Lorsqu'on est surpris dans un champ par une pluie d'orage, il est difficile, en effet, de ne pas profiter de l'abri qu'offrent les arbres : l'inconvénient de la pluie fait oublier un danger auquel on a échappé bien souvent. Il serait bon de prendre au moins quelques précautions propres à diminuer le péril, telles que de choisir des arbres bas, et de s'y tenir baissé et surtout de ne pas s'appuyer contre le tronc.

162. Paratonnerre. — Le *paratonnerre*, inventé par Franklin en 1755, consiste en une tige métallique de 8 à 10 *mètres* de hauteur, terminée par une pointe en platine. Cette tige se place au sommet du bâtiment que l'on veut protéger et communique avec le sol par un conducteur formé d'une tringle métallique ou d'une corde en fil de fer. Le conducteur doit pénétrer assez profondément dans le sol et y rencontrer une nappe d'eau. Si le sol ne renferme pas de nappe d'eau, on divise l'extrémité du conducteur en plusieurs branches afin de multiplier ses points de contact avec la terre.

La théorie du paratonnerre est la suivante : lorsqu'un nuage électrisé passe au-dessus d'une habitation munie d'un paratonnerre, la tige et le conducteur s'électrisent

FIG. 156. — *Habitation surmontée d'un paratonnerre.*

par influence. L'électricité de même nom que celle du nuage est refoulée dans le sol, et celle de nom contraire est attirée à la pointe du paratonnerre, d'où elle s'écoule en abondance, mais sans secousse ; elle va neutraliser le nuage électrisé. Il arrive quelquefois que l'écoulement de l'électricité n'est pas assez rapide pour neutraliser à temps le nuage ; alors l'étincelle jaillit et la foudre éclate mais sur la tige seulement, parce qu'elle est le point de l'édifice le plus électrisé, le meilleur conducteur et le plus rapproché du nuage. De plus, la foudre, suivant toujours les corps qui conduisent le mieux l'électricité, descend par le conducteur et va se perdre dans le sol sans faire de dégâts.

On admet généralement que le paratonnerre protège autour de lui tous les corps compris dans un cercle d'un rayon double de la hauteur de sa tige.

· Depuis quelques années, le paratonnerre précédemment décrit
tend de plus en plus à être
remplacé par le paratonnerre
Melsens, qui est moins volumineux, moins coûteux et au
moins aussi efficace qui celui
de Franklin. Il consiste en
un grand nombre de petites
pointes disposées en aigrettes
le long du faîte des toits,
reliées les unes aux autres et
communiquant avec le sol
par plusieurs bandes métalliques. On entoure ainsi l'é-

Fig. 157. — *Habitation protégée
par le paratonnerre Melsens.*

difice d'une espèce de grillage en métal qui le protège très efficacement contre l'action de la foudre.

RÉSUMÉ

L'*électricité* est un agent encore inconnu qui se manifeste à nous
par les phénomènes qu'il produit.

L'électricité est *statique* ou *dynamique,* selon qu'on la considère
en repos ou en mouvement.

Relativement à l'électricité, les corps se divisent en corps *bons
conducteurs* et en corps *mauvais conducteurs.* Les corps mauvais
conducteurs sont encore appels *corps isolants.*

On admet l'existence de deux espèces d'électricités : l'électricité *positive,* représentée par le signe +, et l'électricité *négative,*
représentée par le signe —.

Deux corps chargés de la même électricité se repoussent.

Deux corps chargés d'électricités contraires s'attirent.

L'électricité se porte à la surface des corps et s'accumule vers
les arêtes et vers les pointes, d'où elle peut s'échapper dans l'atmosphère.

Un corps s'électrise par *influence* lorsqu'il se trouve à proximité d'un corps électrisé.

L'*électroscope à feuilles d'or* sert à connaître si un corps est électrisé et la nature de son électricité.

Les machines électriques sont des appareils qui servent à développer de l'électricité. Les principales sont celles de *Ramsden,*
de *Carré,* de *Nairne,* de *Holtz* et de *Wimshurst.*

La *bouteille de Leyde* est un appareil qui sert à accumuler de
grandes quantités d'électricité.

Une *batterie électrique* est formée par la réunion de plusieurs
grandes bouteilles de Leyde appelées *jarres.*

L'*électroscope condensateur de Volta,* s'applique à l'étude des
sources électriques à faible potentiel.

Lorsqu'on met deux conducteurs en communication par un fil métallique, il s'établit un courant électrique dans ce fil quand les conducteurs mis en communication ne sont pas au même niveau électrique, au même *potentiel*. Le courant va du conducteur dont le potentiel est le plus élevé vers celui dont le potentiel est le moins élevé.

Le potentiel du sol est *zéro*. C'est le point de repère des potentiels des conducteurs électrisés.

On admet qu'un conducteur électrisé positivement a un *potentiel positif* et qu'un corps électrisé négativement a un *potentiel négatif*.

Les phénomènes produits par l'étincelle électrique se divisent en phénomènes *physiques*, *chimiques* et *physiologiques*.

Quand le ciel est sans nuages, l'atmosphère est toujours plus ou moins chargée d'électricité positive et la surface du sol, d'électricité négative. Les nuages sont d'ordinaire fortement électrisés.

Dalibard et Franklin ont, les premiers, démontré que l'électricité atmosphérique est identique, à celle qui se développe sur les machines électriques.

La *foudre* est le résultat d'une décharge électrique qui se produit entre deux nuages chargés d'électricités contraires, ou entre un nuage et le sol.

Le *paratonnerre* de Franklin se compose d'une tige métallique placée au sommet de l'édifice qu'on veut protéger, et d'un *conducteur* qui fait communiquer la tige au sol. Ce paratonnerre préserve tous les corps situés à une distance moindre que le double de sa longueur. On tend de plus en plus à le remplacer par celui de *Melsens*.

CHAPITRE XII

AIMANTS. — PILES. — UNITÉS ÉLECTRIQUES.

163. — Les *aimants* sont des substances qui ont la propriété d'attirer le fer, l'acier et quelques autres métaux. Il y a deux sortes d'aimants : les *aimants naturels* et les *aimants artificiels*.

Les *aimants naturels* sont formés d'un minerai de fer, connu sous le nom d'*oxyde magnétique*, que l'on trouve abondamment en Suède et en Norvège.

Les *aimants artificiels* sont des barreaux d'acier trempé auxquels on a communiqué la propriété magnétique par des procédés spéciaux.

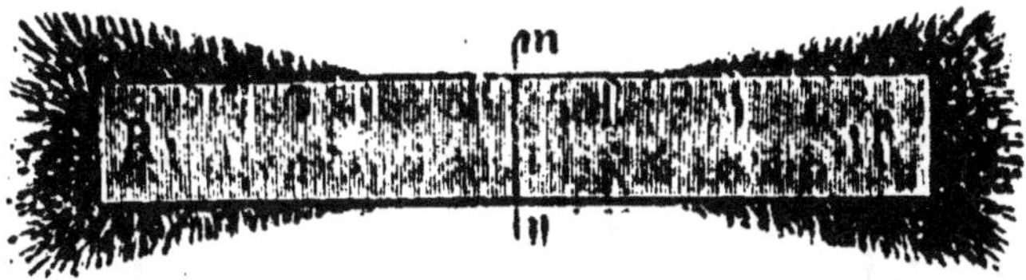

FIG. 158. — *Aimant ayant été plongé dans de la limaille de fer.*

104. Pôles des aimants. — La force magnétique des aimants n'est pas la même en tous les points de leur surface. Ainsi quand on plonge un aimant dans de la limaille de fer, on voit celle-ci adhérer à l'aimant, mais elle ne se répartit pas uniformément à sa surface. Elle s'attache surtout autour de deux points opposés appelés *pôles* de l'aimant, et il reste vers le milieu une ligne nommée *ligne neutre* dont les points n'exercent aucune action attractive.

Lorsqu'une aiguille aimantée repose par son centre de gravité sur un pivot au-

FIG. 159. — *Attraction entre deux pôles de noms contraires.*

tour duquel elle peut tourner librement, une de ses extrémités se dirige constamment vers le nord et l'autre vers le sud ; si l'on écarte l'aiguille de cette position, elle y revient d'elle-même après quelques oscillations. On attribue cette action directrice à la terre. Pour cette raison, la terre est considérée comme un aimant dont les pôles magnétiques se confondent presque avec les pôles géographiques.

On est convenu d'appeler *pôle nord* de l'aiguille aimantée l'extrémité qui se dirige vers le pôle *nord* de la terre : et *pôle sud*, celle qui se dirige au *sud*.

On constate, au moyen d'une barre aimantée et d'une aiguille aimantée mobile autour de son centre (fig. 159), que, entre deux aimants, *les pôles de même nom se repoussent et les pôles de noms contraires s'attirent.*

165. Déclinaison. — La *déclinaison* d'un lieu est l'angle que forme le *méridien magnétique* de ce lieu.avec le *méridien terrestre*. Le méridien magnétique d'un lieu est le plan vertical passant par la direction que prend en ce lieu l'aiguille aimantée ; le méridien terrestre est le plan qui passe par ce lieu et par les deux pôles terrestres. On mesure l'angle de déclinaison au moyen de la *boussole de déclinaison.*

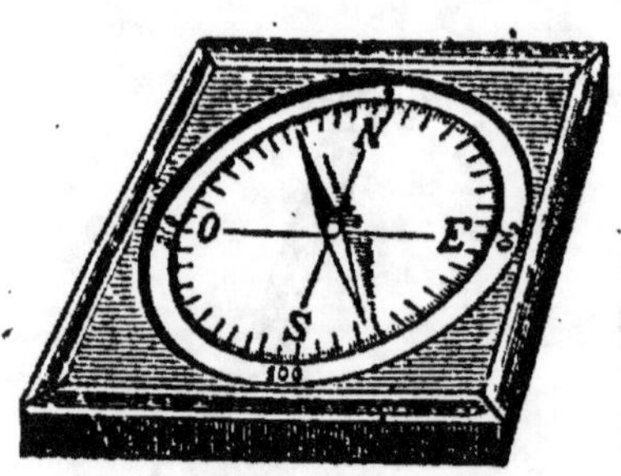

Fig. 160. — *Boussole de déclinaison.*

Cet instrument consiste en un cercle dont la circonférence est divisée en **360** *degrés*. Sur ce cercle sont marqués les quatres points cardinaux. Au centre, on trouve un pivot portant une aiguille aimantée. Pour mesurer la déclinaison d'un lieu avec la boussole, on la dispose de manière que la ligne NS soit dans la direction du méridien terrestre ; alors l'angle que forme l'aiguille aimantée avec la ligne NS donne la déclinaison cherchée. La déclinaison varie avec les lieux et les temps. Elle est *occidentale* ou *orientale* suivant que l'aiguille aimantée se dirige à gauche ou à droite du pôle nord. Il y a des lieux où l'aiguille aimantée se dirige exactement vers le nord ; pour eux, la déclinaison est *nulle*. A Paris, elle est *occidentale*. Sa valeur était, en 1814, de 22° ; aujourd'hui elle n'est que de 14°45′.

166. Inclinaison. — Lorsqu'on suspend une aiguille aimantée par son centre de gravité et qu'on la place dans la direction du méridien magnétique, elle ne reste pas horizontale : une de ses extrémités s'incline vers le sol. On appelle *angle d'inclinaison* le plus petit des angles qu'elle forme ainsi avec l'horizon. L'inclinaison varie aussi avec les lieux et les temps ; à Paris, elle est actuellement d'environ 65°. On la mesure avec la boussole d'inclinaison.

Cette boussole se compose essentiellement d'un cercle vertical divisé en

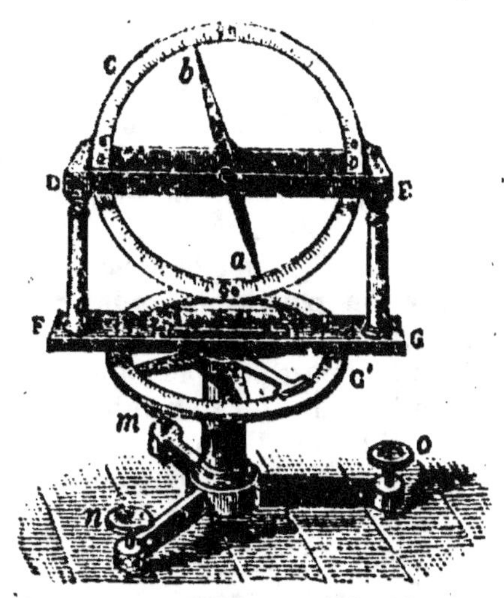

FIG. 161. — *Boussole d'inclinaison.*

degrés ; au centre de ce cercle se trouve un axe horizontal qui passe par le centre de gravité d'une aiguille aimantée ; celle-ci peut se mouvoir autour de cet axe.

167. Lignes de force d'un aimant. — Champ magnétique. — Un aimant exerce autour de lui une action jusqu'à une certaine distance. Prenons, par exemple, une barre aimantée, plaçons-la

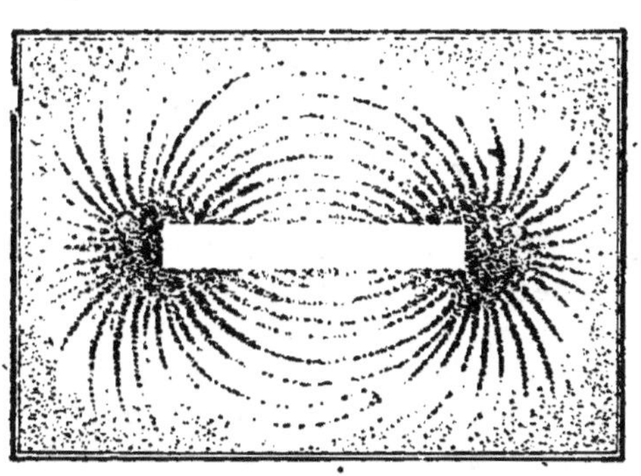

FIG. 162. — *Spectre magnétique.*

sur une table, couvrons-la d'une feuille de papier que nous saupoudrerons de limaille fine de fer projetée d'une certaine hauteur; cette limaille formera des filets suivant des lignes qui divergeront des pôles dans toutes les directions. Ces lignes sont appelées les *lignes de force* de l'aimant et le phénomène constitue le *spectre magnétique*.

On nomme *champ magnétique* la partie de l'espace dans lequel un aimant exerce sensiblement son influence.

108. Flux magnétique. — Si l'on place une petite boussole au voisinage d'une barre aimantée et en différents endroits, on observe que l'aiguille tend à se placer dans la direction des lignes de forces, en orientant ses pôles toujours dans un certain sens par rapport à ces lignes; ce qui démontre que l'ensemble des lignes de forces forme comme un flux agissant dans une direction déterminée; on l'appelle le *flux magnétique*. Pour lui assigner un sens, on suppose qu'il circule du pôle nord au pôle sud à l'extérieur de l'aimant et du pôle sud au pôle nord à l'intérieur. On appelle donc *pôle sud*, dans un aimant, celui par lequel le flux pénètre à son intérieur, et *pôle nord* celui par lequel il en sort.

Il est à remarquer que l'aiguille de la boussole tend à se placer de manière que son flux intérieur se trouve dans le même sens que le flux de l'aimant; ce qui explique les attractions et les répulsions qui se vérifient entre les pôles de deux aimants.

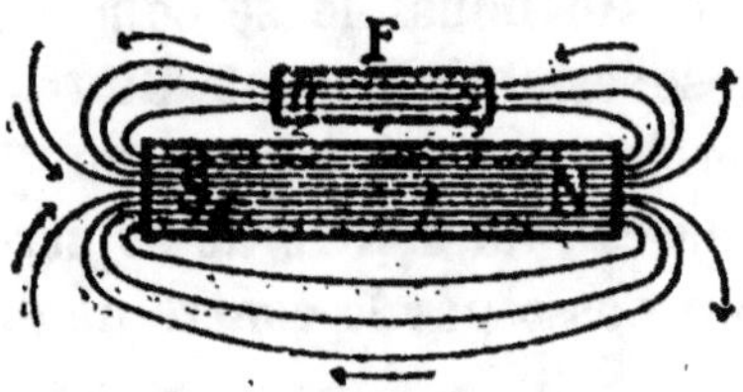

FIG. 163.
Flux magnétique.

FIG. 164.
Concentration des lignes de force dans le fer doux. F.

Les lignes de force suivent la direction *nord-sud* à l'extérieur et *sud-nord* à l'intérieur.

169. Aimantation du fer par influence. — Un morceau de fer doux placé dans un champ magnétique a la propriété de concentrer à son intérieur les lignes de force du champ, à tel point que si ce morceau de fer est fixe, les lignes de force se dévient pour le traverser dans sa plus grande longueur, et, s'il est mobile, il s'oriente lui-même de manière à présenter sa plus grande dimension dans la direction de ces lignes; cette propriété constitue la *permiabilité magnétique.* Le fer est alors transformé en un véritable aimant et en possède toutes les propriétés, tant qu'il se trouve dans le champ magnétique ; mais il les perd aussitôt que

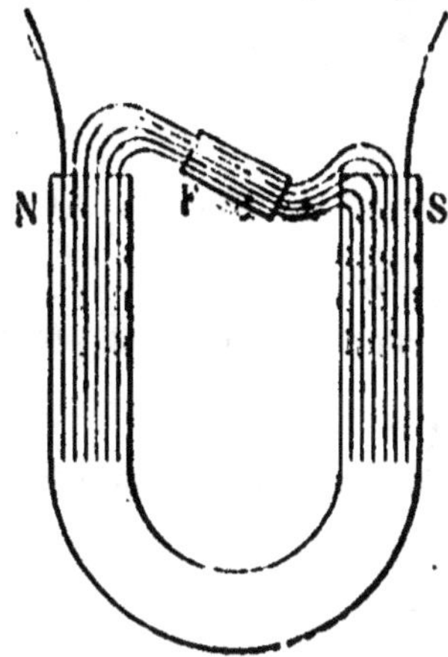

Fig. 165. — *Lignes de force se déviant pour pénétrer dans une pièce fixe de fer doux. F.*

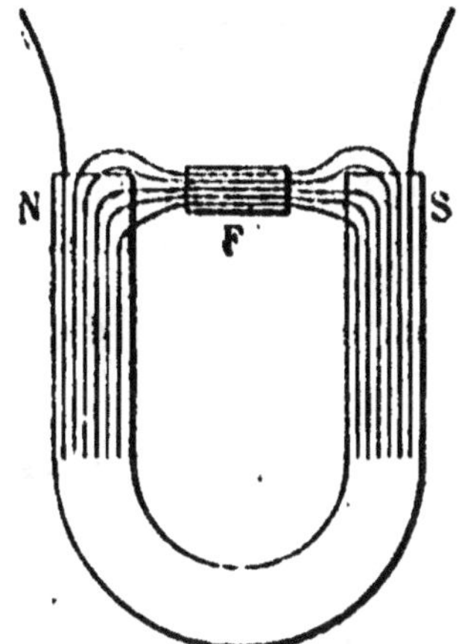

Fig. 166. — *Pièce mobile de fer doux s'orientant dans la direction des lignes de force.*

l'influence de ce champ disparaît. Ainsi, un petit cylindre de fer bien pur, en contact avec l'extrémité d'un barreau aimanté, devient lui-même un aimant ; il a ses deux pôles magnétiques et il peut, à son tour, attirer et aimanter un deuxième cylindre, celui-ci un troisième et ainsi de suite.

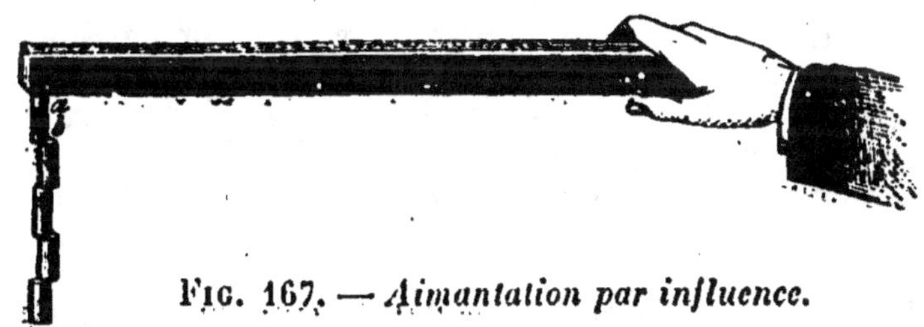

Fig. 167. — *Aimantation par influence.*

170. Aimantation de l'acier. — *L'acier* s'aimante plus difficilement que le fer doux ; mais une fois aimanté, il conserve son aimantation pendant très longtemps. L'acier s'aimante peu par influence, mais on peut facilement l'aimanter en le frottant pendant un moment et toujours dans le même sens avec l'un des pôles d'un aimant.

On aimante l'acier plus généralement au moyen d'un courant électrique, comme l'on verra plus tard (V. Electro-aimants).

REMARQUE. — Si l'on divise en deux un barreau aimanté, les pôles de l'aimant ne sont point séparés, car les deux fragments obtenus présentent chacun leurs pôles aussi bien que l'aimant entier ; au point de rupture, il s'est formé deux pôles de

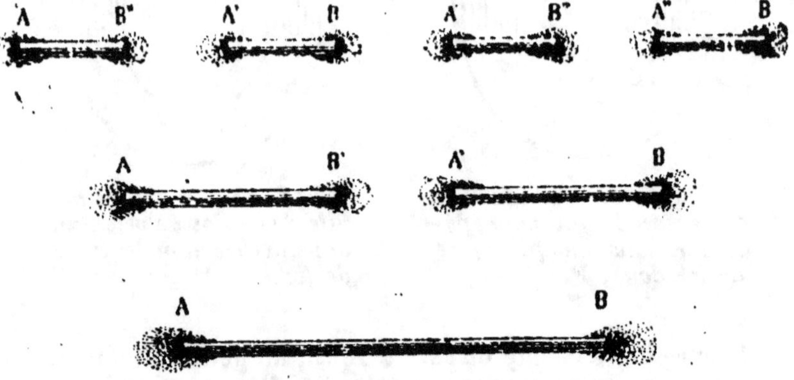

FIG. 168. — *Aimant fractionné.*
Chaque morceau d'un aimant fractionné est un nouvel aimant avec
ses pôles *nord* et *sud.*

noms contraires. On peut diviser l'aimant en un nombre quelconque de parties ; le même phénomène se reproduit quelque petites que soient ces parties, ce qui permet d'admettre qu'un aimant est constitué par une série de petits aimants également orientés, mais dont les pôles intermédiaires se neutralisent mutuellement.

171. Faisceaux magnétiques. — Les *faisceaux magnétiques* sont composés de plusieurs lames aimantées, peu épaisses et assemblées de manière que leurs pôles de même nom soient réunis.

On donne fréquemment aux aimants la forme d'un fer à cheval ; cette disposition double leur force attractive, puisque les deux pôles sont utilisés en même temps. Les barreaux aimantés, abandonnés à eux-mêmes, perdent peu à peu leur puissance magnétique ; mais si on met leurs extrémités en contact avec une pièce

de fer doux, ces aimants conservent toute leur force et tendent
même à l'augmenter.

Fɪɢ. 169.
Faisceau magnétique.

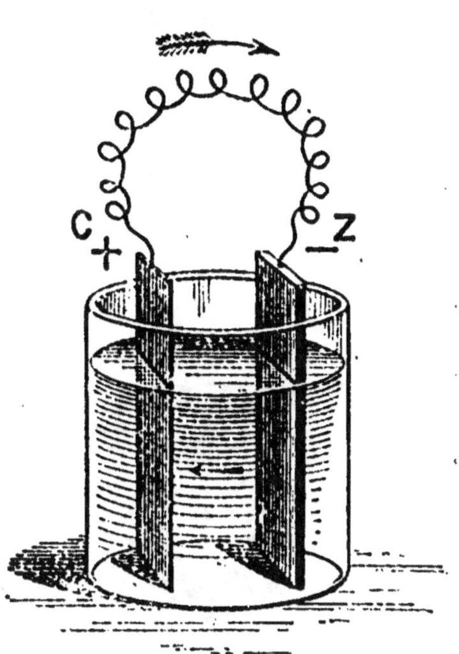

Fɪɢ. 170.
Pile électrique.

PILES ÉLECTRIQUES

172. Piles. — Les *piles* sont des appareils qui servent à
produire de l'électricité par les *actions chimiques* que certains liquides exercent sur certains métaux, et à la transformer en *courants électriques continus.* Ce fut Volta qui
inventa la première pile, en 1800.

Les piles reposent sur le fait suivant, vérifié par l'expérience : *lorsqu'un liquide exerce une action chimique sur*

un métal, il se développe une force, appelée force électro-motrice, en vertu de laquelle le liquide s'électrise positive-ment et le métal négativement.

Soit un vase de verre renfermant de l'eau additionnée d'un dixième environ d'acide sulfurique, et dans laquelle plongent deux lames, l'une de zinc, attaquable par l'acide, et l'autre de cuivre, servant à transmettre l'électricité

Fig. 171. — *Manière de reconnaître l'électricité des pôles d'une pile.*

du liquide. Cette disposition constitue un élément de pile des plus simples.

Une action chimique se produit entre l'acide sulfurique et le zinc, et il se développe de l'électricité qui se porte sur les deux lames métalliques ; mais ces lames ne se chargent pas également d'électricité.

On peut s'en rendre compte au moyen de l'électroscope condensateur de Volta. A cette fin, on met en communication pendant un instant les deux métaux avec les plateaux de l'appareil ; puis on coupe les communications et on lève le plateau supérieur. La charge du plateau inférieur se transmet à tout l'électroscope et les feuilles d'or divergent ; on reconnaît l'espèce d'électricité qu'il possède comme dans un électroscope ordinaire. Le plateau supérieur est aussi électrisé, mais en sens contraire. On peut aisément constater que la charge transmise par le zinc est négative, tandis que celle du cuivre est positive. Par suite, si l'on met en communication la lame de cuivre avec celle de zinc par un fil conducteur, il y aura une décharge électrique de la première à la seconde. Mais comme le zinc se trouve sans cesse en contact avec l'eau acidulée, il existera continuellement une différence entre les potentiels des deux métaux et la décharge électrique se vérifiera constamment ; en un mot, il passera un *courant électrique* par le fil conducteur.

Ce courant forme un circuit complet : à l'extérieur de la pile, il va du cuivre au zinc, et à l'intérieur, du zinc ou cuivre, le liquide servant de conducteur.

La lame de cuivre constitue le *pôle positif* de la pile, et la lame de zinc, le *pôle négatif*.

Le pôle positif se représente par le signe + et le pôle négatif par le signe —.

Il existe un grand nombre de piles. Le pôle positif y est généralement constitué par une lame en cuivre ou en charbon des cornues, terminée en ce cas par une monture métallique, et le pôle négatif par une lame ou une barre de zinc. Les fils conducteurs unis aux pôles sont les *réophores* de la pile.

178. Piles à courant constant. — La pile que nous venons de décrire a un grave défaut : elle n'est pas à courant constant, car presque aussitôt qu'elle est en activité elle s'affaiblit ; elle se *polarise*. Ce phénomène est dû à deux causes principales : d'abord, à la neutralisation d'une partie de l'acide sulfurique qui, au contact du zinc, se transforme en sulfate de zinc ; ensuite au dégagement de l'hydrogène qui se produit ; une partie de ce gaz se porte sur le cuivre et forme autour de lui une espèce de gaine qui empêche le contact du métal avec le liquide. Pour obvier à ce dernier inconvénient, on a inventé des piles dans lesquelles, un corps, liquide ou solide, appelé *dépolarisant*, absorbe l'hydrogène à mesure qu'il se dégage. Ces piles sont dites à *courant constant*, parce que leurs effets conservent pendant assez longtemps le même degré d'énergie. Les principales de ces piles sont les suivantes :

Pile de	Pôle positif	Pôle négatif	Liquide corrosif Solution de :	Corps dépolarisant
Bunsen	Charbon	Zinc	Acide sulfurique	Acide azotique
Daniell Callaud	Cuivre	Zinc	Acide sulfurique	Sulfate de cuivre
Grenet	Charbon	Zinc	Acide sulfurique	Bichromate de potassium
Leclanché	Charbon	Zinc	Chlorure d'ammonium	Bioxyde de manganèse

1° *Pile de Bunsen*. — Chaque élément de la pile de Bunsen se compose de quatre parties, qui sont, de l'extérieur à l'intérieur, un vase en terre ou en grès, un cylindre creux en zinc ouvert longitudinalement, un vase en terre poreuse et un prisme en charbon de cornues terminé par une partie en cuivre. Deux conducteurs partent, l'un du prisme de charbon et l'autre du zinc. Dans le vase extérieur, on met de l'eau acidulée et dans le vase en terre poreuse, de l'acide azotique ordinaire. Comme dans les piles à un seul liquide, l'eau acidulée attaque le zinc ; ce métal s'électrise négativement et le liquide, positivement. L'électricité du liquide est recueillie par le prisme de charbon, qui forme ainsi le pôle positif. L'hydrogène qui se produit, au lieu de se dégager, se porte sur l'acide azotique et le transforme en produits nitreux moins oxygénés. La pile de Bunsen a l'inconvénient de dégager des vapeurs nitreuses, parfois très gênantes pour l'opérateur.

2° *Pile de Daniell.* — La pile de Daniell est une des plus anciennes piles à courant constant. Chaque élément de cette pile se compose d'un vase de terre ou de grès dans lequel on place un

FIG. 172. — *Élément de la pile de Bunsen.*

cylindre de cuivre rouge, ouvert à ses deux extrémités et percé de trous latéralement. La partie supérieure de ce cylindre porte une rigole circulaire dont le fond est également percé de petits trous. Dans le cylindre de cuivre, on met un vase de terre poreuse, qui contient un cylindre de zinc ouvert à ses deux extrémités. Deux conducteurs sont fixés l'un au cylindre de cuivre et l'autre au cylindre de zinc.

Les liquides employés sont une dissolution de sulfate de cuivre, que l'on met dans le vase extérieur, et de l'eau acidulée, qui remplit le vase en terre poreuse. Le zinc est attaqué par l'eau acidulée et forme le pôle négatif. L'hydrogène produit dans cette réaction traverse les parois du vase poreux, se porte sur le sulfate de cuivre et le dé-

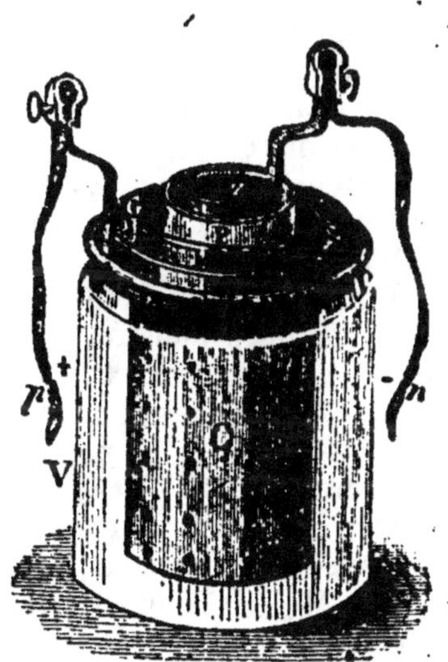

FIG. 173. — *Pile de Daniell.*

compose en acide sulfurique et en cuivre métallique ; celui-ci se porte sur le cylindre de cuivre de la pile. On place, dans la rigole circulaire qui surmonte le cylindre de cuivre, quelques cristaux de sulfate de cuivre, afin de maintenir saturée la dissolution de ce sel. Ces cristaux se dissolvent à mesure que la dissolution s'épuise.

3° *Pile de Callaud.* — La pile de *Callaud* est une modification de la pile de Daniell. Elle consiste en un vase en verre contenant deux liquides, superposés par leur ordre de densité. Celui du fond, plus lourd, est formé par une solution saturée de sulfate de cuivre contenant en outre un dépôt de ce sel. Dans ce liquide, se trouve plongé un morceau de cuivre auquel est soudé un conducteur du même métal et entouré de gutta-percha qui l'isole du liquide supérieur. L'autre liquide est formé par de l'eau acidulée avec de l'acide sulfurique et dans laquelle est immergé un cylindre de

Fic. 174.
Pile de Callaud.

zinc. Cette pile est très employée pour le télégraphe, à cause de la régularité avec laquelle elle fonctionne.

4° *Pile de Grenet.* — Les éléments de la pile de *Grenet*, ou de la pile au *bichromate de potassium*, se composent d'un flacon contenant une dissolution de bichromate de potassium additionnée d'un vingtième de son poids d'acide sulfurique. Dans cette dissolution, plonge une lame de zinc placée entre deux plaques de charbon des cornues, unies ensemble à la partie supérieure par une pièce métallique ; la lame de zinc peut être élevée ou abaissée à l'aide d'une tige, et l'élément ne fonctionne que lorsque le zinc est dans le liquide. Dans la pile de Grenet, comme dans les autres, le zinc forme le

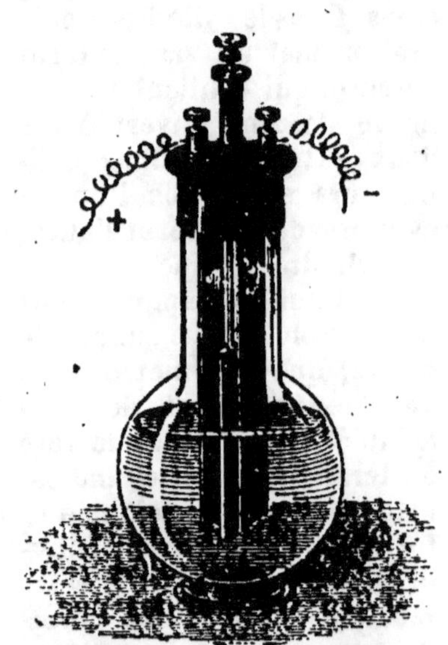

Fig. 175. — *Pile de Grenet.*

pôle négatif, et le charbon, terminé par une tige de cuivre, le pôle positif. Le bichromate de potassium absorbe l'hydrogène à mesure qu'il se dégage par l'action de la dissolution acidulée sur le zinc.

5° *Pile Leclanché*. — Chaque élément de la pile *Leclanché* se compose d'un vase en verre dans lequel se trouve une solution de chlorure d'ammonium et un prisme de charbon des cornues entouré de bioxyde de manganèse contenu dans un vase poreux ou formant deux blocs attachés autour de ce prisme. Une baguette de zinc plonge dans la dissolution de sel ammoniac et forme le pôle négatif de la pile, tandis que le charbon surmonté de sa garniture en cuivre constitue le pôle positif. Dans la pile Leclanché, le rôle du bioxyde de manganèse est encore d'absorber l'hydrogène à mesure qu'il se dégage par l'action du chlorure d'ammonium sur le zinc. La pile Leclanché, moins énergique que les précédentes, offre

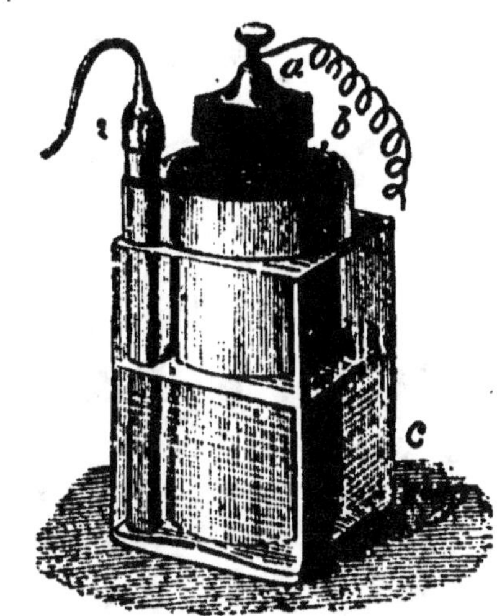

FIG. 176. — *Pile de Leclanché.*

l'avantage d'une longue durée ; elle peut fonctionner plusieurs mois sans qu'il soit nécessaire d'y apporter la moindre modification ; aussi l'emploie-t-on habituellement pour les téléphones et les sonneries électriques.

REMARQUE. — Dans toutes les piles décrites ci-dessus, on emploie du zinc *amalgamé*, c'est-à-dire du zinc à la surface duquel on a étendu un peu de mercure. Le zinc amalgamé résiste mieux aux acides que le zinc ordinaire ; de plus, il n'est attaqué que lorsque le circuit de la pile est fermé, c'est-à-dire lorsque les deux pôles sont en communication par des conducteurs.

174. Accouplement des éléments. — Considérée isolément, une pile forme un *élément*. On peut assembler plusieurs éléments dans le but d'obtenir des courants plus intenses. Pour cela, on les place les uns à la suite des autres. et on réunit la lame de zinc de l'un avec la lame de cuivre du suivant, de manière à ne laisser libre que la lame de cuivre du premier et la lame de zinc du dernier. Ces deux lames sont les deux pôles de la pile totale. En les réunissant par un fil conducteur, on ferme le circuit extérieur de la pile, circuit qui sera parcouru par un courant possédant une force électromotrice d'autant plus grande que la pile comptera plus d'éléments.

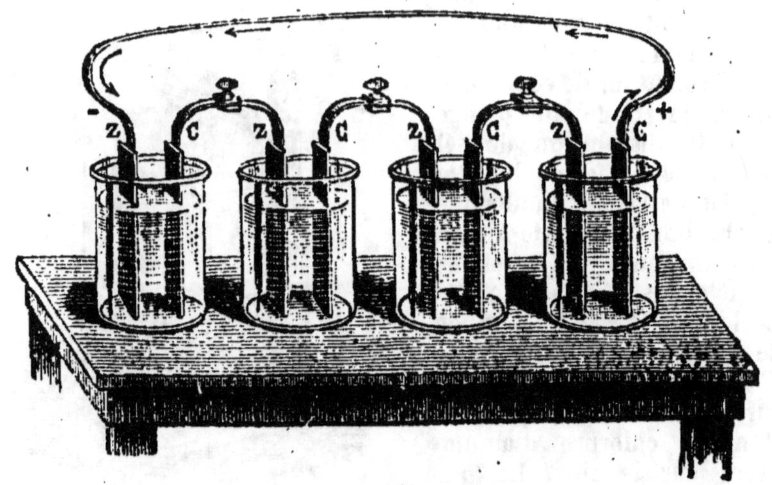

FIG. 177. — *Pile à plusieurs éléments.*

UNITÉS ÉLECTRIQUES

175. — On a vu que lorsqu'on réunit les deux pôles d'une pile par un fil conducteur, il s'établit immédiatement dans ce fil un courant électrique allant du pôle positif au pôle négatif. Dans ce courant, il y a trois choses à considérer : la *résistance* que le fil conducteur oppose à son passage, la *force électromotrice* du courant et son *intensité.*

Pour se faire une idée de ce que l'on entend par résistance du conducteur, par force électromotrice et par intensité du courant, il faut se reporter à l'expérience des deux réservoirs contenant un même

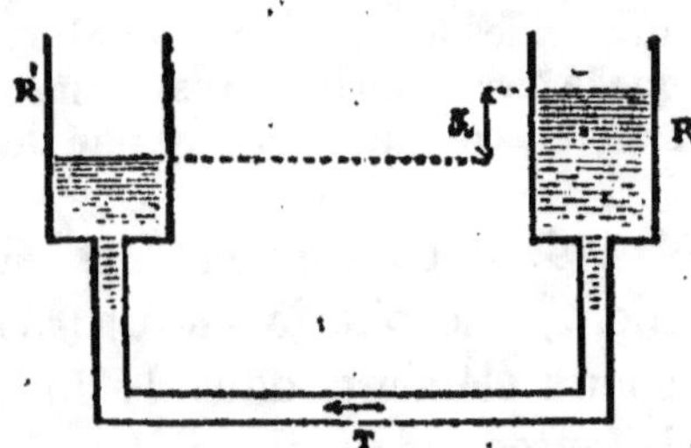

FIG. 178. — *Figure théorique pour l'explication des unités électriques.*

liquide à des niveaux différents. Lorsqu'on établit entre ces réservoirs une communication au moyen d'un tube, il se produit aussitôt dans ce tube un écoulement de liquide du réservoir où le niveau est le plus élevé vers l'autre réservoir. Cette transmission de liquide entre deux vases communiquants permet de se rendre compte de la transmission électrique entre les deux pôles d'une pile. En effet :

1° Plus le tube de communication sera long et mince, plus le liquide trouvera de difficulté à le traverser. La résistance que le tube de communication offre à l'écoulement du liquide représente la *résistance* que le fil conducteur oppose au passage du courant électrique produit par la pile.

2° La force avec laquelle le courant hydraulique se meut dans le tube de communication donne une idée de ce que l'on appelle *force électromotrice* du courant électrique ; la première est réglée par la différence des niveaux du liquide dans les deux vases communiquants, et la seconde, par la différence du potentiel des deux pôles de la pile.

3° Le débit du courant hydraulique, c'est-à-dire la quantité de liquide qui traverse en une seconde chaque section du tube, représente l'*intensité* du courant, laquelle n'est autre chose que la quantité d'électricité qui traverse à chaque seconde une section quelconque du circuit.

176. Unité de quantité. — Unité d'intensité. — Quand un courant électrique traverse de l'eau acidulée, il la décompose, comme nous le verrons au chapitre suivant, et une certaine quantité d'hydrogène est alors mise en liberté. L'expérience démontre que cette quantité est proportionnelle à celle d'électricité qui a traversé l'eau. Ce fait a permis d'établir pour l'électricité une *unité de quantité*, qui est le *coulomb* (1).

Le coulomb est la quantité d'électricité nécessaire pour mettre en liberté 1/96600 de gramme d'hydrogène.

Mais, pour avoir une idée de la grandeur d'un courant, il est nécessaire de savoir combien de coulombs d'électricité il fournit pendant un temps déterminé ; c'est pour cela que l'on a admis, dans la pratique, une unité qui

---

(1) Les noms des unités électriques sont formés de ceux de *Coulomb* et d'*Ampère*, physiciens français, d'*Ohm*, physicien allemand, et de *Watt*, ingénieur écossais.

exprime l'*intensité* du courant électrique, ou soit son débit par seconde. Cette unité est l'*ampère*.

Un ampère est l'intensité d'un courant qui fournit un coulomb d'électricité par seconde. Ainsi, un courant de 2, 3, 5 ampères fournit 2, 3, 5 coulombs par seconde.

177. Unité de résistance. — L'unité adoptée pour mesurer la résistance des fils conducteurs est appelée *ohm*.

L'ohm est la résistance qu'oppose au passage du courant électrique une colonne de mercure de 1 millimètre carré de section à 0°, et de 1 m. 06 de longueur. On construit un conducteur de 1 ohm de résistance en remplissant de mercure un tube de verre de 106^{cm} de longueur et de 1mm² de section. Ce tube, replié plusieurs fois sur lui-même, est enfermé dans un récipient, ce qui permet de l'entourer de glace fondante, afin de mettre le mercure à la température de 0°. On a ainsi l'*ohm légal*.

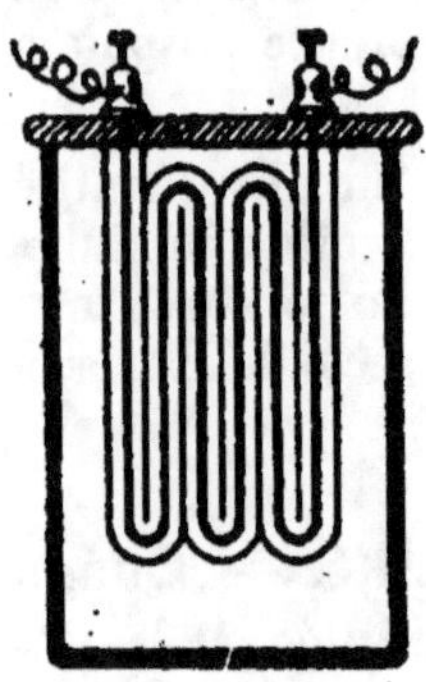

Fig. 179.
Ohm légal.

La résistance qu'un conducteur oppose au passage du courant électrique varie avec sa *longueur*, son *diamètre* et sa *nature.* Elle est soumise aux lois suivantes :

1° *La résistance est proportionnelle à la longueur du fil,* c'est-à-dire qu'un fil *trois fois plus long* qu'un autre de même diamètre et de même nature offre *trois fois plus de résistance* au passage du courant électrique que ce dernier.

2° *La résistance est inversement proportionnelle à la section du fil,* c'est-à-dire qu'un fil de 3 *millimètres carrés* de section offre *trois fois moins de résistance* au courant électrique qu'un autre de même longueur et de même nature, n'ayant qu'un *millimètre carré* de section.

3° *La résistance est proportionnelle au coefficient de résistance de la matière qui compose ce fil.* On appelle *coefficient de résistance* la résistance que présente un conducteur ayant une unité de longueur et une unité de section. Ainsi, en supposant la longueur de 1 *mètre* et la section de 1mm², ce coeffcient est :

Pour le cuivre :	0 ohm 016.
Pour le fer	0 ohm 107.
Pour le mercure	0 ohm 940.
Pour le charbon des cornues. .	703 ohms.

PROBLÈME. — *Calculer la résistance d'un fil télégraphique en fer qui aurait 15 Km (15.000 m.) de longueur et 10 mm² de section.*

Un fil de fer de 1 mètre de longueur et 1mm² de section aurait une résistance de 0 ohm 107. La résistance d'un fil 15.000 fois plus long serait de $0,107 \times 15.000 = 1.605$ ohms. Mais sa section étant 10 fois plus grande, sa résistance sera 10 fois moindre, ou soit $1.605 : 10 = 160$ ohms 5.

178. Unité de force électromotrice. — La force électromotrice d'un courant s'évalue en *volts*. On pourrait mesurer la force électromotrice d'un générateur électrique, celle d'une pile par exemple, par la différence de potentiel qui existe entre ses pôles. Il suffirait à cette fin de mettre ceux-ci en communication avec un électroscope gradué et suffisamment sensible. L'un donnerait — m volts, et l'autre + n volts ; la différence serait évidemment : $m+n$ volts, et ces volts représenteraient la force électromotrice du courant produit par ce générateur, car cette force se mesure par la différence de potentiel. Mais dans la pratique, on la mesure au moyen d'un *voltmètre* (193, 2°).

On peut considérer comme *unité de force électromotrice*, celle d'un *élément de Daniell*, qui est presque exactement de 1 volt.

170. Puissance d'un courant électrique. — On mesure la puissance d'une chute d'eau en multipliant sa hauteur par le nombre de litres qu'elle fournit par seconde (41). Pour déterminer la puissance d'un courant électrique on procède d'une manière analogue : on multiplie la *force électromotrice* par l'*intensité ;* le produit s'évalue en *watts.*

Le watt est le travail de 1 joule par seconde. Il équivaut à 1/736 du cheval-vapeur.

PROBLÈME. — *Combien de chevaux-vapeur peut produire un courant électrique de 220 volts et 80 ampères?*

$220 \times 80 = 17.600$ watts.

$17.600 : 736 = $ **24 HP** environ.

REMARQUE. — L'électricité ne se vend pas par *coulombs.* Cette unité, qui serait peu pratique, est remplacée par l'*hecto-watt-heure* (HW-H) et le *kilowatt-heure* (KW-H), qui représentent la quantité d'électricité fournie pendant une heure par un courant de 100 ou de 1.000 watts.

C'est en hectowatts-heure et en kilowatts-heure que les *comp-teurs électriques* indiquent la quantité d'électricité consommée par les particuliers pour l'éclairage ou pour la force motrice.

PROBLÈMES.— 1. *Un particulier a besoin, pour son éclairage, d'un courant fournissant 80 watts. En supposant que ce courant fonctionne régulièrement chaque jour pendant 5 heures, quelle sera la dépense après un mois de 30 jours, à raison de 0 fr. 10 l'hectowatt-heure?*

Le courant a fonctionné pendant : $5 \times 30 = 150$ heures.

La quantité d'électricité consommée a été :

$150 \times 80 = 12.000$ watts-heure, ou soit, 120 HW-H.

La dépense sera : $120 \times 0,10 = $ **12 francs.**

2. *On emploie un courant électrique pour actionner un moteur de 3 HP. Quel est le prix de ce courant par heure si le kilowatt-heure coûte 0 fr. 25?*

Nombre de watts-heure : $3 \times 736 = 2.208$.

2.208 W-H $= 2$ KW-H 208.

Le coût, par heure sera : $2,208 \times 0,25 = $ **0 fr. 55.**

180. Loi d'Ohm. — Entre l'intensité, la résistance et la force électromotrice d'un courant, il existe un rapport très simple, qui a été formulé par le physicien Ohm : *L'intensité d'un courant est égale au quotient de la force électromotrice par la résistance du circuit.*

En représentant l'intensité par I, la force électromotrice par E et la résistance par R, on a donc :

$$I = \frac{E}{R}$$

De cette formule, on déduit les deux suivantes :

$$E = IR \; ; \; R = \frac{E}{I}$$

PROBLÈMES. — 1. *Quelle est l'intensité d'un courant fourni par une source qui a une force électromotrice de 5 volts, si le circuit total a une résistance de 2 ohms?*

$$I = \frac{E}{R} = \frac{5}{2} = 2 \text{ ampères } 5.$$

2. *Quelle est la force électromotrice d'une source électrique qui fournit un courant de 10 ampères, avec un conducteur d'une résistance de 5 ohms?*

$$E = IR = 10 \times 5 = 50 \text{ volts.}$$

3. *Un courant qui est fourni par une force électromotrice de 8 volts possède une intensité de 2 ampères. Quelle est la résistance du circuit?*

$$R = \frac{E}{I} = \frac{8}{2} = 4 \text{ ohms.}$$

181. Constantes d'un élément de pile. — L'intensité du courant produit par un élément de pile varie, d'après la loi d'Ohm, avec sa force électromotrice et la résistance du circuit. Ces deux données constituent les *constantes* de la pile.

La force électromotrice d'une pile dépend uniquement de la nature des deux pôles et du liquide, sans que les dimensions y influent. Elle est donc toujours la même pour un type déterminé de pile.

La résistance comprend deux parties : la *résistance extérieure* formée par le fil conducteur qui unit les pôles de l'élément, et la *résistance intérieure*, constituée par la partie du liquide qui sépare les pôles de l'élément, et que le courant doit traverser. Cette donnée n'est pas à négliger en général dans les calculs, car les liquides, sauf le mercure, possèdent un coefficient de résistance très élevé ; ainsi celui d'une solution saturée de sulfate de cuivre est d'environ 300.000 ohms. Aussi, quoique deux piles, l'une grande et l'autre petite, construites sur le même type, aient une force électromotrice égale, la première a l'avantage de présenter au courant un chemin plus large à l'intérieur du liquide. Sa résistance intérieure étant ainsi amoindrie, l'intensité du courant y gagne d'autant plus d'après la loi d'Ohm.

Voici quelques données approximatives sur les constantes des piles étudiées précédemment :

PILES	FORCE ÉLECTROMOTRICE	RÉSISTANCE INTÉRIEURE
Bunsen et Grenet	2 volts	quelques centièmes d'ohm
Daniell et Callaud	1 volt	de 1 à 2 ohms
Leclanché	1 volt,5	très variable

PROBLÈME. — *Quelle est l'intensité de courant produit par un élément de Grenet, en supposant la résistance intérieure de 0 ohm 25, et la résistance extérieure de 2 ohms 25?*

D'après la loi d'Ohm, on a :

$$I = \frac{E}{R} = \frac{2}{0,25 + 2,25} = 0 \text{ amp. } 8.$$

182. Accouplement des éléments d'une pile. — Les éléments d'une pile peuvent être unis *en série* ou *en quantité*.

1° *En série*. — L'accouplement en série consiste à unir le pôle positif d'un élément au pôle négatif du suivant (fig. 177). En ce cas, la force électromotrice totale est égale à la somme des forces électromotrices des éléments. En effet, dans le premier élément, cette force développera entre les deux pôles une différence de potentiel que nous désignerons par v ; si nous supposons le premier pôle négatif, ou soit le premier zinc, uni au sol, son potentiel sera 0, et celui du pôle positif montera par conséquent à v. Dans le deuxième élément, il existera, pour la même raison, une différence de potentiel v entre ses pôles ; mais comme son pôle négatif sera en communication avec le pôle positif du premier élément, il possédera déjà le potentiel v ; celui du pôle positif sera par conséquent $2 v$; ainsi de suite. Si le nombre des éléments est n, la force électromotrice de la pile sera donc $n \times v$.

La résistance intérieure de la pile sera aussi égale à la somme des résistances des éléments, car le courant doit tous les traverser successivement. Si nous désignons la résistance de l'un d'eux par r, celle de la pile sera $r \times n$. Cela compris, le calcul de l'intensité d'une pile en série est facile à réaliser.

PROBLÈME. — *Calculer l'intensité d'une pile de six éléments Leclanché en série, la résistance extérieure étant de 8 ohms, et la résistance intérieure de chaque élément, de 2 ohms.*

La formule d'Ohm donne :

$$I = \frac{E}{R} = \frac{6 \times 1,5}{6 \times 2 + 8} = \frac{9}{20} = 0 \text{ amp. } 45.$$

Si l'on désigne la résistance extérieure par r', on aura, en général :

$$I = \frac{e \times n}{r \times n + r'} \tag{1}$$

2° *En quantité.* — L'accouplement en quantité se fait en unissant directement tous les pôles positifs à l'une des extrémités du circuit extérieur, et les pôles négatifs à l'autre extrémité.

En ce cas, la force électromotrice de la pile est égale à celle d'un seul élément, car les pôles de même nom étant tous au même potentiel, leur union ne modifie en rien ce potentiel; mais le courant électrique passera à la fois par tous les éléments, ce qui rendra la résistance intérieure autant de fois moindre qu'il y a d'éléments.

Donc, dans l'accouplement en quantité, si la force électromotrice d'un élément est v, celle de la pile sera aussi v. Si la résistance intérieure d'un élément est r, celle d'une pile de n éléments sera $\dfrac{r}{n}$.

PROBLÈME. — *Résoudre le problème précédent, en supposant les éléments accouplés en quantité.*

$$I = \frac{1,5}{\dfrac{2+8}{6}} = \frac{1,5}{8,33} = 0 \text{ amp. } 18,$$

ou soit, en général :

$$I = \frac{e}{\dfrac{r+r'}{n}} \tag{2}$$

REMARQUE. — En supposant la résistance extérieure très grande et la résistance intérieure négligeable, les formules (1) et (2) se réduisent à :

$$I = \frac{e \times n}{r'} \text{ et } I = \frac{e}{r'}$$

L'accouplement en série est préférable en ce cas, car il donne plus d'ampères.

Si l'on suppose le contraire, ces formules deviendront :

$$I = \frac{e \times n}{r \times n}, \text{ ou soit : } I = \frac{e}{r} \text{ et } I = \frac{e}{\frac{r}{n}}, \text{ ou soit } I = \frac{e \times n}{r}$$

C'est la seconde formule qui donne alors plus d'intensité.

Donc, *lorsque la résistance extérieure est très grande, il est préférable d'accoupler les éléments en série. Si, au contraire, elle est négligeable, il convient de les accoupler en quantité.*

RÉSUMÉ

Les *aimants* sont des substances qui ont la propriété d'attirer le fer, l'acier et quelques autres métaux. On les divise en *aimants naturels* et en *aimants artificiels*. On distingue dans un aimant les *deux pôles* et la *ligne neutre*.

L'aiguille aimantée placée sur un pivot prend d'elle-même la direction du nord. On a donné le nom de *pôle nord* à l'extrémité de l'aiguille qui se dirige vers le nord, et celui de *pôle sud* à celle qui se dirige vers le sud.

La *déclinaison* d'un lieu est l'angle que forme le méridien magnétique de ce lieu avec le méridien terrestre. L'*inclinaison* d'un lieu est donnée par le plus petit des deux angles que forme avec l'horizontale une aiguille aimantée mobile autour d'un axe passant par son centre de gravité. La déclinaison et l'inclinaison se mesurent à l'aide des *boussoles*.

Un aimant engendre un *champ magnétique*, dans lequel il existe des *lignes de force* qui forment un *flux*. On attribue à ce flux le sens *nord-sud* à l'extérieur de l'aimant, et le sens *sud-nord* à l'intérieur.

Un aimant peut se fractionner en plusieurs morceaux qui forment autant d'aimants, chacun avec ses pôles *nord* et *sud*.

Le fer doux, c'est-à-dire le fer pur, s'aimante par le simple contact avec un aimant, et ne conserve pas sa propriété magnétique lorsqu'il est séparé de l'aimant. L'acier s'aimante plus difficilement que le fer, mais il conserve son aimantation pendant très longtemps.

On aimante l'acier en le frottant avec des aimants.

Les *piles* sont des appareils destinés à développer des courants électriques.

Les piles les plus employées sont celles de *Bunsen*, de *Daniell*, de *Callaud*, de *Grenet* et de *Leclanché*.

Dans toutes les piles il y a du zinc attaqué par un acide ; le zinc forme le *pôle négatif* de la pile. Le *pôle positif* est constitué par du cuivre ou du charbon des cornues.

Dans les piles, il y a toujours production d'*hydrogène*. Les piles à courant constant renferment un corps capable d'absorber ce gaz à mesure qu'il se dégage.

En faisant communiquer les deux pôles d'une pile par un fil conducteur, il s'établit dans ce fil un courant d'*électricité* allant du pôle positif au pôle négatif.

Considérée isolément, une pile forme un *élément ;* plusieurs éléments peuvent être accouplés pour constituer une pile plus puissante.

Dans un courant électrique, il y a trois choses à considérer : la *résistance* que le fil conducteur oppose à son passage, sa *force électromotrice* et son *intensité.*

L'unité d'*intensité* est l'ampère. *L'ampère est l'intensité d'un courant qui fournit un coulomb d'électricité par seconde,*ou soit, qui peut mettre en liberté 1/96600 de gramme d'hydrogène par seconde.

L'unité adoptée pour mesurer la résistance des courants est appelée *ohm ;* c'est la résistance qu'oppose une *colonne de mercure de 1 millimètre carré de section et 1^m06 de longueur.*

La résistance d'un conducteur varie avec sa *longueur,* sa *grosseur* et sa *nature.*

L'unité employée pour mesurer la force électromotrice des courants est le *volt,* qui *est celle du courant donné par un élément de la pile Daniell.*

On mesure la *puissance* d'un courant électrique en multipliant la *force électromotrice* par l'*intensité.* Le produit s'évalue en *watts.* Un *watt* est le 1/736 d'un cheval-vapeur.

La quantité d'électricité s'évalue, dans le commerce, en *hectowatts-heure* et en *kilowatts-heure.*

Loi d'Ohm : L'intensité d'un courant est égale au quotient de la *force électromotrice* par la *résistance* $\left(I = \dfrac{E}{R} \right).$

Les éléments d'une pile peuvent être unis en *série* ou en *quantité.*

CHAPITRE XIII

PRINCIPAUX EFFETS DES COURANTS ÉLECTRIQUES

EFFETS CHIMIQUES

183. Plusieurs substances, lorsqu'elles sont fondues ou dissoutes dans l'eau, peuvent être décomposées par le courant électrique ; ce sont principalement les *acides,* les

bases et les *sels*. Des éléments qui les constituent, les uns (l'hydrogène et les métaux) sont attirés par le pôle négatif, ce qui fait supposer qu'ils sont chargés d'électricité positive, et on les appelle, pour cette raison, *électro-positifs*. Les autres éléments, les *électro-négatifs*, sont attirés par le pôle positif.

Les corps susceptibles d'être décomposés par le courant électrique sont des *électrolytes* ; leur décomposition par le courant est une *électrolyse*.

L'eau par elle-même ne constitue pas un électrolyte ; mais si elle est acidulée elle se décompose en vertu d'actions secondaires de l'acide qui lui est uni.

184. Lois de l'électrolyse. — L'électrolyse se vérifie d'après les deux lois suivantes :

1re *Loi : Chaque électrolyte absorbe, pour se décomposer, une force électromotrice déterminée.* Ainsi l'eau absorbe 1 volt 5, le sulfate de cuivre 1 volt 2, le sel marin 4 volts 5. Ce phénomène est dû à ce que la décomposition d'un corps ne se vérifie que par l'absorption d'une certaine quantité de chaleur, qu'il prend du courant électrique aux dépens de sa force électromotrice. On déduit de là que le courant de la pile, pour produire son effet, doit posséder une force électromotrice supérieure à celle qu'absorbe l'électrolyte ; sans cette condition, la décomposition de celui-ci ne se vérifierait pas. Ainsi, un élément Leclanché seul ne pourrait pas décomposer l'eau ; il en faudrait au moins deux en série. De là aussi une donnée à tenir en compte dans le calcul de l'intensité d'un courant destiné à l'électrolyse.

PROBLÈME. — *Quelle est l'intensité d'un courant que l'on emploie à décomposer l'eau dans un voltamètre, sachant que la force électromotrice de la pile est de 5 volts, et que la résistance totale* (résistance du circuit, plus les résistances intérieures de la pile et du voltamètre) *est de 8 ohms?*
La force électromotrice absorbée étant de 1 volt 5, la force électromotrice *efficace* sera : 5 — 1,5 = 3 volts 5.

La loi d'Ohm donne :

$$I = \frac{3,5}{8} = 0 \text{ amp. } 44.$$

*2e Loi : Une quantité déterminée d'électricité met en liberté un poids toujours égal du même corps. Un cou-*lomb, par exemple, met en liberté $\frac{1}{96600}$ de gramme d'hy-drogène, $\frac{108}{96600}$ de gramme d'argent, $\frac{31,5}{96600}$ de gramme de cuivre dans les sels cuivriques, etc.

PROBLÈME. — *Un courant de 3 ampères circule pendant une minute dans une solution de sulfate de cuivre. Combien de cuivre déposera-t-il sur le pôle négatif?*
3 ampères pendant 60 secondes équivalent à :

$$3 \times 60 = 180 \text{ coulombs.}$$

Le poids du cuivre déposé sera : $180 \times \frac{31,5}{96600} = 0 \text{ gr. } 059.$

185. Pratique et applications de l'électrolyse.

1° *Décomposition de l'eau.* — L'eau est formée par la combi-naison de deux gaz, l'hydrogène et l'oxygène ; elle se compose de deux volumes du premier pour un du second. Or, si l'on fait passer un courant électrique dans de l'eau, cette eau est décom-posée en ses deux éléments. L'appareil dont on se sert pour faire cette expérience est appelé *voltamètre*. Il consiste en un vase au fond duquel sont fixés deux fils de platine isolés l'un de l'au-tre, appelés *électrodes*, que l'on met en communication avec les réophores d'une pile. Dans le vase, on met de l'eau légèrement acidulée avec de l'acide sulfurique, et on place sur chacune des électrodes une petite éprouvette pleine du même liquide. Aussitôt que le courant est établi, on voit des bulles gazeuses se dégager sur toute la surface des fils de platine et gagner le haut des éprouvettes. Le gaz qui se dégage au pôle positif ou *anode* est de l'oxygène, et celui qui se dégage au pôle négatif ou *cathode*, de l'hydrogène. Pendant toute la durée de l'expérience, on cons-tate que le volume de l'oxygène dégagé n'est que la moitié de celui de l'hydrogène.

2° *Décomposition des sels.* — Tous les sels (1) à l'état de dissolu-tion, sont décomposés par la pile : l'acide se porte au pôle positif

____

(1) Les sels ont formés par la combinaison d'un acide avec un métal.

et le métal au pôle négatif. C'est cette propriété des courants électriques qui a donné naissance à la *galvanoplastie*, à la *dorure*,
à l'*argenture* et au *nickelage galvaniques*.

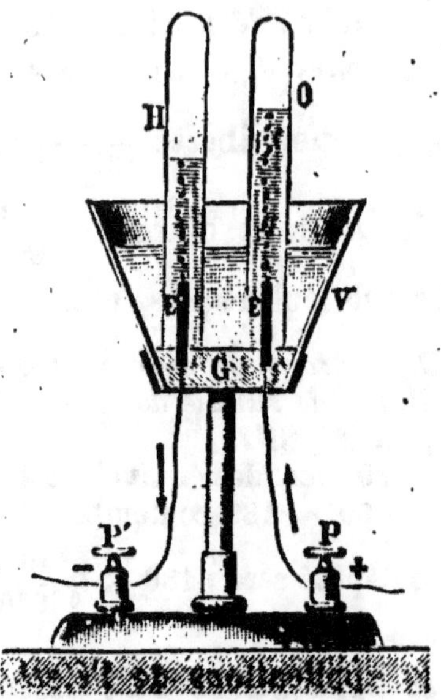

Fig. 180. — *Décomposition de l'eau dans le voltamètre.*

Le bouton P est en en communication avec le pôle positif (charbon
ou cuivre) d'une pile. A l'électrode correspondante il se dégage de
l'*oxygène*.
Le bouton P' communique avec le pôle négatif (zinc) de la même
pile. A l'électrode correspondante il se dégage de l'*hydrogène*.

3° *Cuivrage, dorure, argenture, nickelage.* — Pour *cuivrer* les
objets, on les plonge dans une solution de sulfate de cuivre et
on les met en communication avec le pôle négatif d'une pile ;
si ces objets ne sont pas métalliques, on les rend conducteurs
en les recouvrant préalablement d'une mince couche de plombagine que l'on applique à l'aide d'une brosse très fine. Dans la solution, on plonge également une lame de cuivre que l'on fait communiquer avec le pôle positif de la pile. Aussitôt que le courant
est établi, le sulfate de cuivre, dont la formule chimique est SO^4Cu,
se décompose en deux *ions*, SO^4 et Cu (cuivre). Le premier se porte
au pôle positif et s'unit à la lame de cuivre pour former une nouvelle quantité de sulfate de cuivre ; le second, qui est du cuivre
pur, se transporte au pôle négatif et se dépose sur les objets qui
y sont suspendus.
Ce procédé permet de recouvrir d'une couche métallique des
animaux et des plantes, sans altérer en rien leur forme et la

délicatesse de leurs organes, et de les conserver ainsi indéfinement il permet aussi de donner à des objets fragiles, en verre, en terre, en cire, une solidité plus grande, grâce à la couche de cuivre dont on peut les revêtir.

Les procédés *de dorure*, d'*argenture* et de *nickelage* ne diffèrent de celui décrit précédemment pour le cuivrage que par la dissolution à employer : pour dorer, on se sert généralement d'une dissolution composée de 100 parties d'eau, de 10 parties de cyanure de potassium et de cinq parties de cyanure d'or ; lorsqu'on veut argenter, on remplace le cyanure d'or par le cyanure d'argent, et pour nickeler, on fait usage du sulfate double de nickel et d'ammonium.

FIG. 181. — *Appareil servant à la galvanoplastie.*

4° *Galvanoplastie.* — La galvanoplastie a pour but la reproduction en cuivre de certains objets, tels que des médailles, des bas-reliefs, des planches de gravures sur bois, etc. Pour cela, on se procure d'abord un moule en creux de l'objet à reproduire ; on obtient ce moule en appliquant sur la face dudit objet de la gutta-percha ramollie par la chaleur et que l'on presse très fortement. On détache ensuite le moule de l'objet, on couvre sa partie intérieure de plombagine et on le plonge dans un bain galvanique au sulfate de cuivre ; on l'en retire lorsque la couche métallique déposée sur la plombagine a atteint une épaisseur suffisante. En détachant cette couche métallique du moule on a une exacte reproduction de l'objet original.

Par une modification dans la manière d'opérer, on applique la galvanoplastie à la reproduction des bustes, des statues, des ornements d'architecture, etc. ; les statues de cinq mètres de hauteur qui ornent le grand Opéra de Paris, ont été obtenues par la galvanoplastie. La typographie reçoit de la galvanoplastie un concours très important, qui permet de ne plus employer directement les planches de gravures sur bois pour le tirage des ouvrages illustrés, mais des *clichés* métalliques, obtenus comme il a été dit précédemment ; il en résulte une économie considérable, car une planche gravée sur bois peut servir à la fabrication d'un nombre illimité de clichés pouvant donner chacun près de 100,000 exemplaires, tandis qu'autrefois, la planche originale devait être refaite par l'artiste lui-même après un tirage de quelques milliers d'épreuves.

L'électrolyse joue un grand rôle dans la métallurgie. On l'emploie pour la séparation et l'affinage des métaux, comme le cuivre, l'aluminium, le zinc, l'argent, etc.

186. Accumulateurs. — L'électrolyse de l'eau au moyen d'un voltamètre à électrodes de plomb, recouvert d'oxyde de plomb (1), présente un phénomène particulier. L'oxygène et l'hydrogène ne se dégagent pas au commencement de l'opération ; le premier se transporte à l'anode et s'y unit à l'oxyde de plomb pour l'oxyder encore davantage, et le second va à la cathode où il s'empare de l'oxygène contenu dans l'oxyde et laisse le métal seul. Si au moment où les gaz commencent à se dégager on supprime la pile et que l'on ferme simplement sur lui-même le circuit du voltamètre, il se produit un courant, appelé *secondaire*, qui fournit une quantité d'électricité presque égale à celle qu'avait absorbée l'appareil, phénomène dû à la recombinaison de l'oxygène et de l'hydrogène pour former de nouveau de l'eau. Tel est le principe des accumulateurs.

Les accumulateurs se fabriquent au moyen de lames de plomb présentant des concavités que l'on remplit d'une pâte d'oxyde de plomb. Ces lames sont plongées dans de l'eau acidulée avec de l'acide sulfurique. Lorsqu'on les met en communication avec les pôles d'une pile, ils se *chargent ;* on reconnaît qu'ils sont chargés lorsque les gaz s'échappent du liquide. Ils peuvent alors produire le courant secondaire.

On accouple les accumulateurs comme les piles. On les emploie pour l'éclairage des trains, pour faire fonctionner l'hélice des sous-marins, pour emmagasiner des courants que l'on utilise ensuite en temps opportun, etc.

———————

(1) L'oxyde de plomb est un composé d'oxygène et de plomb.

EFFETS CALORIFIQUES ET LUMINEUX

187. La loi d'Ohm nous montre que l'intensité d'un courant diminue d'autant plus que la résistance du circuit est plus grande. Or, quel que soit le phénomène que l'on considère, l'énergie ne se perd jamais ; elle se transforme seulement. Ainsi, dans le cas présent, l'intensité perdue se transforme en *chaleur*. En effet, lorsqu'un courant électrique passe par un fil présentant beaucoup de résistance, ce fil se chauffe au point de devenir souvent incandescent et même de se fondre.

C'est encore Joule qui a calculé la loi de la caléfaction des conducteurs. Il l'a exprimée par la formule suivante, où C représente le nombre de petites calories produites par le courant, et *t* le temps qu'il a duré, exprimé en secondes :

$$C = 0,24 \times R \times I^2 \times t.$$

PROBLÈME. — *Calculer la chaleur développée par un courant de 2 ampères circulant pendant 5 minutes (300") dans un circuit de 120 ohms de résistance.*

$$C = 0,24 \times 120 \times 2^2 \times 300 = 84.560 \text{ petites calories.}$$

La chaleur produite par les courants électriques a sa principale application dans l'*éclairage électrique*. On se sert pour cela de l'arc voltaïque et de *lampes à incandescence*.

188. Arc voltaïque. — Lorsqu'on met en contact deux tiges de charbon fixées à des montures métalliques communiquant, par des fils conducteurs, avec les pôles d'une dynamo ou d'une pile d'au moins 45 *volts*, les pointes de charbon rougissent ; et, si le courant est assez intense, on peut les écarter légèrement sans que le courant cesse de passer. Les extrémités du charbon, surtout celle du charbon positif, brillent alors d'une belle couleur blanche et entre elles jaillit une lumière violacée qui, lorsque ces extrémités se trouvent sur une même ligne horizontale, prend la forme d'un arc, ce qui a fait donner à ce phénomène lumineux le nom d'*arc voltaïque*. On constate en même temps que le charbon positif se creuse et diminue de longueur, tandis que le charbon négatif s'allonge et se couvre de bourgeons, ce qui prouve que des parcelles de charbon sont sans cesse transportées du pôle positif au pôle négatif, en formant comme un conducteur par lequel le courant continue à passer, conducteur qui présente une grande résistance.

A mesure que les charbons s'usent, leur écartement augmente, et lorsque cet écartement a atteint une cer-

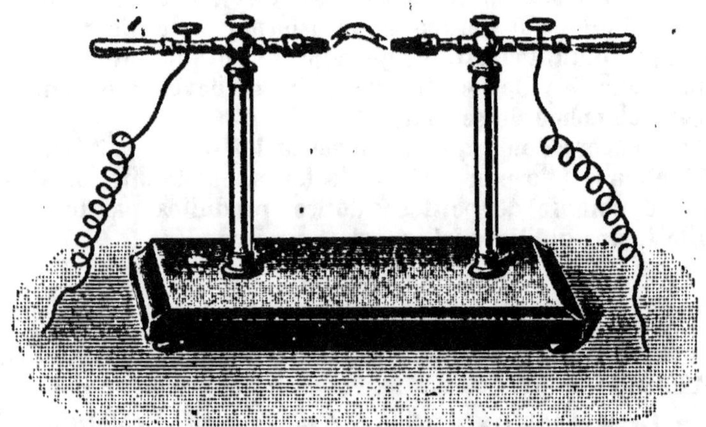

FIG. 182. — *Arc voltaïque.*

taine limite, le courant ne peut plus passer et l'arc s'éteint. Pour appliquer l'arc voltaïque à l'éclairage, il a donc fallu avoir recours à des appareils qui maintiennent les charbons à une distance à peu près constante ; ces appareils nommés *régulateurs*, sont actionnés par le courant électrique lui-même.

REMARQUE. — On applique l'arc voltaïque dans le *four électrique*, qui est formé d'un creuset où vont aboutir les extrémités des charbons. La température qui s'y produit peut arriver à 4.500°. A cette température, les substances les plus réfractaires, le quartz, le corindon, la chaux, etc. se fondent rapidement et même le charbon se ramollit. Aussi, le four électrique a-t-il de nombreuses applications en métallurgie.

189. Lampes à incandescence. — Les lampes à incandescence se composent d'un filament métallique (d'osmium, de tungstène, de tantale, etc.), ou d'un filament de charbon très fin, enfermé dans une ampoule de verre où l'on a fait le vide aussi parfaitement que possible ; ce filament est fixé à deux fils de platine qui traversent la base de la lampe et qui peuvent être mis en communication avec un conducteur électrique.

Il suffit de faire passer un courant suffisamment intense dans le filament pour le porter à l'incandescence. Il se produit une lumière blanche très éclairante. Le filament ne se consume pas parce qu'il est dans le vide ; dans l'air, il serait brûlé en quelques instants.

La *lampe d'Edison* a été jusquelà une des plus employées ; son fil de charbon, aussi délié qu'un cheveu, est obtenu en carbonisant en vase clos les fibres d'une espèce de bambou très

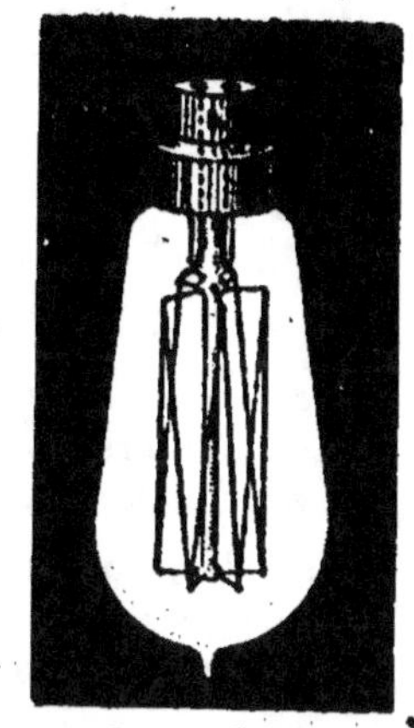

Fig. 183. — *Lampe à incandescence à filament métallique.*

commun au Japon. Ces filaments se rompent, après un certain temps d'usage ; toutefois, une lampe bien construite peut servir en moyenne pendant 1.000 *heures*. Présentement, on a recours de préférence aux lampes à filament métallique, parce que, pour un même éclairage, elles absorbent une quantité moins grande d'énergie électrique que les lampes à filament de charbon ; elles ont le défaut d'être plus fragiles que ces dernières et d'un usage de moins longue durée.

L'unité dont on se sert généralement pour mesurer l'intensité de l'éclairage par l'électricité est la *bougie*. La *bougie* est le 1/20 du *violle*, ou soit de l'intensité lumineuse que produit normalement à sa surface 1 cm² de platine fondu, pendant sa solidification. La bougie équivaut à peu près à la lumière d'une bougie ordinaire.

La force électro-motrice des courants employés pour l'éclairage est parfois de 220 *volts* ; mais le plus souvent, on se sert de courants de 110 *volts* ; on emploie quelquefois un voltage bien inférieur, surtout avec les lampes à filament métallique.

Ces courants sont distribués dans les localités au moyen de deux câbles de cuivre qui en parcourent les parties principales ; l'un sert pour l'aller et l'autre pour le retour du courant. C'est à ces câbles que l'on relie les lampes à incandescence, soit directement, soit au moyen de conducteurs intermédiaires. La résistance de ces conducteurs étant négligeable, la différence de potentiel qui existe aux bornes des lampes est sensiblement égale à celle qui existe aux pôles de la machine électrique qui produit le courant.

Une lampe à filament métallique absorbe à peu près *un watt* par bougie, tandis qu'une lampe à filament de charbon en demande au moins *trois*. Un arc voltaïque consomme, en vase clos, de 2 à 3 watts par bougie, et à l'air libre de 0 w 25 à 0 w 60.

PROBLÈMES. — 1. *On a besoin, pour l'éclairage d'une maison, de :*

$$\begin{array}{ccc}
4 & \text{lampes de} & 5 \text{ bougies.} \\
12 & - & 16 \quad -- \\
2 & - & 50 \quad -
\end{array}$$

Quel est le coût de cet éclairage par heure, en supposant que toutes ces lampes fonctionnent ensemble, et qu'elles absorbent 1 watt 2 par bougie? Prix de l'hectowatt-heure : 0 fr. 08.

Nombre de bougies : $4 \times 5 + 12 \times 16 + 2 \times 50 = 312$.
Nombre de watts absorbés : $312 \times 1,2 = 374,4 = 3$ HW 744.
Prix, par heure : $3,744 \times 0,08 = 0$ fr. 30.

2. *Calculer :* 1° *l'intensité du courant circulant par une lampe à filament de tantale de 25 bougies, absorbant 1 watt 6 par bougie, la différence de potentiel aux bornes de la lampe étant de 110 volts ;* 2° *la résistance de ce filament.*

1° Puissance absorbée : $25 \times 1,6 = 40$ watts.
Le produit des volts par les ampères donne des watts (179) ; en divisant les watts par les volts, on aura des ampères. L'intensité sera donc : $\dfrac{40}{110} = 0$ amp. 36.

2° D'après la loi d'Ohm (180), on a :

$$R = \frac{E}{I} = \frac{110}{0,36} = 308 \text{ ohms.}$$

3. *Une usine est éclairée par 12 arcs voltaïques en vases clos, fonctionnant à 50 volts et 14 ampères. Quel est le prix de cet éclairage, et combien de bougies fournit-il? Puissance absorbée : 2 watts 4 par bougie. Prix du kilowatt-heure : 0 fr. 60.*

Puissance absorbée par un arc : $50 \times 14 = 700$ watts.
Puissance absorbée par les 12 arcs : $700 \times 12 = 8.400$ watts $= 8$ KW 4.
Prix de l'éclairage : $8,4 \times 0,60 = 5$ fr. 04 l'heure.
Éclairage produit : $8.400 : 2,4 = 3.500$ bougies.

EFFETS MAGNÉTIQUES

190. Expérience d'Œrsted. — Œrsted a remarqué le premier, en 1820, que si l'on fait passer un courant électrique parallèlement à une aiguille aimantée et près d'elle,

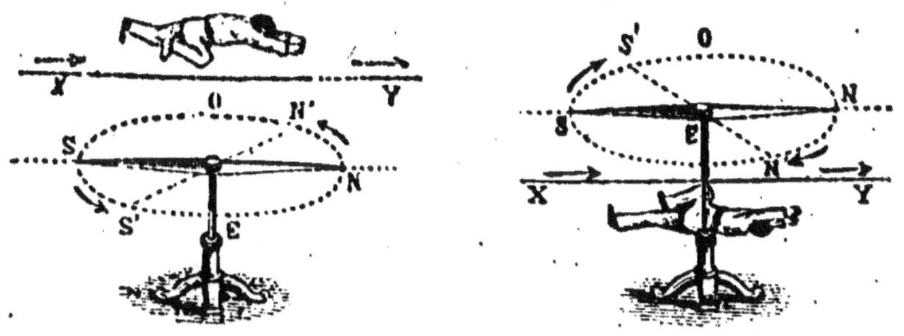

FIG. 184.   FIG. 185.

Expérience d'Œrsted.
Déviation de l'aiguille aimantée, par l'influence du courant électrique.

cette aiguille dévie de sa position d'équilibre et tend à se mettre en croix avec le courant.

Le *sens* de cette déviation dépend du sens du courant et de sa position par rapport à l'aiguille; il peut être prévu dans tous les cas par la règle d'Ampère, que l'on formule de la manière suivante : *le pôle nord de l'aiguille*

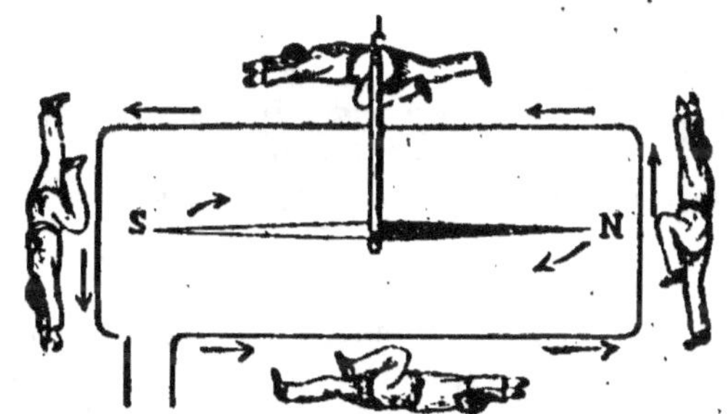

FIG. 186.
Conducteur formant rectangle autour de l'aiguille aimantée.
Tous les côtés du rectangle formé par une spire du fil conducteur agissent dans le même sens.

aimantée est toujours dévié à gauche du courant.

Pour définir la gauche du courant, on suppose un observateur regardant l'aiguille aimantée, et couché le long du conducteur de manière que le courant entre par ses pieds et sorte par sa tête : la droite et la gauche de cet observateur sont la *droite* et la *gauche* du courant.

Les expériences représentées par les figures 184 et 185 indiquent, par la position de la ligne N'S', le sens de la déviation de l'aiguille NS sous l'action du courant électrique, suivant qu'il passe au-dessus ou au-dessous de cette aiguille. Si, avec le fil conducteur on forme un rectangle autour de l'aiguille aimantée, chacun des côtés de ce rectangle concourt à produire les déviations dans le même sens, ce que l'on comprendra aisément en examinant la figure 186.

Ce phénomène est dû à la propriété qu'a un courant électrique d'engendrer autour de lui un champ magnétique ; on le constate en saupoudrant de limaille de fer un carton traversé par un courant suffisamment intense ; la limaille forme des filets circulaires autour du point où le circuit traverse le carton. Une aiguille aimantée placée au voisinage du circuit tendrait donc à prendre la direction des lignes de

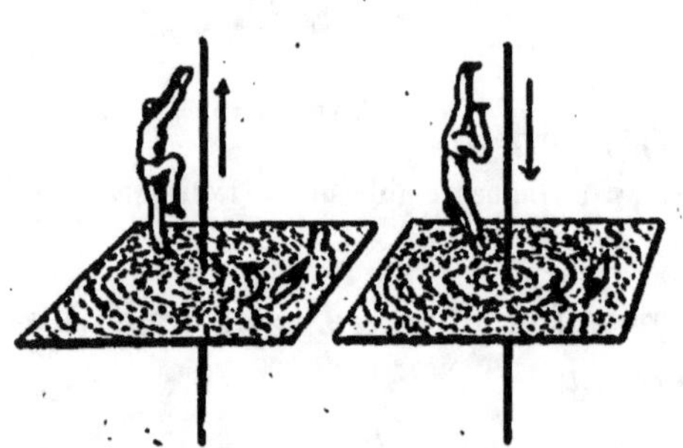

FIG. 187. — *Spectre magnétique montrant le champ magnétique produit par un courant rectiligne.*

L'aiguille aimantée tend à diriger son pôle nord à la gauche du sujet d'Ampère qui la regarde.

forces, ou soit à se mettre en croix avec le courant. Le sens sud-nord dans lequel s'oriente cette aiguille nous indique celui de ces lignes de force ; elles vont *de la droite à la gauche* du sujet d'Ampère.

191. Solénoïde. — En étudiant le spectre magnétique d'un courant circulaire, on peut constater expérimentalement que toutes les lignes de force traversent le cercle dans le même sens, ce qui, d'ailleurs, se déduit facilement de la règle d'Ampère (fig. 188). Si l'on donne au circuit la forme d'une hélice, les flux des différents cercles s'additionneront pour former un ensemble présentant les propriétés d'un aimant. On donne à ce circuit le nom de *solénoïde*.

Dans un solénoïde comme dans un aimant, on appelle *pôle sud* celui par lequel le flux pénètre à l'intérieur ; et *pôle nord* celui

<table>
<tr><td>FIG. 188.
Courant circulaire.</td><td>FIG. 189.
Solénoïde.</td></tr>
</table>

L'aiguille aimantée, placée à l'intérieur du courant circulaire et du solénoïde, indique le sens du flux magnétique.

par lequel il en sort. On démontre très aisément les propriétés suivantes des solénoïdes :

1° *Un solénoïde libre pour se déplacer, s'oriente comme un aimant;*

2° *Entre deux solénoïdes ou entre un solénoïde et un aimant, les pôles du même nom se repoussent ; ceux de noms contraires s'attirent.*

REMARQUE. — Il est souvent utile de reconnaître les pôles sud et nord d'un solénoïde au moyen du courant qui circule dans les spires. A cette fin, on pourrait appliquer la règle d'Ampère comme nous avons fait précédemment. Mais voici une autre règle d'une application plus simple (on se suppose placé en face du pôle que l'on désire connaître) :

Au pôle sud, le courant circule dans le sens des aiguilles d'une horloge ; au pôle nord, il circule dans le sens contraire.

Cette règle est applicable aux *multiplicateurs* et aux

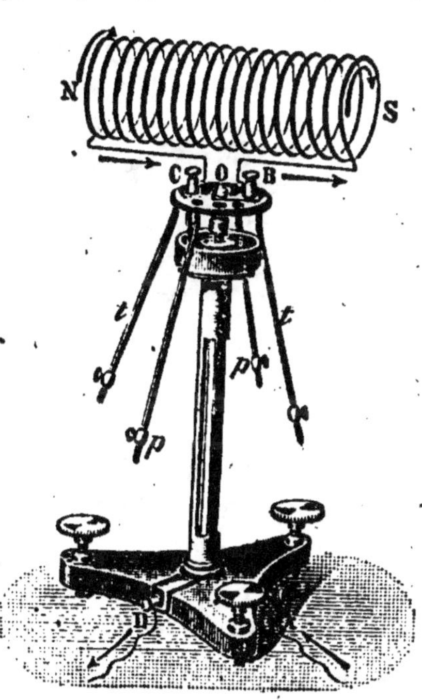

FIG. 190. — *Solénoïde mobile.*

Un solénoïde suspendu horizontalement de manière à pouvoir tourner, s'oriente comme un aimant.

bobines, qui sont simplement des solénoïdes superposés, tous formés par un même conducteur.

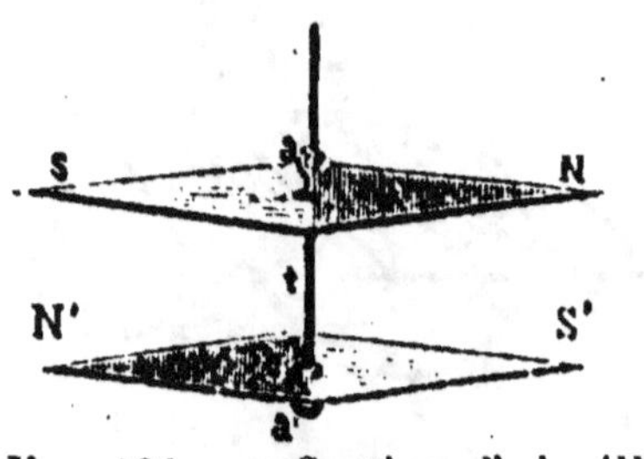

Fig. 191. — *Système d'aiguilles astatiques.*

102. Galvanomètre. — Le *galvanomètre* (1) est un appareil qui sert à mettre en évidence l'*existence* des courants électriques, à en déterminer le *sens* et à en mesurer l'*intensité.*

Sa construction est basée sur l'action des courants sur l'aiguille aimantée. Afin de pouvoir l'appliquer aux courants très faibles, on fait usage d'un *système d'aiguilles astatiques* et l'on augmente les déviations au moyen d'un *multiplicateur.*

Fig. 192. — *Multiplicateur.*

1º *Aiguilles astatiques.* — On appelle *système d'aiguilles astatiques,* deux aiguilles de même aimantation réunies par une tige rigide et disposées de manière que leurs *pôles de noms contraires soient en regard.* Si les aiguilles d'un galvanomètre étaient complètement astatiques, l'action

(1) Le mot *galvanomètre* signifie, à proprement parler : appareil à mesurer l'*électricité galvanique.* On désigne ainsi quelquefois l'électricité dynamique en l'honneur de Galvani qui en fit la découverte en 1789.

magnétique de la terre sur ces aiguilles serait entièrement détruite, et le moindre courant électrique les mettrait en croix avec la direction NS de l'appareil. Pour obvier à cet inconvénient, on donne à l'une des aiguilles une aimantation légèrement plus forte qu'à l'autre.

2° *Multiplicateur*. — Le *multiplicateur* est un cadre de bois très aplati et placé verticalement, autour duquel s'enroule un grand nombre de fois un fil isolé. Il est évident que chacune des spires contribuant à dévier dans le même sens l'aiguille aimantée placée au centre du cadre, l'effet du courant qui circule dans le fil en est, pour ainsi dire multiplié.

C'est d'après ce principe qu'est construit le galvanomètre de Nobili, employé dans les laboratoires de physique. Il se compose d'un multiplicateur dans lequel l'aiguille intérieure est remplacée par un système de deux *aiguilles astatiques*, suspendu par un fil de cocon ; l'une de ces aiguilles est dans le cadre du multiplicateur, et l'autre, placée à l'extérieur, se meut à la surface d'un cercle gradué servant à mesurer les angles de déviation qu'elle forme.

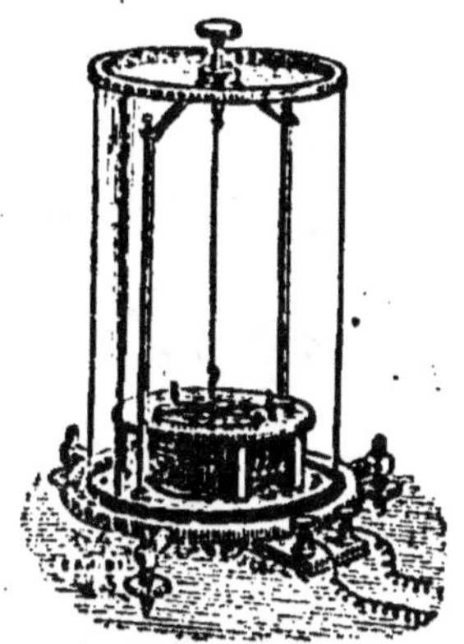

Fig. 193. — *Galvanomètre de Nobili.*

193. Galvanomètres industriels. — Le galvanomètre industriel diffère essentiellement du précédent en ce que l'aiguille aimantée est remplacée par une palette *aa'* de fer doux, qui s'aimante sous l'influence de deux gros aimants NS et N'S'. Cette palette s'oriente d'elle-même en plaçant sa plus grande dimension dans le sens des lignes de force de ces aimants. Lorsque le courant électrique circule dans la bobine B, qui joue le rôle de multiplicateur, la palette, comme l'aiguille du galvanomètre de Nobili, se dévie avec autant plus de force que le courant est plus intense. Une aiguille, unie à la palette, indique alors sur un cadran, le nombre d'ampères correspondant à l'intensité du courant. La graduation de l'appareil se vérifie en faisant circuler dans la bobine des courants d'intensité connue.

1° *Mesure de l'intensité d'un courant.* — Les galvanomètres destinés à mesurer l'intensité des courants se nomment des *ampèremètres*. Leur bobine est faite de fil gros et court, afin que, présentant peu de résistance, ils n'absorbent qu'une très petite quantité du courant. On peut les installer dans une partie quelconque du circuit, car l'expérience a démontré que partout l'intensité est égale.

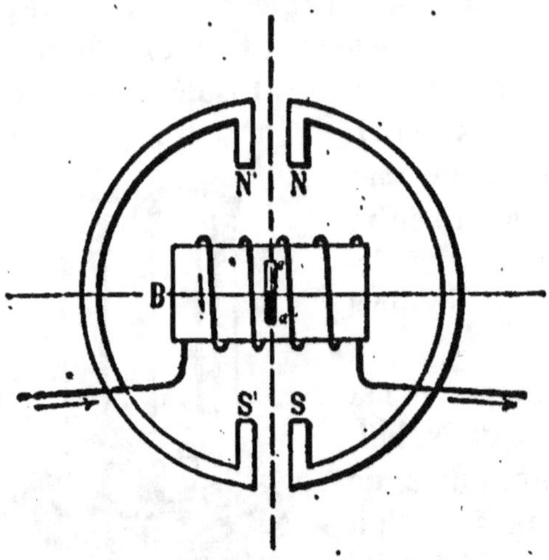

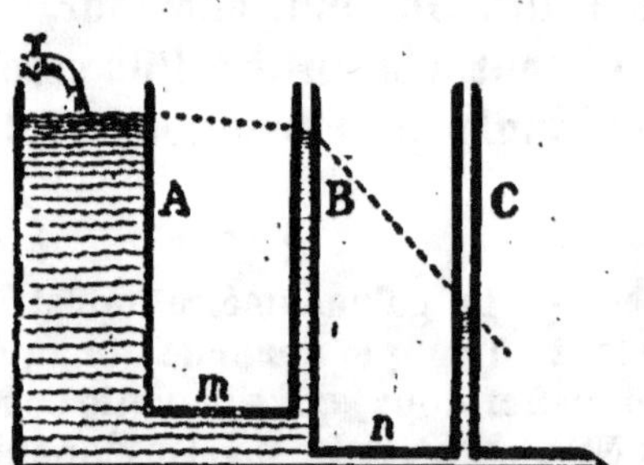

FIG. 194.
Principe du galvanomètre industriel.

2° *Mesure de la différence de potentiel entre deux points d'un circuit*. Lorsque, au moyen d'un électromètre, on prend le potentiel de deux points différents d'un circuit, on n'obtient jamais des quantités égales. Le potentiel en effet, diminue constamment à partir du pôle positif de la source électrique, et cette diminution est d'autant plus grande d'un point à un autre, qu'il y a plus de résistance dans la partie de circuit qui les sépare.

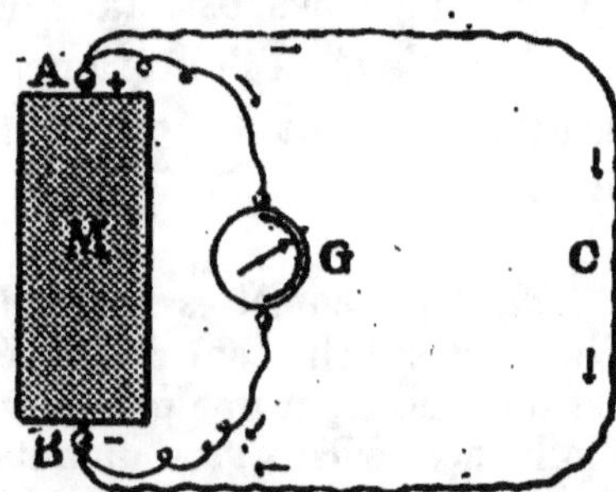

FIG. 195. — *Figure donnant une idée des variations du potentiel le long d'un circuit.*

FIG. 196. — *Mesure de la force électromotrice entre deux points d'un circuit.*

Une comparaison avec l'hydraulique s'adapte ici exactement. Soit la série des vases communiquants représentée à la fig. 195, et dans lesquels il circule de l'eau. Le niveau du liquide diminue dans les vases à mesure qu'ils s'éloignent de la source. Mais il est à remarquer que entre B et A la différence de niveau est peu sensible, car ces deux vases communiquent par un tube *m*, gros, présentant peu de résistance au passage du liquide; elle est, au contraire, très grande entre C et B, à cause de la résistance que présente le tube *n*.

Dans la pratique, on mesure la différence de potentiel entre deux points de la manière suivante : soit une source électrique quelconque M (pile, accumulateurs, etc.), dont le courant parcourt le circuit ACB. Si l'on voulait savoir la différence de potentiel que présentent ses deux pôles A et B, il suffirait d'y intercaler un galvanomètre G, d'une résistance connue, constituée par un fil très long et fin. Le courant partant de A aurait ainsi à traverser deux circuits à la fois : le circuit ACB et le circuit AGB. Mais, lorsque le courant électrique se trouve en présence de deux chemins, il se partage en deux portions inversement proportionnelles à la résistance qu'offrent ces chemins. La partie de courant qui traversera le galvanomètre sera donc insignifiante ; cette condition est nécessaire pour que le débit du courant circulant par ACB ne soit pas sensiblement altéré.

Supposons que le galvanomètre marque une intensité de 0 amp., 01, et que la résistance de l'appareil soit de 10.000 ohms. La différence de potentiel, ou soit la force électromotrice entre A et B sera, d'après la loi d'Ohm : $E = IR = 0{,}01 \times 10.000 = 100$ volts.

Si le cadran du galvanomètre était gradué de manière à indiquer directement ces volts, l'appareil serait un *voltmètre*.

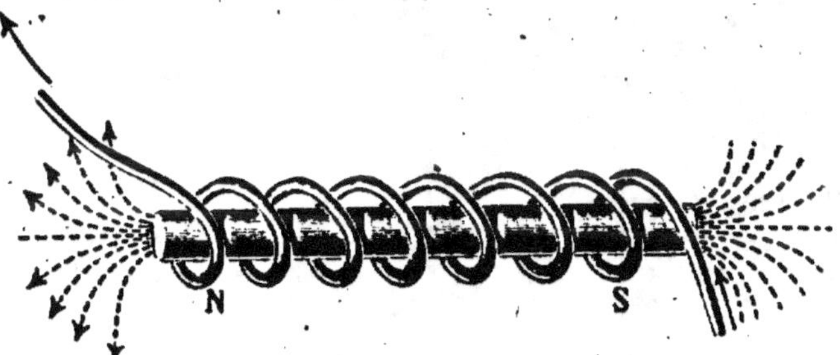

FIG. 197. — *Barreau de fer ou d'acier aimanté par un courant.*

194. Aimantation par les courants. — Arago, physicien français, a découvert en 1820, que, lorsqu'on fait passer un courant électrique autour d'un barreau isolé de fer doux, ce barreau s'aimante instantanément et qu'il perd son aimantation aussitôt que le courant est interrompu. Cette propriété est due à la perméabilité magnétique du fer qui concentre les lignes de force du solénoïde et se transforme ainsi en un véritable aimant avec ses pôles nord et sud.

L'acier s'aimante aussi sous l'action des courants électriques ; mais il conserve son magnétisme lorsque le courant cesse de passer.

195. Électro-aimants. — La propriété dont jouit le fer doux de s'aimanter sous l'influence de courants électriques, et de perdre son aimantation aussitôt que cette influence cesse, a donné le moyen d'obtenir les aimants artificiels, nommés *électro-aimants*.

Pour construire un électro-aimant, on prend ordinairement un barreau cylindrique de fer doux recourbé en fer

FIG. 198. — *Électro-aimant.*

à cheval ; sur les branches de ce barreau, on enroule un grand nombre de fois et toujours dans le même sens, un fil de cuivre recouvert de soie. L'enroulement du fil doit être fait de manière que si le barreau était redressé, l'hélice de l'une des branches soit la continuation de celle de l'autre.

Dès que les extrémités libres du fil de cuivre sont en communication avec les pôles d'une pile, le fer doux s'aimante et devient capable de soulever des poids plus ou moins considérables, suivant les dimensions du barreau, l'intensité du courant et le nombre de tours que fait le fil conducteur sur les branches du barreau. On construit des électro-aimants qui peuvent supporter des poids de plusieurs centaines de kilogrammes.

On applique l'électro-aimant dans la *télégraphie* et la *sonnerie électrique*, où il est destiné à attirer une pièce de fer doux appelée *armature*.

196. Principe des télégraphes électriques. — Les *télé-*

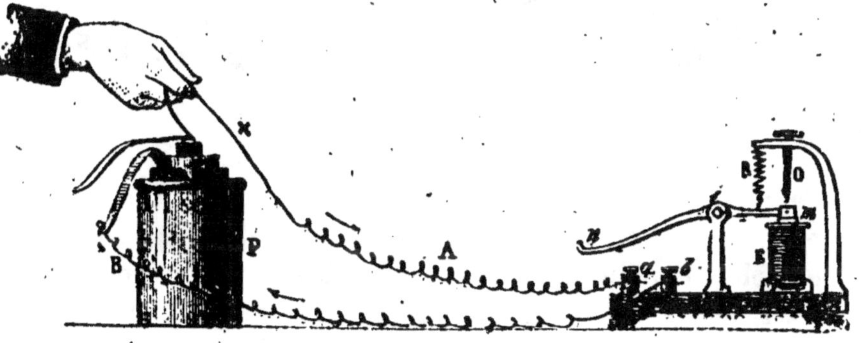

FIG. 199. — *Appareil pour la démonstration du principe des télégraphes.*

graphes électriques sont des appareils à l'aide desquels on transmet instantanément, même à de grandes distances, des signaux conventionnels correspondant chacun à un chiffre ou à une lettre de l'alphabet. Ils sont une des plus ingénieuses et des plus utiles applications des électro-aimants.

Le principe des télégraphes est très simple; Supposons en effet qu'un fil métallique partant du pôle positif d'une pile établie à Lyon, aille s'enrouler sur un fer doux de manière à constituer un électro-aimant situé à Paris, et revienne ensuite se terminer au pôle négatif de la pile de Lyon. Supposons aussi que l'armature de l'électro-aimant de Paris soit un levier dont l'une des extrémités est maintenue par un ressort et un arrêt, à une faible distance de l'électro-aimant. Aussitôt qu'à Lyon on mettra les deux extrémités du fil conducteur en communication avec les

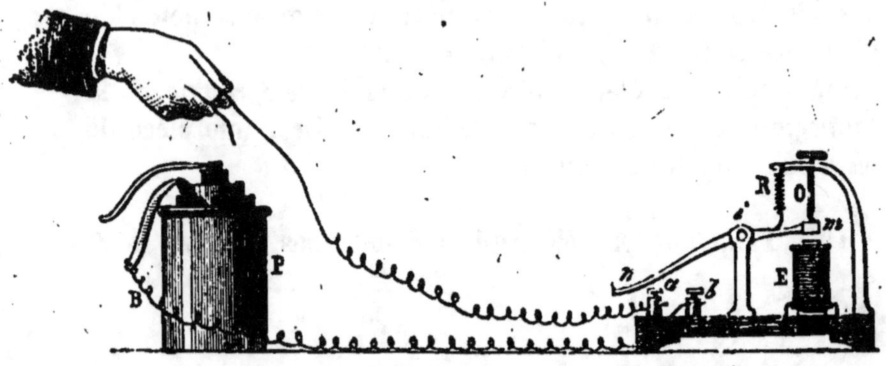

FIG. 200. — *Circuit interrompu.*

deux pôles de la pile, le courant passera dans ce fil conducteur, aimantera le fer doux de l'électro-aimant de Paris, et celui-ci attirera l'extrémité du levier, qui viendra se fixer contre lui. Tant que le courant passera dans le fil conducteur, le levier gardera cette position ; mais si l'on interrompt une des communications du fil avec la pile, le courant sera aussi interrompu, l'électro-aimant n'attirera plus le levier, et ce dernier, relevé par le ressort, viendra aussitôt battre contre l'arrêt qui le surmonte. Les mêmes phénomènes se reproduiront chaque fois que la communication du fil avec la pile sera établie et ensuite interrompue. De sorte que, de Lyon, on pourra faire osciller le levier établi à Paris autant de fois qu'on le voudra. Le mouvement de va-et-vient du levier pourra être utilisé pour mettre en activité certains mécanismes imprimant des dépêches en signes conventionnels et même en caractères typographiques. La diversité de ces mécanismes constitue les différents télégraphes. Nous ne parlerons que des deux les plus en usage : le télégraphe *Morse* et le télégraphe *Hughes*.

107. Télégraphe Morse. — Le télégraphe *Morse*, comme tout système télégraphique, se compose de quatre parties principales : une *pile*, un *fil conducteur*, un *manipulateur* et un *récepteur*.

1° *Piles*. — On choisit comme piles celles qui présentent à la fois de la durée et de la constance. Elles doivent être suffisamment fortes ; le nombre de leurs éléments varie avec la distance à franchir par le courant électrique. Le courant qui circule dans les fils télégraphiques n'est que de quelques millièmes d'ampère.

2° *Fil conducteur*. — Lorsque nous avons expliqué le principe du télégraphe électrique, pour bien faire comprendre la marche du courant, nous avons supposé un fil conducteur allant de la pile à l'électro-aimant, puis un fil revenant de l'électro-aimant à la pile. L'expérience a démontré que ce second fil n'est pas nécessaire, et que le sol peut lui-même servir de fil de retour. Pour cela, on fait communiquer avec la terre un des pôles de la pile, ainsi que l'extrémité libre du fil conducteur après sa sortie de l'électro-aimant.

Autrefois, les fils télégraphiques étaient habituellement en fer galvanisé ; on se sert aujourd'hui, pour cela, presque toujours du cuivre, qui est meilleur conducteur que le fer. Ces fils de fer ou de cuivre doivent être isolés ; à cet effet, on les fait supporter par des godets en porcelaine, fixés sur des poteaux placés le long des routes ou des voies ferrées. On peut aussi faire passer les fils conducteurs sous terre ; dans ce cas, on les isole en les entourant de gutta-percha.

3º *Manipulateur*. — Chaque bureau télégraphique doit posséder un manipulateur, pour envoyer les dépêches, et un récepteur, pour les recevoir.

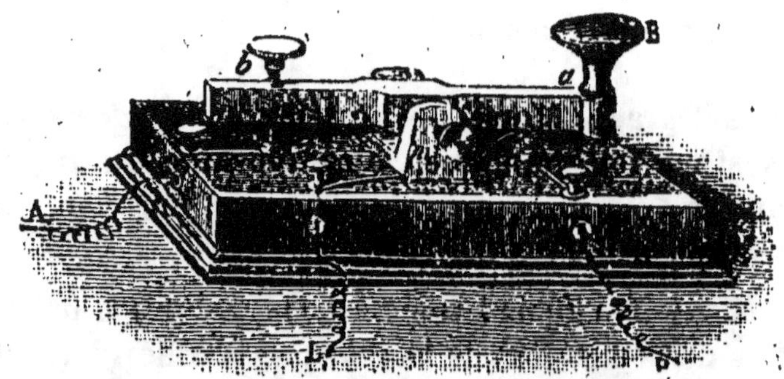

FIG. 201. — *Manipulateur du télégraphe Morse.*

Le manipulateur du télégraphe Morse consiste en un levier *ab*, mobile autour de son point d'appui *m* uni au fil de la ligne L ; un petit ressort maintient ce levier écarté d'un bouton *x*, relié à la pile par un fil conducteur

FIG. 202. — *Récepteur du télégraphe Morse.*

avec le fil de la ligne L, et il suffit d'appuyer sur la poignée B du levier pour faire passer le courant dans le fil de la ligne. Quand le manipulateur est en repos, le fil de la ligne communique par le fil A avec le récepteur du même bureau télégraphique.

4º Récepteur. — Les principaux organes du récepteur du télégraphe Morse sont un électro-aimant, un levier et un mécanisme d'horlogerie. L'électro-aimant a pour armature une des extrémités du levier ; l'autre extrémité de ce levier est terminée en pointe et sert à imprimer les dépêches. Deux cylindres, mus par le mécanisme d'horlogerie, tournent en sens inverse en frottant l'un contre

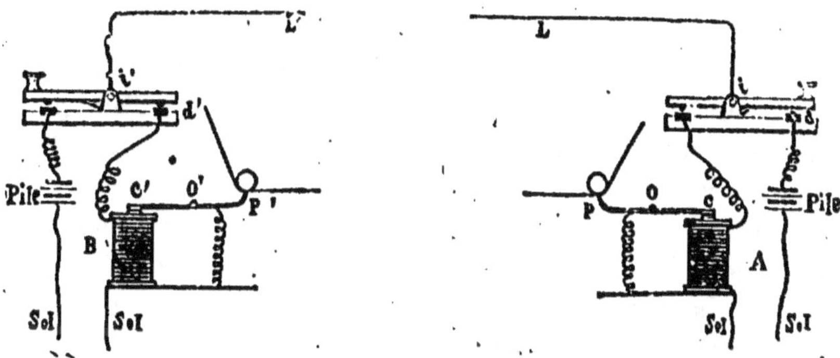

Fig. 203. — *Figure théorique montrant la marche du courant électrique dans les deux postes en communication du télégraphe Morse.*

Lorsque l'on appuie sur la poignée du manipulateur du poste A, le courant produit par la pile de ce poste passe par le contact *d* dans le levier du manipulateur ; de là, il va dans le fil de la ligne L L' et, passant par les contacts *t'* et *d'*, arrive à l'électro-aimant du poste B, pour agir sur son armature. Les mêmes phénomènes se produisent en sens inverse lorsque l'on presse sur la poignée du manipulateur du poste B.

l'autre. Entre ces deux cylindres, passe une bande de papier, qui est ainsi entraînée par eux d'un mouvement uniforme. Au-dessus de la bande de papier, en face de la pointe du levier, se trouve une molette imprégnée d'encre. Lorsque le courant passe dans l'électro-aimant, l'armature de celui-ci est attirée et la pointe du levier vient presser la bande de papier contre la roue encrée. Cette roue imprime alors sur le papier un trait dont la longueur dépend de la durée du courant, car la pointe du levier s'écarte de la bande de papier dès que le courant cesse de passer dans l'électro-aimant. Quand on appuie sur le bouton du manipulateur d'un bureau télégraphique, le courant passe aus-

Fig. 204. — *Spécimen de dépêche du télégraphe Morse.*

sitôt dans le fil de la ligne, arrive au récepteur du bureau avec lequel ce fil est en communication, et détermine sur la bande de papier de cet appareil, la formation d'un point ou d'une ligne, suivant la durée de la pression sur le bouton du manipulateur. On peut donc, par une suite de pressions plus ou moins prolongées, faire imprimer sur la bande de papier du récepteur des séries de traits et de points dont les combinaisons représentent les chiffres et les lettres de l'alphabet.

ALPHABET MORSE

·——	a	——·	g	———	m	···	s
—···	b	····	h	—·	n	—	t
—·—·	c	··	i	———	o	··—	u
—··	d	·———	j	·——·	p	···—	v
·	e	—·—	k	——·—	q	—··—	x
··—·	f	·—··	l	·—·	r	—·——	y
						——··	z

198. Télégraphe Hughes. — Le télégraphe *Hughes*, qui est une merveille de mécanisme, est fort employé dans les grands centres ; il imprime les dépêches en caractères typographiques et a surtout l'avantage d'être d'une manipulation bien plus rapide que le télégraphe Morse ; la transmission des dépêches se fait par un clavier, sur les touches duquel on presse comme sur les touches d'un piano.

Grâce à un distributeur spécial, nommé *distributeur Baudot*, cinq transmetteurs Hughes peuvent utiliser à la fois le même fil conducteur de la ligne. La durée d'*une* transmission télégraphique n'est en moyenne que de *quatre centièmes* de seconde ; on peut donc envoyer 25 signaux à la seconde, et comme un transmetteur ne peut en transmettre que 5 au plus durant ce temps, on comprend que 5 appareils semblables puissent fonctionner ensemble. Le fil de la ligne est mis en communication à tour de rôle, pendant un temps très court avec chaque transmetteur, et, à l'arrivée, avec le récepteur correspondant.

199. Télégraphie sous-marine. — Pour les transmissions au-delà des mers, le conducteur télégraphique est formé par un faisceau de fils de cuivre entouré de plusieurs couches de gutta-percha et d'une couche très épaisse de matière isolante; le tout est protégé contre l'action corrosive de l'eau de la mer par une série de gros fils de fer garnis eux-même de chanvre goudronné.

On ne peut se servir, pour la réception des télégrammes par câbles sous-marins, des appareils précédemment décrits ; à cause des phénomènes de condensation et d'induction électriques qui se produisent à l'intérieur de ces câbles, les courants électriques après les avoir traversés, n'auraient pas assez d'énergie pour faire fonctionner ces appareils. On se sert actuellement d'un appareil connu sous le nom de *Siphon Recorder*, qui enregistre les dépêches au moyen d'un minuscule siphon dont la branche la plus courte est plongée dans une encre très fluide. Un mécanisme fondé sur les propriétés de l'électro-aimant imprime à la grande branche un mouvement de va-et-vient à droite et à gauche et lui fait

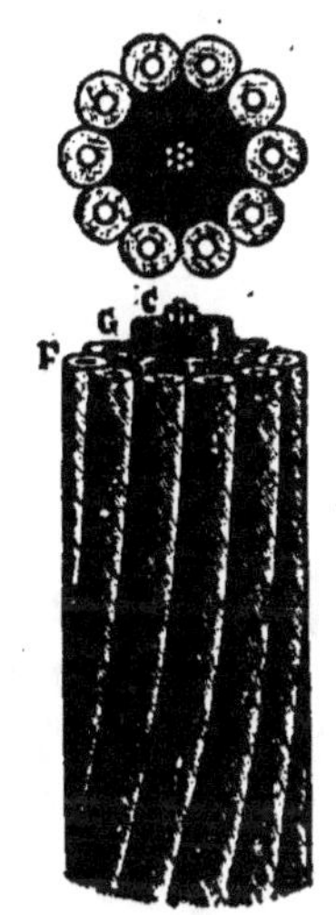

Fig. 205.
Câble sous-marin.

La coupe montre la disposition des fils métalliques dans le câble.

marquer une ligne sinueuse sur une bande de papier. Une impulsion à droite équivaut à un point de l'alphabet Morse, et une impulsion à gauche, à une ligne.

200. Sonneries électriques. — Les sonneries électriques sont des appareils qui servent d'avertisseurs.

Elles se composent, d'un électro-aimant dont l'armature est munie d'un marteau pouvant frapper sur un timbre. Cette armature est terminée par un ressort qui la maintient appuyée contre un autre ressort *r*.

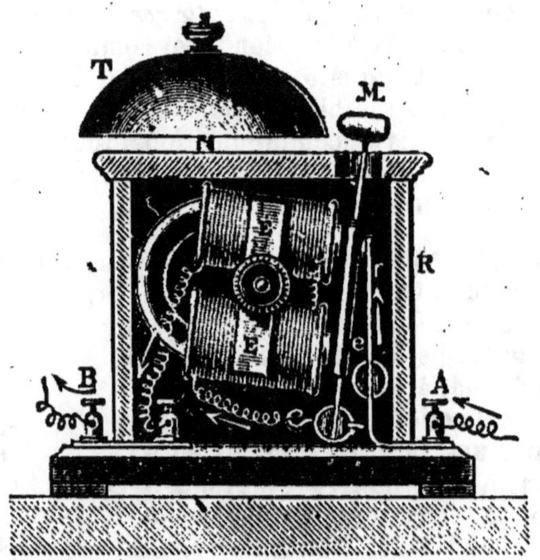

FIG. 206. — *Sonnerie électrique.*

Le courant électrique, arrivant par A passe par le ressort *r*, l'armature *e* et l'électro-aimant, puis il retourne à la pile par B ou va se perdre dans le sol. Sous l'influence du courant, l'électro-aimant attire son armature, et le marteau M vient frapper le timbre T. Mais, lorsque l'armature abandonne le ressort *r*, le circuit se trouve interrompu et le courant cesse de passer. L'électro-aimant perd alors son aimantation, et l'armature revient s'appuyer contre le ressort, ce qui ferme de nouveau le circuit et permet aux phénomènes ci-dessus de se renouveler. Ces phénomènes, en se répétant avec rapidité, produisent une sonnerie continue.

RÉSUMÉ

Les effets chimiques des courants électriques sont la décomposition d'un grand nombre de corps et principalement de l'eau et des sels.

La *galvanoplastie*, qui a pour but de revêtir les corps d'une mince couche de métal, repose sur la propriété qu'ont les courants électriques de décomposer les sels métalliques. Elle comprend le *cuivrage*, la *dorure*, l'*argenture* et le *nickelage*.

En calculant l'intensité du courant, dans une électrolyse, on doit soustraire de la force électromotrice celle qui est absorbée par l'électrolyse.

Les *accumulateurs* sont fondés sur l'électrolyse.

Lorsqu'un courant passe par un conducteur présentant beaucoup de résistance, celui-ci se chauffe ($c = 0,24 \times R \times I^2 \times t$).

L'énergie des courants électriques produits par les dynamos peut se transformer en *lumière*. On se sert pour cela de l'*arc voltaïque* et des *lampes à incandescence.*

L'*arc voltaïque* se produit entre les pointes de deux charbons maintenus à une faible distance l'un de l'autre et dans lesquels on fait passer un courant électrique très énergique.

La chaleur de l'arc voltaïque est appliquée dans le *four électrique.*

Les *lampes à incandescence* se composent d'une ampoule de verre vide d'air et renfermant un filament de charbon très fin ou un filament métallique, dans lequel on fait passer un courant électrique ; elles ont été inventées par *Edison*. L'unité dont on se sert ordinairement pour mesurer l'intensité de l'éclairage est la *bougie*.

Lorsqu'on fait passer un courant électrique parallèlement à une aiguille aimantée et près d'elle, *cette aiguille se dévie, de sa position d'équilibre et tend à se mettre en croix avec le courant ; le pôle nord de l'aiguille est toujours dévié à gauche du courant.* Ce phénomène est dû aux propriétés magnétiques que possède tout courant électrique.

Un solénoïde a les mêmes propriétés qu'un aimant.

Le galvanomètre est un appareil qui sert à mettre en évidence l'*existence* des courants électriques, à en déterminer le *sens* et à en mesurer l'*intensité*. Le plus en usage est celui de Nobili, qui se compose d'un multiplicateur à l'intérieur duquel se trouve un système de deux aiguilles astatiques suspendu par un fil de cocon.

On appelle *système d'aiguilles astatiques* deux aiguilles de même aimantation réunies par une tige rigide et disposées de manière que leurs *pôles de noms contraires soient en regard.*

L'*ampèremètre* et le *voltmètre* sont des galvanomètres industriels. Dans le premier, on fait passer tout le courant ; dans le second, on ne fait passer qu'une dérivation du courant.

Le fer doux, sous l'influence des courants électriques, s'aimante instantanément ; mais il perd son aimantation dès que le courant cesse. L'acier s'aimante aussi sous l'influence de ces courants, et il conserve son magnétisme après que cette influence a cessé.

Les *électro-aimants* sont des barreaux de fer doux, sur les branches desquels un fil de cuivre isolé est enroulé un grand nombre de fois et toujours dans le même sens. Les électro-aimants acquièrent une force magnétique considérable sous l'action des courants électriques ; mais ils perdent cette force aussitôt que les courants cessent.

Les *télégraphes électriques* sont des appareils à l'aide desquels on transmet instantanément, même à de grandes distances, des signaux correspondant chacun à une lettre de l'alphabet ou à un chiffre. Leur construction repose sur les propriétés des électro-aimants. Les télégraphes les plus en usage sont le *télégraphe Morse* et le *télégraphe Hughes*.

Tout système télégraphique se compose de quatre parties principales, savoir : une *pile*, un *fil conducteur*, un *manipulateur* et un *récepteur*. La pile doit avoir de la durée et de la constance. Il est nécessaire que le fil conducteur soit isolé. Le manipulateur sert à envoyer les dépêches et le récepteur, à les recevoir.

Les *sonneries électriques* sont des appareils employés comme avertisseurs. Leur organe principal est un électro-aimant dont l'armature porte un marteau qui, lorsque le courant passe, vient frapper contre un timbre.

CHAPITRE XIV

COURANTS D'INDUCTION ET LEURS APPLICATIONS.

201. Courants d'induction. — On a vu que, par l'influence d'un courant électrique, on peut aimanter un barreau de fer doux ou d'acier. Réciproquement, sous l'influence d'un aimant, on peut produire un courant électrique dans un fil métallique voisin, fermé sur lui-même. Les courants électriques qui prennent ainsi naissance sous l'influence des aimants, portent le nom de *courants d'induction*. La découverte en a été faite par Faraday, en 1830.

Pour qu'un courant d'induction se produise, il ne suffit pas que le circuit fermé se trouve placé dans un champ magnétique : il faut *qu'il y coupe des lignes de force*. Cette condition exige qu'il y ait mouvement soit du circuit, soit du champ ; ou encore que celui-ci naisse, augmente, diminue ou disparaisse au voisinage du circuit.

On peut reconnaître la formation des courants induits par un grand nombre d'expériences, dont nous ferons connaître les plus caractéristiques. Nous emploierons à cette fin une bobine B, que nous relierons à un galvanomètre G. Cette bobine que l'on appelle le *circuit induit*, ne se trouvera en communication avec aucune source électrique, et cependant, nous verrons qu'il s'y développera des courants, dont le galvanomètre nous fera connaître le sens et la durée.

1re *Expérience*. — On introduit dans la bobine un électro-aimant que l'on met en communication avec une pile. Il s'y produira un courant que nous appellerons *primaire*, donnant naissance à deux pôles, nord et sud. Au moment où le courant primaire s'établit dans l'électro (fig. 207), il se produit dans la bobine un courant *secondaire*, qui est d'ailleurs instantané, car l'aiguille du galvanomètre se dévie puis revient immédiatement au zéro,

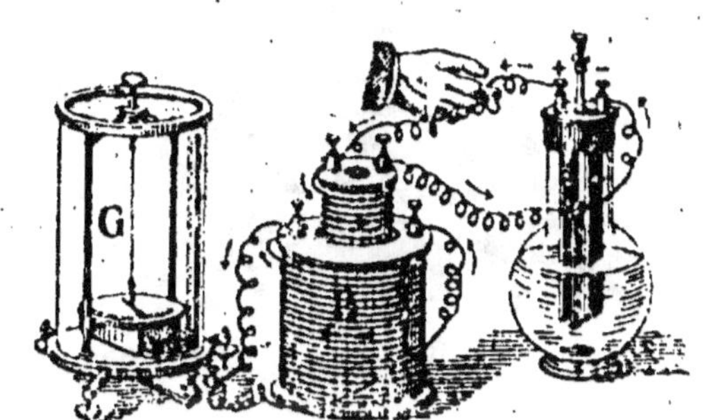

FIG. 207. — *Induction par établissement ou interruption d'un courant.*

et cela malgré que le courant de la pile continue à circuler dans l'électro-aimant. On peut constater, par le sens de la déviation de l'aiguille, que le courant induit a été *inverse*, ou soit, qu'il a circulé dans les spires de la bobine en un sens contraire à celui qui circule dans les spires de l'électro-aimant. Dans la bobine, il s'est donc formé deux pôles contraires à ceux de l'électro.

Si l'on coupe le courant de la pile, l'aiguille du galvanomètre se dévie cette fois dans l'autre sens, puis revient au zéro. Il s'est donc encore formé un courant induit instantané, mais *direct*.

On obtiendrait les mêmes résultats avec un courant déjà établi, en *augmentant*, puis en *diminuant* l'intensité de ce courant.

2ᵉ *Expérience.* — On introduit *vivement* dans la bobine un barreau d'acier aimanté, puis, au bout d'un instant on le retire *brusquement*. On constate comme précédemment la formation de deux courants induits, qui durent autant que les mouvements de l'aimant. Le premier a eu pour résultat de former dans la bobine des pôles contraires à ceux de l'aimant; le second les a formés dans le même sens.

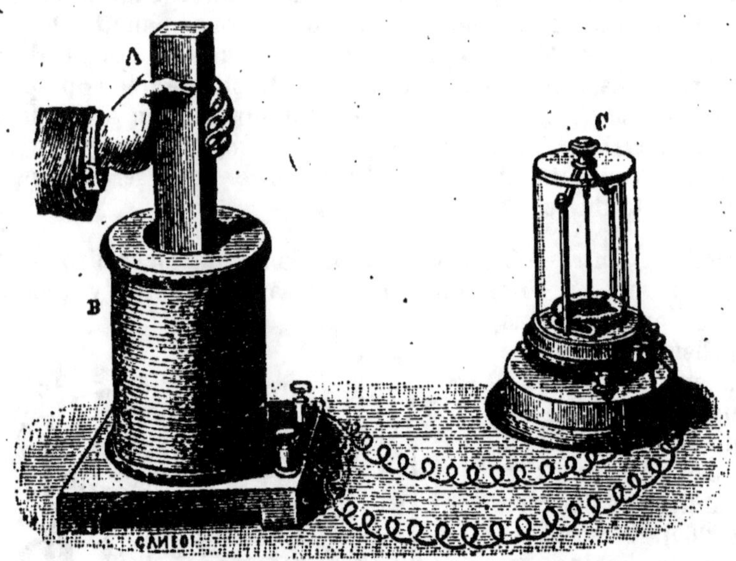

FIG. 208. — *Induction par un aimant.*

3ᵉ *Expérience.* — On introduit dans la bobine un barreau d'acier aimanté. On *approche* alors du barreau un morceau de fer, puis, après un moment, on le *sépare*; il se produit les mêmes phénomènes que dans le cas précédent. La cause en est d'ailleurs identique : le fer s'aimante à l'approche de l'acier, et, par réaction, il contribue lui-même à renforcer le champ magnétique du barreau aimanté. Lorsqu'on le retire, il perd son magnétisme, et celui du barreau diminue pour reprendre sa valeur première.

4ᵉ *Expérience.* — On fait toucher, dans l'obscurité, les réophores d'une puissante pile, puis on les sépare ; dans les deux cas, on aperçoit une étincelle. La première est l'*étincelle de fermeture* du courant, et la seconde, l'*étincelle de rupture*.

On répète la même expérience après avoir intercalé une bobine dans le circuit de la pile ; le première étincelle est plus faible que précédemment, tandis que la seconde est plus forte. En effet, lorsqu'on établit ou qu'on coupe le courant de la pile, chaque spire de la bobine produit sur les spires voisines un courant d'induction instantané ; ce courant, dans le premier cas, a un sens opposé à celui de la pile, et est cause de la diminution de l'étincelle de fermeture. Dans le deuxième cas, il est du même sens et son effet s'ajoute à celui de la pile.

Ces phénomènes constituent la *self-induction*, ou soit l'induction d'un circuit sur lui-même.

Fig. 209. — *Induction par variation de l'effet d'un aimant.*

REMARQUE. — En réfléchissant sur les résultats des expériences précédentes, on peut constater dans toutes l'exactitude de la loi suivante, formulée par Lenz : *Le sens d'un courant d'induction est tel qu'il tend à s'opposer à la cause qui le produit.* En effet, lorsqu'un champ magnétique se présente ou augmente dans la bobine, celle-ci, pour l'en empêcher, lui oppose une flux de sens contraire ; et lorsque le champ magnétique se retire, l'induit engendre un flux du même sens, comme pour le retenir.

202. Machine magnéto-électrique de Gramme. — La machine magnéto-électrique de Gramme se compose d'un aimant fixe en fer à cheval ANS, entre les pôles duquel tourne très rapidement un anneau D, formé d'une série de bobines aplaties et réunies en un circuit unique. Un courant induit prend naissance dans les bobines à mesure qu'elles se déplacent devant les pôles de l'aimant ANS,

FIG. 210. — *Machine magnéto-électrique de Gramme.*

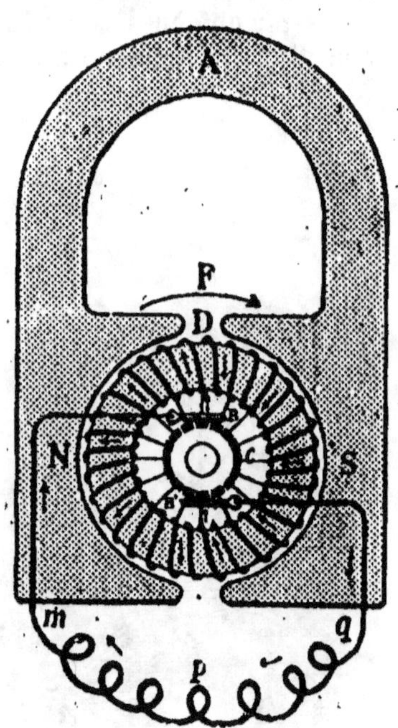

FIG. 211. — *Schéma de la même machine.*

et ce courant est recueilli par deux pièces conductrices, B et B′, nommées *balais*, qui frottent sur la partie centrale c de l'anneau, appelée *collecteur*, où sont disposées longitudinalement des barres de cuivre, isolées les unes des autres par des feuilles de mica, mais chacune d'elles communiquant avec le circuit qui entoure l'anneau, au moyen de conducteurs disposés dans le sens de rayons ; des balais, le courant passe dans le circuit extérieur.

Le courant produit par cette machine est un courant d'induction. Voici comment il se développe :

Du pôle nord au pôle sud de l'électro, il circule un flux (168). Ses lignes de force rencontrant l'anneau de fer, se dévient pour le traverser en plus grand nombre possible, et l'anneau devient un aimant avec ses pôles, S' et N', et sa ligne neutre MP (fig. 212). Cet aimant peut être considéré comme la réunion des deux aimants S'MN' et S'PN', comprenant chacun la moitié de l'anneau. Or, lorsque l'anneau tourne, ses pôles gardent sensiblement les positions indiquées, de sorte que dans une rotation complète dans le sens de la flèche, chacune de ses parties devient successivement pôle sud en S', ligne neutre en M, pôle nord en N' et ligne neutre en P. Il est à remarquer que de

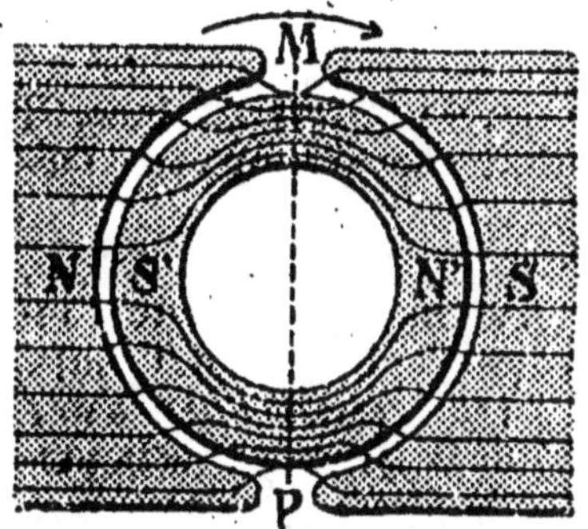

Fig. 212. — *Direction que prennent les lignes de force d'un aimant entre les pôles duquel est installé un anneau de fer.*

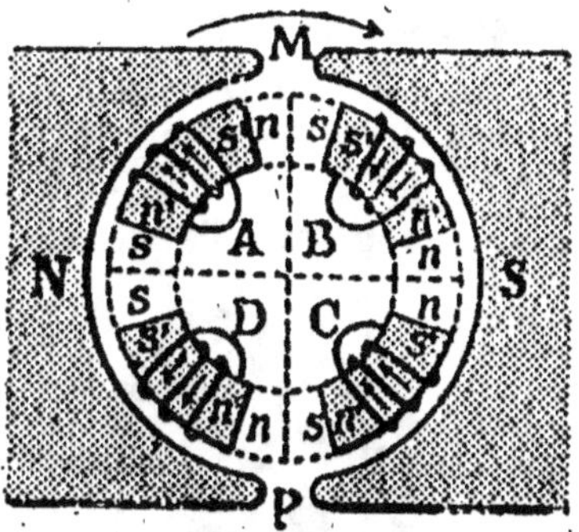

Fig. 213. — *Figure théorique expliquant le sens des courants induits formés dans l'anneau de Gramme.*

S' à M, et de N' à P, le flux qui circule à son intérieur augmente à cause des lignes de force qui y pénètrent, tandis que de M à N' et de P à S', c'est le contraire. Le circuit qui entoure cet anneau étant entraîné avec lui, il s'y produira des courants d'induction dûs à ces variations de flux.

Pour étudier le sens de ces courants, supposons quatre tronçons A, B, C, D de cet anneau (fig. 213), entouré chacun d'un solénoïde fermé sur lui-même ; on pourra les considérer comme quatre aimants séparés dont les pôles *n* et *s* seront placés comme c'est indiqué dans la figure. Les changements qu'ils éprouveront dans le flux qui les traverse provoqueront dans leur solénoïde respectif la formation des pôles *n'* et *s'*, égaux ou contraires suivant les cas. De la formation de ces pôles on pourra déduire le sens du courant induit, d'après la règle des aiguilles d'une horloge (101, REM.).

Partie A. — L'aimant s'approche de M ; le flux augmente. Le solénoïde pour s'opposer à cette augmentation donne naissance à deux pôles *n'* et *s'*, contraires à ceux de l'aimant. Dans les spires du solénoïde, il se formera, par conséquent, le courant indiqué par les petites flèches.

Partie B. — L'aimant s'approche de S ; le flux diminue. L'induit s'oppose à cette diminution en produisant deux pôles du même sens que ceux de l'aimant.

Partie C. — L'aimant s'approche de P. ; le flux augmente. L'induit lui oppose un flux contraire ; ses pôles sont donc opposés à ceux de l'aimant.

Partie D. — L'aimant s'approche de N ; le flux diminue. Il se forme dans l'induit des pôles de même sens que ceux de l'aimant.

En supposant l'anneau entier, entouré d'un circuit unique, il en résulte deux courants de sens différents. L'un prend naissance dans les spires de la partie droite de l'anneau, et l'autre dans celle de la partie gauche (fig. 211). Les deux courants se réunissent à la partie inférieure et en forment un seul qui passe, par le moyen du balai B', au circuit extérieur où il est utilisé, puis, au moyen du balai B, il revient à l'anneau, d'où il est de nouveau lancé au circuit extérieur, et ainsi de suite.

FIG. 214. — *Anneau de Gramme.*
AA, Axe sur lequel il tourne. — G. Collecteur.

La force électromotrice du courant est d'autant plus grande que l'anneau de la machine tourne plus rapidement. Une machine magnéto-électrique de Gramme dont l'anneau fait 1100 tours à la minute donne un courant de 20 *volts*, c'est-à-dire équivalant à celui que produirait une pile Daniell de 20 *éléments* en série.

La machine électrique de Gramme n'est guère employée que dans les laboratoires ; dans l'industrie, on se sert de machines beaucoup plus puissantes, appelées machines *dynamo-électriques* ou simplement *dynamos*.

208. Machine dynamo-électrique de Gramme. — Les *machines dynamo-électriques* diffèrent des machines magnéto-électriques en ce que l'élément inducteur au lieu d'être un aimant, est un *électro-aimant*, ce qui permet de leur donner de grandes dimensions.

La machine dynamo-électrique de Gramme se compose donc d'un électro-aimant NSBB' (fig. 218) entre les pôles duquel tourne un anneau, semblable à celui de la machine magnéto-électrique, qui a été décrit précédemment. Son fonctionnement est le même, en principe, que celui de cette dernière machine.

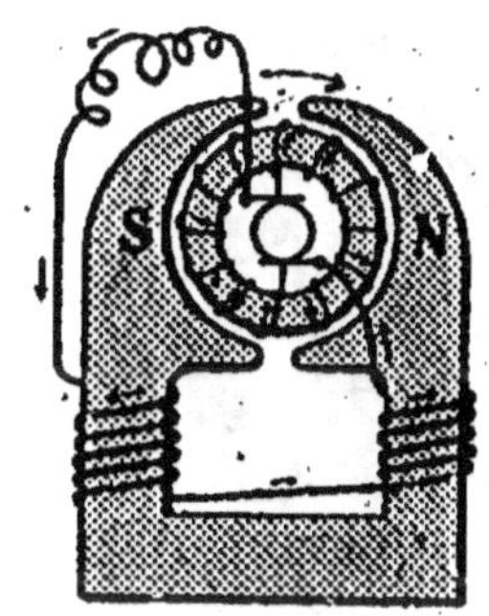

FIG. 215.
Excitation en série.

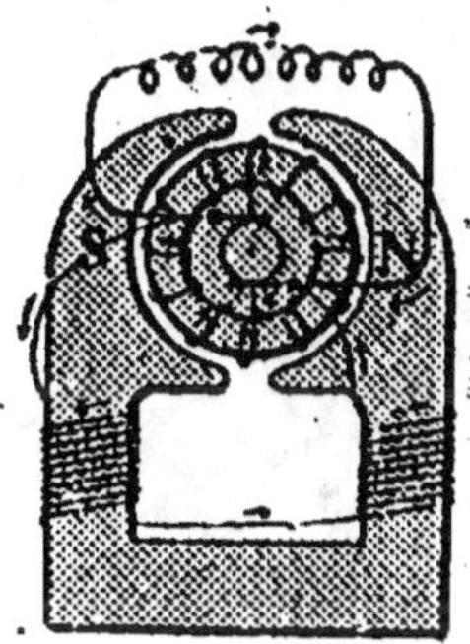

FIG. 216.
Excitation en dérivation.

FIG. 217.
Excitation Compound.

L'électro-aimant est excité généralement par le courant même de la machine. Cette excitation peut se réaliser de trois manières :

1° *En série.* — Dans l'excitation *en série* on fait passer tout le courant par les branches de l'électro. Peu de spires suffisent en ce cas.

2º *En dérivation.* — Pour l'excitation *en dérivation*, on fait passer seulement une petite partie du courant par l'électro, et, à cet effet, on emploie un fil long et fin, qui présente par là même beaucoup de résistance.

3º *Compound.* — Cette excitation est une combinaison des deux précédentes.

La dynamo s'*amorce d'elle-même*, parce que le noyau de l'électro-aimant n'étant jamais parfaitement doux, conserve toujours un peu d'aimantation ; il se produit donc au début un faible courant dans l'anneau et ce courant passant dans l'électro-aimant augmente de plus

Fig. 218. — *Machine dynamo-électrique de Gramme.*

en plus son aimantation à mesure qu'il devient lui-même plus intense. La vitesse d'une dynamo ne doit pas être inférieure à 600 *tours* à la minute ; on l'obtient à l'aide d'un moteur actionné par une force quelconque : vapeur, chute d'eau, etc.

La force électromotrice d'une dynamo est, comme celle d'une magnéto, proportionnelle au nombre de lignes de force coupées en un temps déterminé, une seconde par exemple. Elle dépend donc : 1° *de la grandeur du flux qui circule dans l'anneau ;* 2° *du nombre de spires enroulées sur l'anneau ;* 3° *de la vitesse de rotation de l'anneau.*

Les dynamos ordinaires produisent des courants électriques dont la force électromotrice est comprise entre 50 et 250 *volts,* et l'intensité, entre 25 et 200 *ampères ;* pour le transport de la force à distance, on construit des dynamos produisant des courants électriques de peu d'intensité mais d'un voltage très élevé.

Pour construire ces dernières machines, dites à *haut potentiel,* on augmente le nombre des spires des bobines de l'anneau et on diminue la grosseur du fil employé ; au contraire, pour obtenir des machines à *faible potentiel,* mais à *grand débit électrique* on augmente la grosseur du fil des bobines tout en diminuant le nombre des spires.

Remarque. — Il semblerait, à première vue, que l'anneau de Gramme, pour tourner, n'a qu'à vaincre la résistance qu'oppose le frottement de l'essieu et des balais, résistance qui est d'ailleurs insignifiante. Et cependant, il n'en est pas ainsi, car dans les quatre parties de l'anneau que nous avons étudiées à la fig. 213, les solénoïdes tendent précisément à se mouvoir en sens contraire à celui de l'anneau. En effet, dans les parties A et C, les solénoïdes ayant leurs pôles opposés à ceux du noyau respectif, tendent à se transporter le premier en S et le second en N, c'est-à-dire là où le flux de l'anneau est moins intense ; dans les parties B et C, les solénoïdes ont leurs pôles dirigés comme ceux du fragment de l'anneau qu'ils enveloppent, et alors ils tendent à se transporter à l'endroit où le flux est le plus intense, c'est-à dire à reculer en M et en P respectivement. L'anneau, en tournant, doit donc vaincre cette résistance. Il ne faut pas oublier, d'ailleurs, que c'est précisément le mouvement de l'anneau qui produit le courant électrique. Sans ce mouvement, il n'y aurait pas de courant dans le circuit.

En supposant que l'on supprime la force qui entraîne l'anneau, et que dans les spires de celui-ci on fasse arriver ce même courant électrique, au moyen d'une forte pile par exemple, ces solénoïdes, agissant librement, entraîneraient l'anneau dans un sens contraire à celui de la force qui agissait auparavant sur lui. C'est à cette propriété qu'est due la *réversibilité* d'une dynamo.

204. Réversibilité des dynamos. — Pour faire tourner l'anneau central d'une machine de Gramme, il faut dépenser de l'énergie mécanique fournie par la vapeur, par une chute d'eau, etc. ; le courant électrique qui prend naissance dans les spires de l'anneau est recueilli par les deux balais qui frottent sur le collecteur, pour être ensuite utilisé dans le circuit extérieur ; le travail mécanique dépensé se trouve donc converti en *énergie électrique*.

Inversement, si par les deux balais d'une machine de Gramme, on dirige dans l'anneau un courant suffisamment intense et produit par une machine semblable, l'anneau se met à tourner *en sens contraire* de celui de la première machine. Cet anneau devient un *moteur* capable d'entraîner divers appareils reliés à son axe. L'énergie électrique du courant est donc *transformée en travail mécanique*.

La possibilité d'obtenir avec des dynamos, soit la transformation d'un travail mécanique en énergie électrique, soit la transformation inverse, constitue ce que l'on appelle la *réversibilité*. La dynamo qui produit le courant est nommée *génératrice* et l'autre prend le nom de *réceptrice* ou de *moteur électrique*.

205. Transport de la force à distance. — La propriété que possèdent les dynamos d'être réversibles est très importante, car elle permet le transport de la force à distance. En effet, si l'on suppose une dynamo mise en mouvement par une chute d'eau en un lieu A, le courant qu'elle produit peut être amené par des fils conducteurs à une deuxième dynamo placée en un autre lieu B, distant de 10, de 20, de 50 kilomètres, et y faire tourner son anneau : le mouvement de cette seconde dynamo étant réellement emprunté à la chute d'eau, le problème du transport de la force à distance se trouve résolu.

Le transport de la force à distance a déjà reçu de nombreuses applications. Pour en donner un exemple, on peut citer l'emp...i qu'en fait la Compagnie des Forces motrices du Rhône, à Lyon. Un canal de dérivation du Rhône, de 16 kilomètres de longueur, amène à une usine électrique, située à 7 killomètres de Lyon, une masse d'eau considérable, 100 mètres cubes à la seconde, qui, au moyen d'une chute, met en mouvement 19 turbines actionnant chacune une dynamo dont l'énergie du courant produit égale 1.200 *chevaux-vapeur*. Cette force énorme de plus de 20.000 *chevaux-vapeur* est ensuite distribuée dans toute la ville où elle est employée pour l'éclairage et aussi pour actionner des moteurs électriques, destinés eux-mêmes à faire mouvoir toutes sortes de

Fig. 219. — *Tramways électriques.*

mécanismes : métiers de toute espèce, presse d'imprimerie, machines à coudre, pompes, souffleries, etc.

Les *tramways à traction électrique* fonctionnant à l'aide d'un câble aérien sont encore une intéressante application du transport de la force à distance. Sous chacun de ces tramways, près des roues, se trouvent deux dynamos réceptrices faisant fonctions de moteurs, les anneaux de ces dynamos reçoivent, par un conducteur nommé *trolley*, une partie du courant électrique qui parcourt le câble aérien, et, sous l'influence de ce courant, ils tournent rapidement en communiquant leur mouvement aux roues du tramway. Le courant électrique du câble aérien est produit par de puissantes dynamos génératrices installées dans une usine située à proximité de la ligne de circulation, et, le plus souvent vers son milieu. La force électromotrice de ce courant dépasse ordinairement 500 *volts*.

REMARQUE. — La formule de Joule (187) nous indique qu'un circuit traversé par un courant se chauffe d'autant plus que l'intensité de ce courant et la résistance du conducteur sont plus grandes. Pour éviter l'échauffement des conducteurs dans le transport de l'énergie, on leur donne généralement une section de 1mm² *pour chaque 5 ampères*.

206. Courants alternatifs. — On appelle *courants alternatifs* des courants qui changent de sens à intervalles égaux très rapprochés. On les obtient au moyen de dynamos spéciales appelées *alternateurs*.

Soit un anneau de Gramme, muni, au lieu de collecteur, de deux bagues métalliques lisses, isolées l'une de l'autre, sur les-

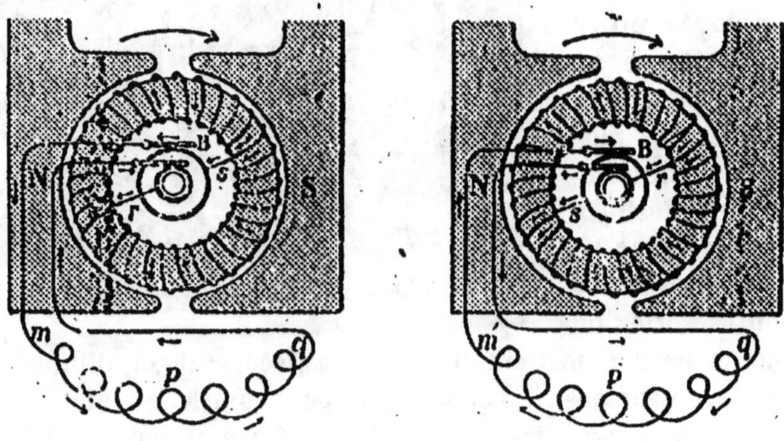

FIG. 220.   FIG. 221.

Idée de la formation de courants alternatifs.

quelles frottent les balais, et ces deux bagues unies, par les conducteurs *r* et *s*, à deux parties diamétralement opposées du circuit. Cet anneau, en tournant, produira un courant alternatif. En effet, en le supposant dans la position indiquée à la figure 220, le courant qui prend naissance dans les spires de droite, ira au balai B au moyen du conducteur *s* et de la bague qui est en contact avec ce balai ; celui de gauche correspondra à l'autre balai. Ces deux courants, en se réunissant au circuit extérieur n'en formeront qu'un seul, circulant dans le sens indiqué par les, flèches. Lorsque l'anneau aura fait un demi-tour, le sens du courant aura changé, ce que l'on comprendra facilement par l'inspection de la figure 221. Après un tour complet il reprendra sa première valeur ; il aura alors réalisé une *période*.

Le nombre de périodes par seconde constitue la *fréquence* d'un courant alternatif. Si nous supposons que l'anneau fait 15 tours par seconde, le courant aura une fréquence de 15 périodes.

Les courants alternatifs sont très usités pour le transport de l'énergie à de grandes distances, à cause de la facilité avec laquelle on les réduit à une intensité de peu d'ampères, ce qui permet l'emploi de fils conducteurs d'un petit diamètre. Cette réduction se réalise au moyen des *transformateurs*.

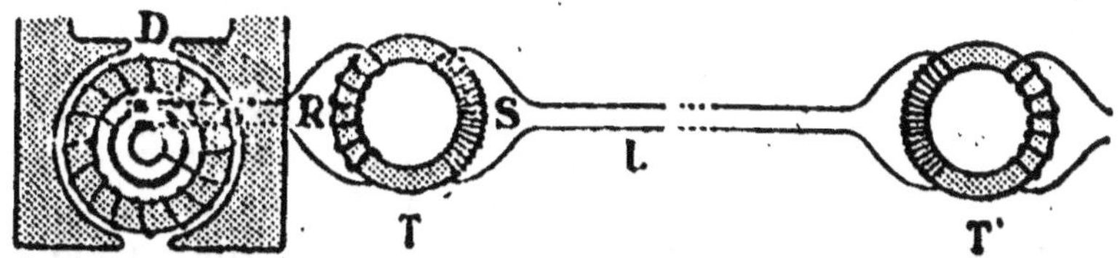

FIG. 222. — *Transformations d'un courant alternatif.*

D, Dynamo de courant alternatif. — T, Transformateur élevant le courant de la dynamo à un haut potentiel. — T', Transformateur ramenant le courant à un potentiel modéré. — L, Ligne.

Un transformateur consiste, en principe, en un anneau de fer doux T, autour duquel s'enroulent deux circuits, l'un R, formé d'un petit nombre de spires de fil gros, et l'autre S, d'un grand nombre de spires de fil mince. On fait circuler par le premier le courant de la dynamo et on met le second en communication avec les fils de la ligne. Le courant de la dynamo étant alternatif, l'anneau T s'aimante deux fois dans une période, une fois dans un sens, et l'autre dans le sens contraire. Ces variations de flux produisent dans le fil secondaire S un courant d'induction qui est aussi alternatif, mais d'une force électromotrice et d'une intensité différentes de celui de la dynamo. On calcule que si le nombre de spires du circuit secondaire est *n* fois plus grand que celui des spires du circuit primaire, le courant secondaire a *n* fois plus de volts et *n* fois moins d'ampères que le courant primaire.

PROBLÈME. — *En supposant que le circuit R ait 400 spires, et le circuit S, 40.000, quelles seraient l'intensité et la force électromotrice du courant secondaire, si le courant primaire était de 80 ampères et 150 volts?*

Le circuit S a 100 fois plus de spires que le circuit R. L'intensité du courant secondaire sera donc 80 : 100 = **0 amp. 8.**

Sa force électromotrice sera : $150 \times 100 =$ **15.000 volts.**

Mais un courant d'un potentiel si élevé présente de très graves dangers dans les installations où les fils conducteurs sont à la portée de la main. C'est pour cette raison que, avant de l'utiliser à son arrivée, on lui fait subir une transformation inverse afin de réduire son potentiel à un nombre de volts généralement inférieur à 300.

On fait aujourd'hui un grand usage des *courants triphasés*, qui sont constitués par trois courants alternatifs, en retard l'un sur l'autre de 1/3 de période, et tous produits par une même machine. Ces courants se transportent au moyen de trois fils, qui servent alternativement pour l'aller et le retour, car jamais ils ne circulent tous dans le même sens dans les trois conducteurs à la fois. Pour les appliquer à l'éclairage, on relie les lampes à deux quelconques de ces fils. Lorsqu'on désire les utiliser pour actionner un mécanisme, on relie les trois fils à des moteurs dits *à champ tournant*, ainsi appelés parce que les trois courants, excitant alternativement une série d'électro-aimants qui entoure un anneau mobile, ont pour effet de produire un champ magnétique tournant, tout comme s'il s'agissait d'un aimant animé d'un mouvement de rotation autour d'un axe. Le flux de ce champ produit dans l'anneau des courants d'induction qui l'obligent à tourner avec lui. C'est à cet anneau que l'on unit les appareils que l'on veut mettre en mouvement.

REMARQUE. — Les galvanomètres décrits au n° 193 ne peuvent pas être appliqués à la mesure des courants alternatifs, car le sens de ceux-ci variant avec tant de fréquence, l'aiguille de l'appareil n'aurait pas le temps de réaliser les oscillations indiquant l'intensité ou la force électromotrice. On les construit en se basant sur la propriété qu'a tout courant de chauffer et par là même de dilater les conducteurs qui présentent une grande résistance à son passage. On les gradue au moyen des galvanomètres employés pour les courants continus.

BOBINE D'INDUCTION. — BOBINE DE RUHMKORFF

207. Une bobine d'induction comprend deux circuits complètement indépendants l'un de l'autre. L'un de ces circuits, appelé *primaire*, est formé par un fil de cuivre gros et relativement court qui entoure une pièce de fer doux ;

c'est donc simplement un électro-aimant. L'autre est constitué par une bobine de fil long et fin qui entoure la première ; c'est le circuit *secondaire*.

Cette bobine s'emploie pour transformer les courants continus ou alternatifs en courants alternatifs à haut potentiel. Lorsque le courant primaire est continu, on y relie un appareil nommé *interrupteur*, destiné à établir puis à couper ce courant un grand nombre de fois par seconde, ce qui produit dans le circuit secondaire, un nombre égal de courants induits, alternativement inverses et directs (201, 1re exp.). On a ainsi la *bobine de Ruhmkorff*.

Le circuit primaire d'une bobine de Ruhmkorff a géné-

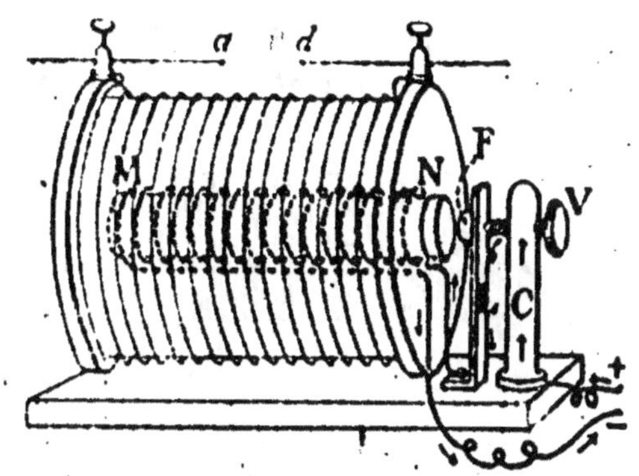

Fig. 223.
Schéma d'une bobine de Ruhmkorff.

ralement une longueur de 40 à 50 mètres ; le circuit secondaire atteint souvent une longueur de plusieurs dizaines de kilomètres. L'interrupteur d'une bobine ordinaire est formé par lame élastique L, à laquelle est soudée une petite pièce de fer doux F, placée en face du fer doux de l'électro MN. Lorsque l'on établit le courant d'une pile dans celui-ci, la pièce de fer F est attirée ; la lame se sépare alors de la vis V, ce qui coupe le courant et fait perdre à l'électro son aimantation. La lame revient alors toucher la vis et rétablit le courant. Ces phénomènes se répètent jusqu'à 15 ou 20 fois par seconde. On peut remarquer que ce mécanisme est identique à celui qui fait fonctionner le marteau dans la sonnerie électrique.

Pour les grandes bobines, on emploie des interrupteurs plus parfaits, tels que ceux de Foucault et de Wehnelt ; ce dernier peut donner jusqu'à 3.000 interruptions par seconde, et peut s'appliquer même aux courants primaires alternatifs.

Lorsque l'appareil fonctionne et que le circuit secondaire est fermé sur lui-même, il s'y produit un courant alternatif. Si le circuit est ouvert et que les extrémités *a* et *d* du fil se trouvent à une distance relativement petite, ce courant donne lieu à des étincelles se produisant dans l'un et l'autre sens ; mais lorsque cette distance est suffisamment grande, elles n'ont lieu qu'en un seul sens, celui qui correspond à la rupture du courant primaire, dont l'effet est renforcé par la self-induction du circuit de l'électro-aimant (201, 4e exp.). La bobine de Ruhmkorff peut alors servir à produire des décharges électriques, et à charger une bouteille de Leyde ou une batterie, comme le ferait une machine électrostatique, celle de Ramsden par exemple.

La bobine d'induction a des applications très importantes. On l'emploie à la production des courants de haute fréquence et des ondes hertziennes que l'on utilise dans la télégraphie sans fil, et à celle des rayons X. Elle est nécessaire dans le téléphone pour transmettre la parole à de grandes distances. Elle a, en outre, des applications médicales.

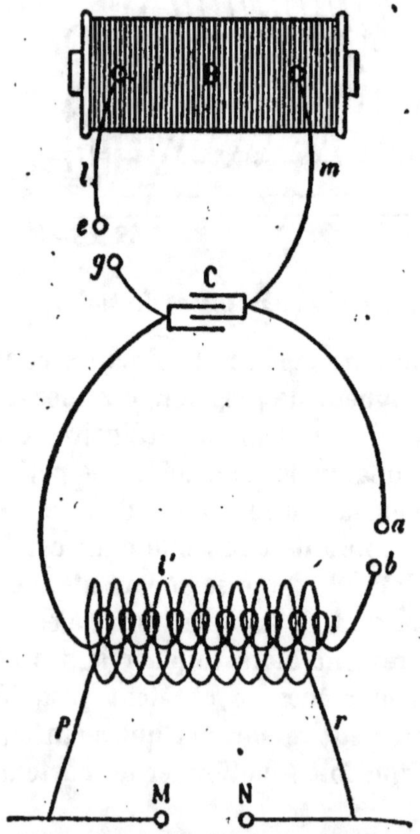

FIG. 224. — *Schéma indiquant le dispositif de Tesla pour la formation des courants de haute fréquence.*

208. Production des courants de haute fréquence. —

On obtient des courants de haute fréquence par le dispositif suivant, indiqué par Tesla.

On met en communication les pôles d'une bobine de Ruhmkorff B avec les armatures d'un condensateur C, une bouteille de Leyde, par exemple, en laissant une interruption *eg* suffisamment grande pour que les étincelles se produisent en un seul sens. Des armatures de la bouteille partent les deux branches d'un excitateur, dont l'une forme un solénoïde d'une dizaine de grosses spires, qui constituent le circuit primaire d'une bobine d'induction *i'*. Lorsque les armatures du condensateurse déchargent l'une sur l'autre entre *a* et *b*, il éclate entre ces deux points une étincelle dite oscillante, unique en apparence, mais formée d'une série excessivement rapide d'étincelles se produisant dans l'un et l'autre sens et dues à la self-induction du solénoïde. Il en résulte dans celui-ci un courant alternatif d'une fréquence de 10.000 à 100.000 périodes par seconde. Le courant induit qui se formera dans le circuit secondaire *i'* aura donc une égale fréquence. Le potentiel d'un courant induit étant d'autant plus élevé que l'interruption du courant primaire est plus fréquente, il s'en suit que la force électro-motrice développée dans ce circuit secondaire possèdera une tension énorme, pouvant dépasser 100.000 volts.

Les courants de haute fréquence sont remarquables par leurs effets lumineux et par leur parfaite innocuité sur l'organisme. On peut toucher les boules M et N et faire passer le courant par le corps sans en sentir la moindre commotion, alors que des courants d'une fréquence bien inférieure seraient foudroyants.

Le transmetteur de la télégraphie sans fil est simplement un producteur de courant de haute fréquence.

TÉLÉPHONE

209. Le *téléphone*, inventé en 1877 par l'américain Graham Bell, est un ingénieux appareil destiné à transmettre au loin, et d'une façon instantanée, les sons et particulièrement la parole. C'est une des plus belles applitions des courants d'induction. Sa théorie est basée sur la troisième expérience du n° 201.

Le téléphone se compose de deux appareils absolument semblables : un *transmetteur* et un *récepteur*. Chacun de ces deux appareils renferme un barreau aimanté A, portant, à l'un de ses pôles une petite bobine de bois B, sur laquelle s'enroule un long fil de cuivre recouvert de soie. Les bouts du fil de la bobine du transmetteur, après avoir formé le fil conducteur de la ligne, viennent s'enrouler sur la bobine du récepteur. En face et très près du barreau aimanté de chacun des deux appareils, du côté des bobines, se trouve une plaque de tôle M, fixée seulement par ses bords, au fond d'une espèce d'embouchure en forme d'entonnoir. Quand on parle devant la plaque de tôle du transmetteur, cette plaque vibre, c'est-à-dire se rapproche et s'éloigne alternativement du barreau aimanté. Il se produit

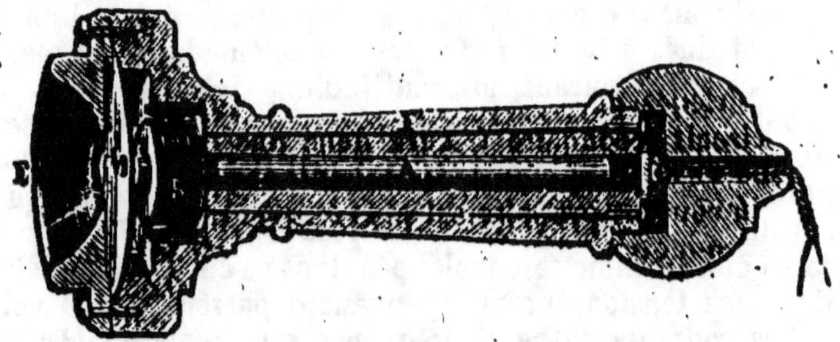

FIG. 225. — *Coupe d'un récepteur téléphonique.*
A, Barreau aimanté. — B, Bobine. — M, Plaque en tôle.

alors dans les bobines du téléphone des courants d'induction qui déterminent dans la plaque du récepteur des vibrations identiques à celles de la plaque du transmetteur : ces vibrations produisent des sons semblables à ceux qui les ont occasionnés.

Le téléphone magnétique précédemment décrit ne produit que des sons très affaiblis ; cela tient à ce que les courants d'induction qui se forment par suite des vibrations de la plaque du transmetteur, sont toujours excessivement faibles. On peut les renforcer à l'aide du *microphone.*

210. Microphone. — Le *microphone*, inventé par Hughes, est un transmetteur téléphonique d'une extrême sensibilité ; il consiste principalement en un crayon de charbon des cornues, dont les extrémités taillées en pointe, sont reçues à l'intérieur de deux petites cavités, creusées dans des supports également en charbon. Cette disposition permet au crayon d'osciller au moindre ébranlement. Les deux supports sont fixés à une planchette verticale et

Fig. 226. — *Microphone.*

communiquent avec un récepteur de téléphone par deux fils métalliques ; une pile est intercalée dans le circuit formé par ces fils. Le bruit le plus léger fait osciller le le crayon de charbon. Or, ce charbon, suivant qu'il est plus ou moins pressé sur ses points d'appui, laisse passer une quantité plus ou moins grande du courant électrique, à cause des variations de résistance que ces différences de contact occasionnent dans le circuit. L'intensité du courant qui circule dans la

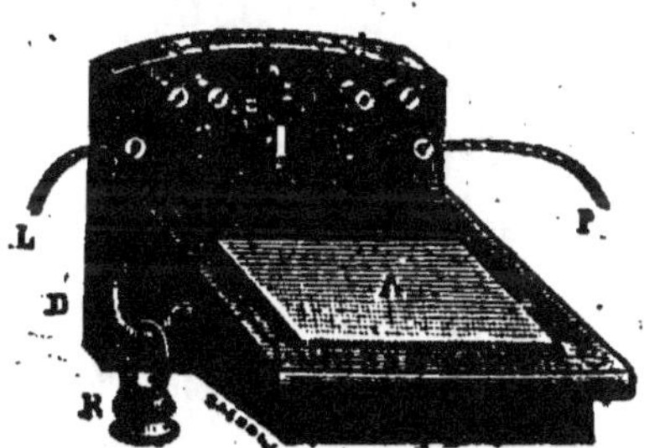

Fig. 227. — *Transmetteur du téléphone Ader.*

bobine du récepteur étant ainsi modifiée à chaque vibration du charbon, le centre de la plaque de tôle exécute un mouvement de va-et-vient qui met en vibration l'air de l'embouchure. La sensibilité du microphone est telle, que la marche d'un insecte sur la planchette de l'instrument s'entend à une grande distance quand on applique le récepteur contre l'oreille. Les paroles prononcées, même à voix basse, à quelques mètres d'un microphone se perçoivent très bien au récepteur ; toutefois, certaines précautions sont nécessaires pour qu'elles soient transmises avec clarté. C'est pour cette raison que l'on emploie plutôt des microphones à charbon multiple : tel est le *microphone d'Ader.*

Le microphone d'Ader a la forme d'un pupitre dont la partie supérieure est une planchette de sapin, au-dessous de laquelle se trouvent deux séries de charbons soutenues par trois traverses de la même substance. Ces traverses soutiennent ces charbons sans les presser, de manière que ceux-ci oscillent aux vibrations que produit la parole émise devant la planchette.

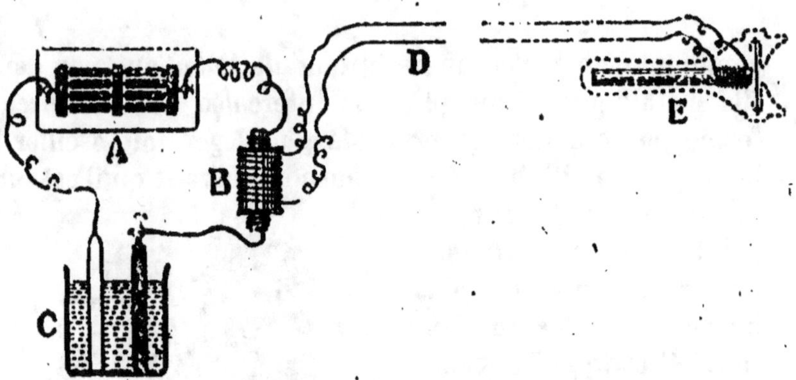

FIG. 228. — *Schéma d'une installation téléphonique.*
A, Microphone. — B, Bobine d'induction. — C, Pile. — D, Ligne. — E, Récepteur.

211. Installation téléphonique. — Une installation téléphonique comprend un *transmetteur* et un *récepteur.*

1º *Transmetteur.* — Le *transmetteur* comprend une *pile*, ordinairement de Leclanché, un *microphone* et une *bobine d'induction.*

Le courant de la pile traverse le microphone et le fil primaire de la bobine. Le fil secondaire de celle-ci est uni à la ligne de service.

2° Récepteur. — Le *récepteur* employé dans les installations téléphoniques est ordinairement celui d'Ader. Il diffère de celui de Bell en ce que l'aimant, recourbé en fer à cheval, vient présenter ses deux pôles devant la plaque vibrante, et une double bobine, dont le fil est la continuation de celui de la ligne téléphonique, entoure les pôles de l'aimant. Cette disposition augmente les variations d'état magnétique de l'aimant, produites par

A

B

FIG. 229. — *Personnes correspondant par téléphone.*

Le courant électrique produit par la pile du poste A, après avoir traversé le microphone du transmetteur de ce poste, passe dans le fil de la ligne et arrive au récepteur du poste B.

les modifications que subit le courant électrique, et, par suite, amplifie les vibrations de la plaque de tôle ainsi que les sons qu'elle produit.

Lorsque l'on parle devant le microphone la planchette de sapin vibre et fait vibrer les crayons de charbon. Les variations d'intensité que subit le courant primaire de la bobine à conséquence de ces vibrations, produisent, dans le fil secondaire, des courants d'induction d'une force électromotrice très élevée et capables, par là même, de franchir de grandes distances sans diminution sensible. Ces courants arrivent à la bobine du récepteur dont ils font vibrer la plaque. On peut ainsi se communiquer à des centaines de kilomètres.

212. Application du téléphone à pile. — Le téléphone à pile est aujourd'hui universellement répandu. De plus, des réseaux téléphoniques sont établis dans un grand nombre de villes et permettent à leurs habitants d'avoir, sans aucun déplacement, des rapports fréquents et presque instantanés.

Chacun des abonnés faisant partie du réseau possède une station téléphonique complète, composée d'un *transmetteur*, d'un *récepteur* et d'une *sonnerie d'avertissement* ; un double fil relie ces appareils à un bureau central. Lorsqu'un de ces abonnés veut correspondre avec un autre, il presse le bouton de la sonnerie afin d'avertir l'employé du bureau central, puis il demande à cet employé de mettre sa ligne téléphonique en communication avec celle de la personne qu'il lui désigne. Cela fait, les deux abonnés peuvent correspondre.

TÉLÉGRAPHIE SANS FIL

213. La *télégraphie sans fil* a pour objet de transmettre les signaux sans l'intermédiaire d'aucun fil conducteur. Ce système de télégraphie, imaginé en 1897, par Marconi, résulte de la combinaison de deux découvertes antérieures : celle des *ondes électriques*, par Hertz, en 1887 ; et celle des *radioconducteurs*, par Branly en 1800.

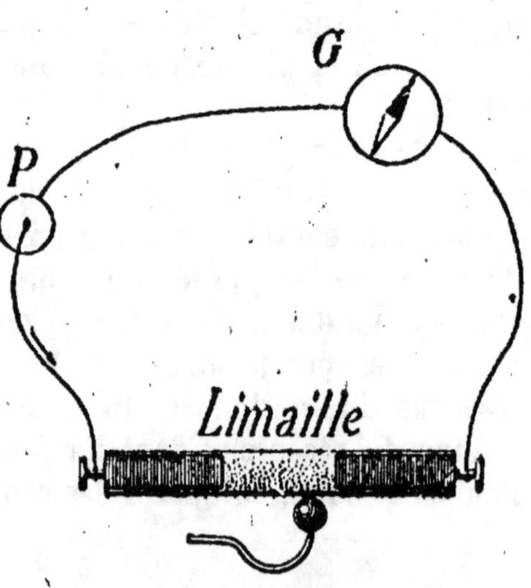

Fig. 230. — *Radioconducteur de Branly.*

Hertz avait constaté que si l'on fait communiquer les deux pôles d'une puissante bobine d'induction avec deux sphères métalliques reliées à des surfaces conductrices, formant un condensateur de peu de capacité, il se produit une décharge oscillante pouvant atteindre la fréquence d'un milliard de périodes par seconde, lesquelles donnent naissance à des ondes électriques qui se propagent comme

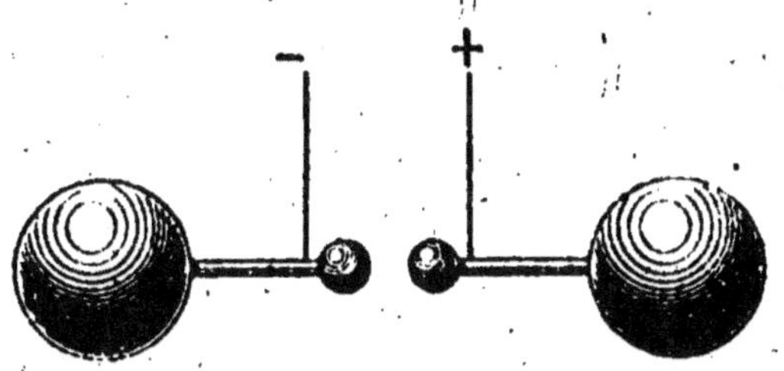

Fig. 231. — *Oscillateur.*

les ondes lumineuses, et avec une vitesse sensiblement égale à celle de la lumière. Elles ne sont perceptibles ni par l'œil, ni par l'oreille ; leur existence est révélée, même au loin, par des organes spéciaux dits *radioconducteurs* ou *cohéreurs.*

Le *radioconducteur* de Branly est formé d'un tube isolant, dans lequel un peu de limaille est légèrement comprimée entre deux petits cylindres métalliques. Lorsqu'on l'intercale dans le circuit d'une pile avec un galvanomètre, on n'y observe point de circulation de courant ; mais dès qu'une étincelle oscillante éclate à distance, l'aiguille du galvanomètre dévie fortement ; si alors on fait éprouver au tube un petit choc, il reprend sa résistance initiale et l'aiguille du galvanomètre revient au zéro. La sensibilité de ce révélateur est très grande, et elle se manifeste à distance, même à travers les murs.

Une station de télégraphie sans fil comprend un *transmetteur* et un *récepteur.*

1° *Transmetteur.* — Le transmetteur de la télégraphie
sans fil se compose d'un manipulateur Morse et d'un oscillateur Hertz. La manipulateur a pour objet de fermer le
circuit de la pile P (fig. 232), qui fournit le courant primaire de la bobine B. Aux pôles de cette bobine sont unies

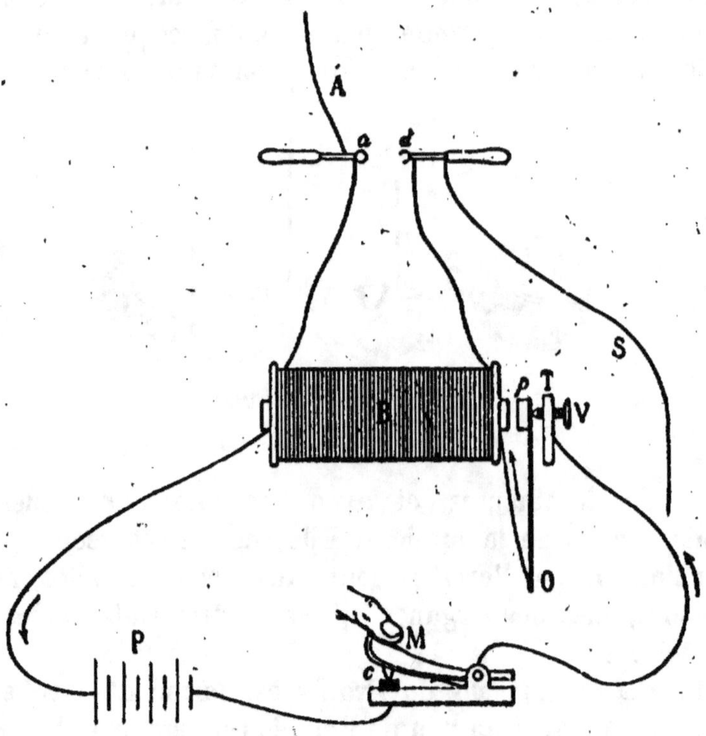

FIG. 232. — *Transmetteur de la télégraphie sans fil.*

A, Antenne. — *a*, *d*, Boules entre lesquelles éclate l'étincelle oscillante. — B, Bobine de Ruhmkorff. — M, Manipulateur. — P, Pile. — S, Fil relié au sol.

les boules métalliques *a* et *d* entre lesquelles éclate l'étincelle oscillante, à laquelle on donne plus ou moins de durée,
selon que le signe à transmettre est un trait ou un point.

Afin de donner plus d'amplitude aux ondes, on relie
l'une de ces boules à un long fil métallique appelé *antenne*,
qui s'élève en l'air ; l'autre tige est unie au sol, ce qui renforce les étincelles.

2° *Récepteur.* — Le récepteur est formé d'une pile dans le circuit de laquelle se trouve un électro-aimant E, destiné à attirer une armature comme dans le récepteur Morse, et

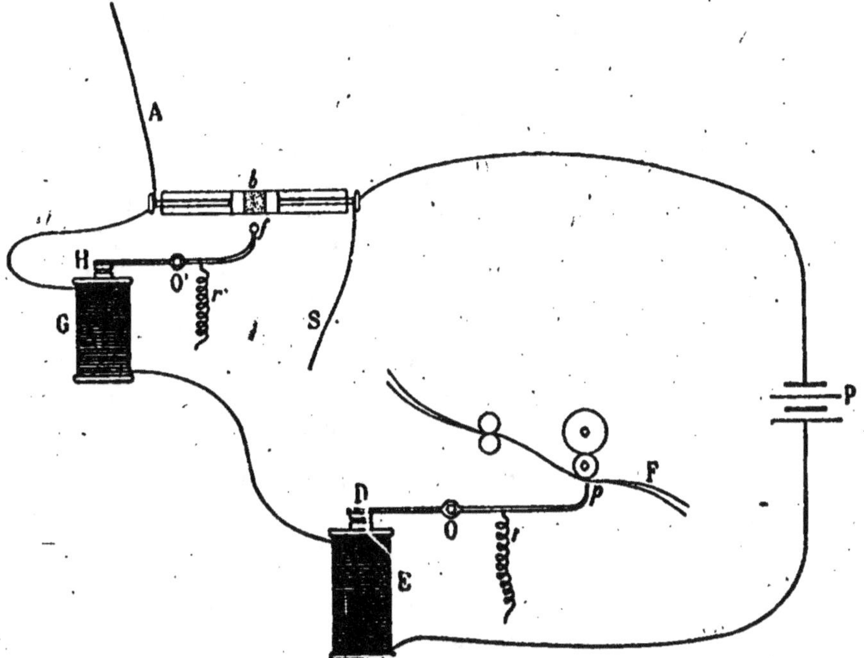

FIG. 233. — *Récepteur de la télégraphie sans fil.*

A, Antenne. — b, tube de Branly. — E, Electro-aimant attirant l'armature d'un récepteur Morse. — O, Electro-aimant actionnant le marteau f. — P, Pile. — S, Fil relié au sol.

un radio-conducteur de Branly, dont l'une des extrémités est unie à une antenne et l'autre au sol.

La limaille métallique devenant conductrice lorsqu'elle est traversée par les ondes hertziennes produites par le transmetteur, le courant de la pile passe alors dans le circuit, et le fer doux de l'électro E attire le levier du récepteur Morse : mais ce même courant circulant dans l'électro G actionne d'une manière identique un petit marteau f qui frappe un coup sur le cohéreur et lui fait perdre aussitôt sa conductibilité ; de nouvelles ondes viennent alors la rétablir et ainsi de suite. En appuyant sur le manipulateur du transmetteur pendant des intervalles de temps plus ou moins longs, on obtient sur la bande de papier du récepteur des séries plus ou moins longues de points ; les unes représentent les traits et, les autres les points de l'alphabet Morse.

Au moyen du radioconducteur de Branly, on peut enregistrer les dépêches jusqu'à une distance d'environ 1.000 kilomètres.

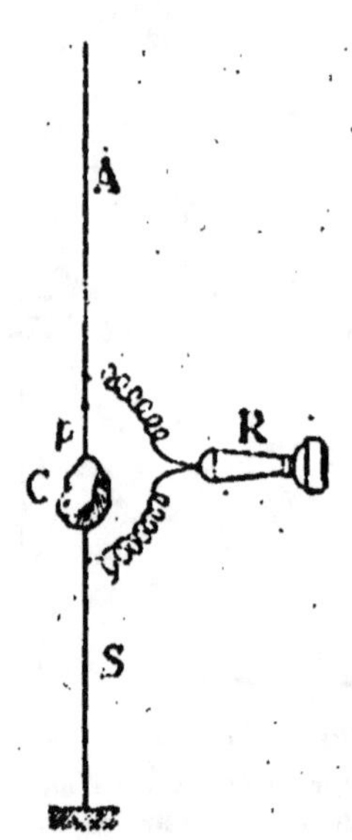

Fig. 234. — *Récepteur téléphonique de la télégraphie sans fil.*

A, Antennne. — C, Galène. — *p*, Pointe de platine. — R, Récepteur téléphonique. — S, Fil relié au sol.

Au-delà de cette distance, les vibrations électriques ne possèdent pas l'énergie suffisante pour agir sur le radioconducteur et mettre par là même en mouvement le récepteur Morse. On a alors recours à un récepteur téléphonique, moyennant lequel les signes sont transmis simplement par l'oreille. A cette fin, on intercale entre l'antenne et le fil relié au sol un *détecteur d'ondes*, consistant en un morceau de galène (minerai de plomb) que l'on met en léger contact avec une pointe de platine *p ;* puis l'on installe en dérivation un téléphone R. Les ondes hertziennes donnent lieu dans ce double circuit à des courants induits, qui produisent dans le téléphone des sons musicaux plus ou moins prolongés, corespondant aux traits et points de l'alphabet morse.

Certains appareils récepteurs enregistrent les sons sur des disques de gramophone, ce qui permet de les reproduire au besoin.

La télégraphie sans fil a été très utilisée pendant la guerre de 1914-1918. Elle rend de grands services aux navires qui en possèdent une installation. Elle leur permet d'avoir tous les jours des nouvelles des continents, et de demander secours en cas de besoin.

Nota. — On applique encore les ondes hertziennes à la *téléphonie sans fil.* L'oscillateur consiste en un arc voltaïque se produisant entre une électrode de charbon et une électrode de cuivre, et rendu oscillant au moyen d'un condensateur et d'une self-induction que l'on installe dans le circuit du courant. Un microphone placé dans ce même circuit et devant lequel on parle, modifie, par ses vibrations les ondes que produit l'arc. Au récepteur, un téléphone relié à l'antenne et au détecteur d'ondes permet d'entendre les paroles prononcées devant le microphone du transmetteur.

RAYONS X

214. Lorsque, à travers un tube contenant un gaz à une très petite pression ($0^{mm}005$), on fait passer une décharge électrique au moyen d'une bobine de Ruhmkorff, le gaz s'illumine et forme une colonne de couleur rosée. Le verre même devient fluorescent et prend différentes teintes selon sa composition. On a ainsi le *tube de Geissler*, auquel

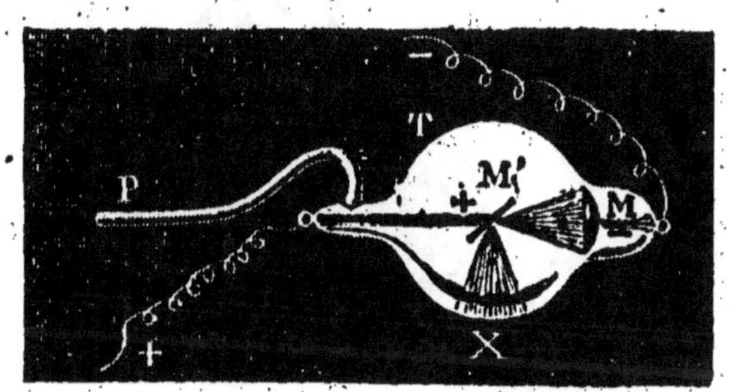

Fig. 235. — *Tube de Crookes.*

on donne des formes plus ou moins capricieuses. Ces tubes existent dans tous les cabinets de physique et sont connus de tout le monde.

Mais si, dans un tube on fait le vide presque parfait, on a le *tube de Crookes*, dans lequel la décharge électrique ne produit point de colonne lumineuse ; il se forme seulement du côté du pôle positif une lumière phosphorescente assez intense ; les rayons qui produisent cette phosphorescence étant issus du pôle négatif ou *cathode*, M, sont appelés *rayons cathodiques*. En interceptant les rayons cathodiques au moyen d'une lame métallique M', il s'en forme d'autres complètement invisibles, mais doués de propriétés spéciales. M. Rœntgen, professeur de Wurtzbourg, qui en fit la découverte en 1896, les a appelés *rayons X*.

Les rayons X ont la propriété de traverser facilement certaines substances et d'être retenus par d'autres ; ainsi le papier, même sur une épaisseur de mille feuilles, se laisse aisément pénétrer par les rayons X, et il en est de même du bois, du carton et de la plupart des substances organiques ; au contraire, le verre et les métaux, sauf l'alu-

Fig. 236. — *Dispositif employé pour la photographie par les rayons X.*

P. Pile. — B. Bobine Ruhmkorff servant à produire l'étincelle du courant électrique. — T. Tube de Crookes. — E. Ecran en aluminium servant à retenir certains rayons accompagnant les rayons X et qui ont une action nuisible sur l'épiderme de la peau.

minium, se refusent au passage de ces rayons. La propriété que possèdent les rayons X de passer à travers un grand nombre de corps a été utilisée pour la *radiographie* ou la *photographie de l'invisible*. Le dispositif employé pour cela est représenté par la figure 236, où l'on voit l'appareil disposé pour photographier les os d'une main ; les rayons X pénètrent à peine les os tandis qu'ils traversent facilement la chair ; il en résulte que la plaque sensible de gélatino-bromure, enfermée dans le châssis placé sous la main, ne sera presque pas impressionnée par les rayons X dans les parties correspondant aux os et que, par suite, ces derniers se dessineront en noir dans l'épreuve positive que donnera cette plaque sensible lorsqu'elle sera traitée par des procédés indiqués pour la photographie ordinaire. On peut de même, avec les rayons X, photographier une pièce enfermée dans un porte-monnaie, un objet métallique contenu dans une boîte de bois, le squelette d'une grenouille vivante, etc.

De plus, le profes-
seur Rœntgen a mon-
tré, en 1896, que les
rayons X avaient la
propriété de rendre
fluorescentes un certain
nombre de substances,
entre autres le *platino-
cyanure de baryum*, et
qu'en interposant la
main entre un tube de
Crookes en activité et
un écran couvert de

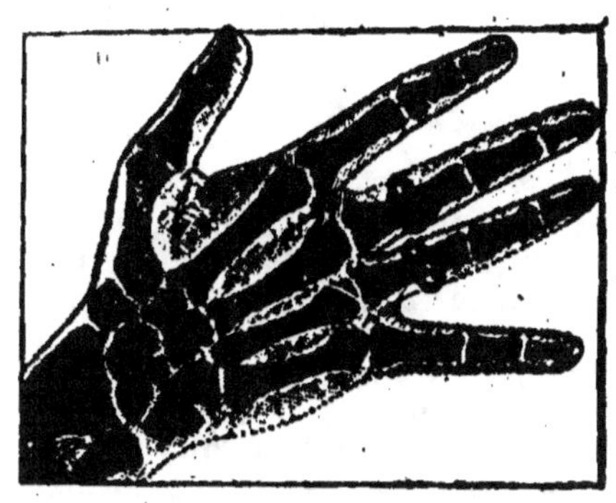

Fig. 237. — *Os d'une main photo-
graphiée par les rayons X.*

l'une de ces substances, dans une chambre obscure, on apercevait distinctement le *squelette de cette main* sur cet écran.

L'expérience de Rœntgen a donné lieu à un nouveau procédé d'investigations pour les objets invisibles, que l'on a nommé *fluoroscopie*. Ce procédé permet de voir non seulement les os d'une main à travers un écran recouvert de platino-cyanure de baryum, mais encore tout l'intérieur du corps d'une personne : le squelette paraît en entier, les côtes sont nettes et précises, et les vertèbres peuvent être comptées ; on voit distinctement les poumons qui se gonflent et se dégonflent en s'emplissant et en se vidant d'air, et le cœur dont la pointe bat près du diaphragme. On peut aussi reconnaître si les poumons sont atteints de la tuberculose, si les organes sont sains et normaux et trouver la véritable position des corps étrangers qui ont pu s'introduire dans l'organisme : projectiles, éclats de verre, fragments d'os, etc. Par ce qui précède, on voit les avantages immenses que la science médicale peut tirer des rayons X.

Les services des douanes, des octrois et des postes trouvent également dans les rayons X de précieux auxiliaires qui, par l'examen fluoroscopique des colis, permettent de s'assurer rapidement de l'exactitude des déclarations qui ont été faites au sujet de leur contenu.

RÉSUMÉ

Les courants électriques qui prennent naissance dans les conducteurs métalliques soumis à l'influence des aimants, sont appelés *courant d'induction*.

Tout déplacement d'une bobine dans le voisinage d'un aimant développe dans cette bobine des courants d'induction, d'autant plus *intenses* que le déplacement *a été effectué plus rapidement*. C'est sur ce principe que repose la construction des machines *magnéto-électriques* et *dynamo-électriques*.

Parmi les *machines magnéto-électriques*, la principale est celle de *Gramme*, qui se compose d'un *aimant fixe* en fer à cheval entre les pôles duquel tourne très rapidement un anneau formé d'une série de bobines réunies en un circuit unique.

Les *machines dynamo-électriques* diffèrent des précédentes en ce que l'élément inducteur au lieu d'être un aimant, est un *électro-aimant*, dont la puissance peut être beaucoup supérieure.

On désigne sous le nom de *réversibilité des dynamos* la possibilité qu'elles ont de transformer soit un travail mécanique en énergie électrique, soit une énergie électrique en travail mécanique. La réversibilité des dynamos est utilisée pour le *transport de la force à distance*.

On appelle *courants alternatifs* des courants qui changent de sens à intervalles égaux très rapprochés. Ils ont l'avantage d'une facile transformation pour le transport économique de l'énergie à distance.

La *bobine d'induction* comprend deux circuits indépendants l'un de l'autre : le circuit primaire et le circuit secondaire. La *bobine de Ruhmkorff* a, en outre, un *interrupteur* du courant primaire. Les *courants de haute fréquence* s'obtiennent au moyen de deux bobines d'induction et un *condensateur*.

Le *téléphone* est une ingénieuse application des courants d'induction. Il sert à reproduire les sons à distance et se compose de deux appareils : un *transmetteur* et un *récepteur* reliés par un fil conducteur. Le téléphone actuellement le plus employé est celui d'*Ader*, dont le transmetteur est un *microphone* multiple.

Le *microphone* renforce extraordinairement les sons. Son principal organe consiste en un ou plusieurs crayons de charbon des cornues, dont les extrémités reposent sur des supports également en charbon.

Dans les installations téléphoniques destinées aux communications à grande distance, le transmetteur comprend une pile, un microphone et une bobine d'induction. Le récepteur est uni au fil secondaire de la bobine.

La *télégraphie sans fil* a pour objet de transmettre des signaux sans l'intermédiaire d'aucun fil conducteur. Le transmetteur se compose d'un manipulateur Morse et d'un oscillateur Hertz. Le récepteur comprend comme parties essentielles une pile, un tube de Branly et un récepteur Morse, ou simplement un récepteur téléphonique avec un cohéreur de galène.

La découverte des rayons X a permis la photographie de l'invisible que l'on obtient à l'aide des *tubes de Crookes*.

CHAPITRE XV

ACOUSTIQUE

215. L'*acoustique* est la partie de la physique qui a pour objet l'étude des sons et des lois d'après lesquelles ils se produisent et se propagent.

216. Production du son. — Le *son* est le résultat du mouvement vibratoire des corps sonores. Quand un corps émet un son, ses molécules sont animées d'un mouvement vibratoire très rapide. Si l'on arrête ce mouvement, le son cesse aussitôt de se faire entendre. Quand, par exemple on frappe sur le bord d'un verre à pied, ou quand on frotte ce verre avec un archet, il vibre et rend un son très distinct ; mais si on arrête les vibrations en touchant le

verre avec le doigt, le son cesse immédiatement. Pour constater les vibrations du verre, on met un petit pendule en
contact avec lui, et on voit que ce petit pendule est vivement repoussé toutes les fois qu'il vient toucher le verre.

Lorsqu'on pince une corde de violon ou de harpe pour
en tirer un son, on distingue très bien les mouvements de
va-et-vient qu'elle exécute de chaque côté de sa position

FIG. 238. — *Mouvement vibratoire des corps sonores.*

d'équilibre. Chaque mouvement, comprenant une allée et
une venue, forme une *vibration complète ;* le seul mouvement
d'allée ou de venue est appelé *vibration simple.*

Pour que les vibrations produisent des sons, il faut
qu'elles aient une certaine rapidité. Ainsi, quand on fixe
dans un étau une longue lame d'acier, et qu'après l'avoir
écartée de sa position d'équilibre, on l'abandonne à elle-
même, cette lame exécute une série de vibrations très len-
tes, mais elle ne rend aucun son. Si l'on raccourcit peu
à peu la lame d'acier, les vibrations deviennent de plus en

plus rapides, et il arrive un moment où l'on entend un son. D'abord très grave, ce son devient d'autant plus aigu que la partie vibrante de la lame est rendue plus courte, et, par conséquent que les vibrations sont plus rapides. Des expériences ont démontré que le son le plus grave perçu par notre oreille correspond à 16 vibrations par seconde, et le son le plus aigu, à 48.000.

On appelle *la* normal, la note de musique qui correspond à 435 vibrations complètes par seconde. A chacune des notes de la gamme, il correspond, en ce cas, le nombre de vibrations suivantes :

do re mi fa sol la si do
261 293,6 326 348 391,5 435 489 522.

Il est à remarquer que le *do* supérieur a un nombre de vibrations double de celui du *do* inférieur.

217. Qualités du son. — On distingue dans un son trois qualités particulières, savoir : l'*intensité*, le *timbre* et la *hauteur*.

L'*intensité* d'un son est l'énergie plus ou moins grande avec laquelle il est produit. Elle est en raison directe de l'amplitude des vibrations du corps qui émet le son ; elle est inversement proportionnelle au carré de sa distance, et augmente avec la densité du milieu où se propage le son ; en outre, elle varie avec la vitesse et la direction des vents ainsi qu'avec le voisinage des corps sonores.

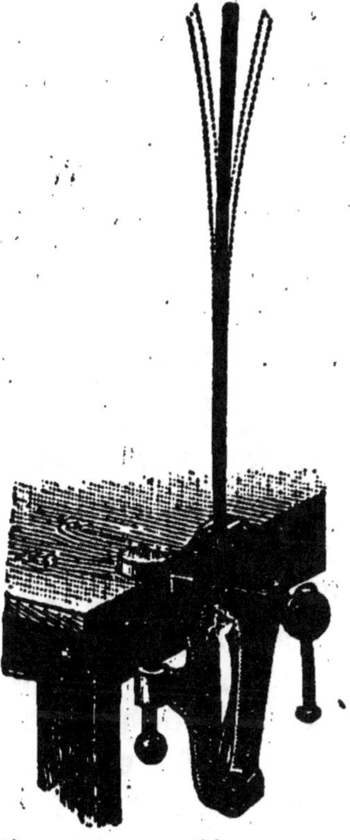

Fig. 239. — *Mouvement vibratoire d'une lame d'acier.*

Le *timbre* est la qualité par laquelle des sons provenant d'instruments différents restent parfaitement distincts, bien qu'ils aient la même hauteur et la même intensité,

Ainsi un cornet à piston, un violon, une flûte, peuvent faire entendre la même note, mais l'oreille distingue très bien par lequel de ces instruments elle a été produite. La voix humaine présente également un timbre différent suivant les individus, l'âge et le sexe. Le timbre est dû principalement aux *sons harmoniques* qui accompagnent le son fondamental.

Un son, en effet, ne se produit jamais seul ; il se forme toujours en même temps un certain nombre d'autres sons qui l'accompagnent ; c'est ce que l'on constate au moyen d'appareils nommés *résonnateurs*.

On appelle *harmoniques* des sons dont le nombre de vibrations est en rapport simple avec le son fondamental, par exemple, 2, 3, 4, 5... fois plus grand. Chaque instrument, chaque voix, en émettant une note, produit en même temps des harmoniques dont la nature et le nombre varie pour chacun ; c'est cette différence qui les caractérise.

Lorsque ces sons élémentaires ne sont pas en rapport simple entre eux, il se produit non un *son musical*, mais un *bruit*.

La *hauteur* d'un son est le degré plus ou moins élevé qu'il occupe dans l'échelle musicale. Elle dépend du nombre de vibrations accomplies par le corps sonore : plus ce nombre est grand, plus le son est *haut* ou *aigu ;* plus il est petit, plus le son est *bas* ou *grave*. On peut démontrer ce principe au moyen du *procédé graphique*, qui permet de compter facilement le nombre de vibrations correspondant à tel ou tel son.

218. Procédé graphique. — Le procédé graphique consiste essentiellement dans l'emploi d'un cylindre tournant d'un mouvement uniforme sur son axe et dont la surface est recouverte d'une mince couche de noir de fumée.

Pour déterminer le nombre de vibrations accomplies par une lame ou par un diapason donnant une note quelconque, on adapte à cette lame ou à l'une des branches du diapason une pointe fine qui vient toucher légèrement la surface du cylindre. Le mouvement de va-et-vient du

corps en vibration trace sur cette surface une ligne dentelée
en forme de zigzag. Chaque dentelure correspond à une

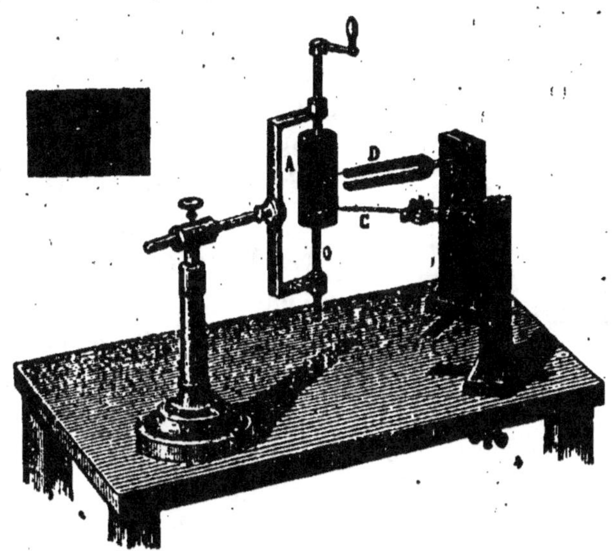

FIG. 240. — *Procédé graphique pour compter les vibrations.*

vibration complète. Il suffit donc de compter le nombre
de ces dentelures pour avoir le nombre des vibrations
exécutées pendant la durée de l'expérience.

210. Propagation du son. — Le son ne se propage pas
dans le vide. Pour le vérifier, on place sous la cloche d'une
machine pneumatique un mécanisme d'horlogerie à l'aide
duquel un petit marteau frappe continuellement sur un
timbre. Tant que la cloche est pleine d'air à la pression
ordinaire, on entend parfaitement le son du timbre ;
mais à mesure qu'on raréfie l'air, le son s'affaiblit de plus
en plus et il cesse de se faire entendre lorsque le vide est
poussé à un degré suffisant.

Pour démontrer que le son ne se propage pas dans le vide,
on se sert aussi d'un ballon de verre contenant une petite
clochette suspendue à un fil. Si l'on agite ce ballon lorsqu'il
est plein d'air, on entend distinctement la clochette ;

mais l'oreille ne perçoit plus aucun son quand on l'agite après y avoir fait le vide.

Fig. 241. — *Sonnerie dans le vide.*

Le son se propage donc dans l'air, mais l'air n'est pas le seul véhicule du son : les autres gaz, les liquides et les solides peuvent aussi servir à le transmettre. Ainsi, quand on frappe deux pierres l'une contre l'autre sous l'eau, au fond d'une rivière on entend de la rive le bruit du choc. Inversement, un plongeur entend du fond de l'eau ce que l'on dit sur le rivage.

La conductibilité des solides pour le son est telle que le bruit produit par le plus léger frottement à l'extrémité d'une poutre peut être perçu à l'autre extrémité. Le sol conduit si bien le son que, la nuit, en appliquant l'oreille contre la terre, on peut entendre, à de grandes distances, le galop d'un cheval et même les pas d'un voyageur. En appliquant l'oreille contre la poitrine d'une personne, on entend distinctement le bruit que l'air produit en entrant dans les poumons et en sortant ; on entend aussi le bruit des battements du cœur. Les médecins utilisent cette propriété pour ausculter leurs malades.

220. Mode de propagation du son dans l'air. — Les corps transmettent les sons en entrant eux-mêmes en vibration. Si, par exemple, on frappe une cloche à l'aide de son battant, la cloche vibre et communique son mouvement vibratoire aux molécules d'air qu'elle touche ; celles-ci font vibrer, à leur tour, les molécules les plus rapprochées, et ainsi de suite ; de sorte que, d'une molécule à la molécule suivante, ces vibrations arrivent à l'oreille de l'auditeur,

Les molécules d'air en vibration produisent des ondulations analogues à celles qui prennent naissance à la surface des

FIG. 242. — *Propagation du son dans l'air.*

eaux quand on y laisse tomber un objet quelconque. Ces ondulations appelées *ondes sonores*, forment des sphères concentriques dont le centre est occupé par le corps producteur du son.

221. Vitesse du son. — Le son ne se propage pas instantanément dans l'air ; car si d'une certaine distance on observe la décharge d'une arme à feu, on voit la fumée produite par la combustion de la poudre avant d'entendre la détonation. Sa vitesse est, à la température de 16°, de 340 mètres par seconde.

La vitesse du son dans l'air a été mesurée, en 1822, par Gay-Lussac et Arago. Pour cela, ces deux savants firent installer une pièce de canon sur la butte de Montlhéry, près de Paris, et une autre sur le plateau de Villejuif. De chaque station, des coups de canon étaient tirés alternativement, et des observateurs placés près des pièces, notaient exactement le temps qui s'écoulait entre l'apparition de la lumière et l'audition des détonations produites par le canon tiré à la station opposée. Ce temps qui était de 54 *secondes*, était aussi celui que mettait le son, pour se propager d'une station à l'autre, car on peut considérer comme nul celui qu'employait la lumière pour franchir le même intervalle. La distance des deux stations, mesurée très exactement, fut trouvée de 18.360 *mètres*. Gay-Lussac et Arago en conclurent que la vitesse du son dans l'air était de 18.360 : 54 = 840 *mètres* par seconde.

Pendant l'expérience que nous venons de décrire, la température de l'air était de 16°. A une température plus basse, la vitesse du son diminue : à 10°, elle n'est que de 337 *mètres*, et à 0°, seulement de 333 *mètres*. Le vent augmente la vitesse du son quand il souffle dans le sens de sa propagation ; il la diminue quand il souffle dans la direction opposée. Tous les sons, forts ou faibles, graves ou aigus, se propagent avec la même vitesse ; car, entendue de loin ou de près, l'harmonie d'un concert n'est point modifiée.

Des expériences faites sur le lac de Genève ont permis de constater que la vitesse du son dans l'eau est de 1.435 *mètres* par seconde, c'est-à-dire environ quatre fois plus grande encore que dans l'air. Dans les solides, la vitesse du son est encore plus grande que dans les liquides ; ainsi, dans l'acier, le fer et le verre, elle est environ 16 *fois* plus grande que dans l'air.

222. Echo. — L'*écho* est la répétition d'un son déjà entendu. Il est reproduit par la réflexion des ondes sonores rencontrant un obstacle, un mur, un rocher, par exemple. Elles se réfléchissent alors de la même manière que le font les rayons lumineux qui rencontrent une surface polie ; l'oreille perçoit ces ondes sonores comme si elles venaient d'un point situé de l'autre côté de l'obstacle.

Pour qu'un écho répète une syllabe, il faut que l'obstacle qui le produit soit placé à une distance telle, que le son ne revienne à l'observateur que lorsque celui-ci a fini de prononcer une syllabe. On a constaté que l'ouïe ne perçoit distinctement deux sons que s'ils sont séparés par un intervalle de 1/10e de seconde : or, puisque le son parcourt 340 *mètres* par seconde, en 1/10e de seconde il parcourt 34 *mètres*, ce qui porte au moins à 17 *mètres* la distance qui doit séparer l'obstacle de l'observateur pour que la dernière syllabe des mots qu'il prononce ne lui revienne que 1/10e de seconde après qu'il l'a prononcée. Si la distance est *double*, *triple*, *quadruple*, l'observateur pourra entendre *deux*, *trois*, *quatre* syllabes, et l'écho sera *dissyl-*

labique, trisyllabique, quadrisyllabique. Parmi les échos polysyllabiques, on cite celui de Woodstock, en Angleterre, qui répète jusqu'à *vingt* syllabes.

Quand la distance est inférieure à 17 *mètres*, il y a pas d'écho, mais le son est renforcé, allongé ; on dit alors qu'il y a *résonance*. Ce phénomène s'observe surtout par dans les longs corridors, les églises et les grandes salles non meublées. On fait disparaître en partie la résonance en recouvrant les murs de draperies, qui amortissent les vibrations et paralysent les réflexions sonores.

L'écho est *simple* lorsqu'il ne répète les mots qu'une fois ; il est *multiple* quand il les répète plusieurs fois. Les échos multiples sont dus à plusieurs obstacles qui se renvoient successivement les sons. Parmi les échos multiples, nous citerons celui de la Halle aux farines, à Paris, qui répète *trois fois* une phrase de six ou sept syllabes ; celui des deux tours de Verdun, qui répète *treize* fois les mêmes sons, et celui du château de Simonetta près de Milan, qui répète *quarante fois* la détonation d'une arme à feu.

228. Applications de l'acoustique.

1° *Tuyaux acoustiques.* — Lorsque le son se propage dans un

FIG. 243. — *Tuyau acoustique.*

tube, il peut parcourir de grandes distances sans s'affaiblir sensiblement, parce que les parois du tube réfléchissent les ondes sonores et conservent au son presque toute son intensité. Les *tuyaux acoustiques* ou *tubes parlants* sont basés sur cette propriété. Ils se composent d'un tube en caoutchouc, de la grosseur du doigt, terminé à ses deux extrémités par un pavillon fermé à l'aide d'un petit sifflet, que l'on peut enlever à volonté. Pour se servir de cet appareil, on souffle d'abord dans le tube afin de prévenir, par un coup de sifflet, la personne à qui l'on veut parler. Celle-ci prévient de la même manière qu'elle est à son poste, et, ayant approché le pavillon de l'oreille, elle entend très bien ce que lui dit la première personne. On fait usage des tuyaux acoustiques pour converser à distance dans les maisons de commerce, dans les usines, dans les maisons particulières et à bord des navires.

Fig. 244. — *Porte-voix.*

2° *Porte-voix.* — Le *porte-voix* est un tube de fer-blanc ou de laiton destiné à transmettre la voix à de grandes distances. Il est légèrement conique et très évasé à l'une de ses ouvertures nommée *pavillon.* Les porte-voix en usage sur les vaisseaux ont jusqu'à 2 *mètres* de longueur ; avec ces instruments, on peut faire entendre des sons à une distance de 5 *à* 6 *kilomètres.*

3° *Phonographe et Gramophone.* — Le *phonographe*, inventé par Edison, permet d'*inscrire* les sons et de les reproduire. Cet appa-

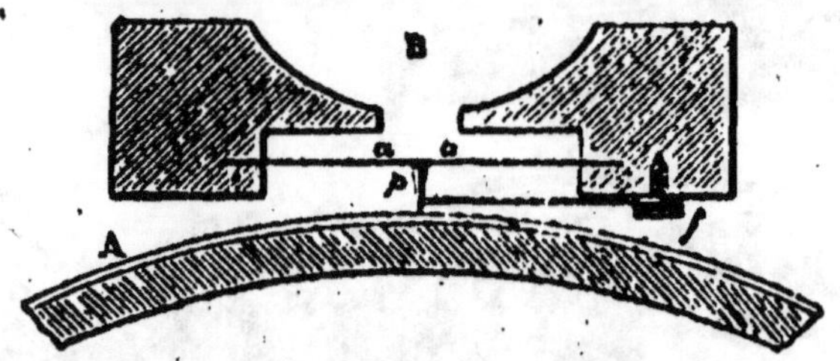

Fig. 245. — *Inscription des sons dans le phonographe.*

reil consiste essentiellement en une membrane élastique placée au fond d'une embouchure B devant laquelle on parle, on chante, etc. La membrane vibre ; son centre *aa* exécute un mouvement de va-et-vient et une pointe fine *p* pénètre alors plus ou moins dans une couche de cire qui recouvre un cylindre que l'on fait tourner sur son axe et en même temps avancer d'un mouvement uniforme. Le son est ainsi inscrit au moyen d'une ligne sinueuse, appelée *phonogramme*, formant une hélice autour de ce cylindre. Pour le reproduire, il suffit de replacer la pointe *p* au commencement de cette ligne et de remettre le cylindre en mouvement dans le même sens que la première fois, la pointe suit le sillon tracé auparavant et la membrane vibre répétant les sons ainsi inscrits.

Le phonographe est aujourd'hui remplacé par le *gramophone*, où le cylindre de cire, trop susceptible de détérioration, est remplacé par un disque d'ébonite sur lequel le phonogramme forme une spirale.

RÉSUMÉ

L'*acoustique* est la partie de la physique qui a pour objet l'étude des sons et des lois d'après lesquelles ils se produisent et se propagent.

Le *son* est le résultat du mouvement vibratoire des corps sonores.

Pour que les vibrations des corps produisent des sons, il faut qu'elles aient une certaine rapidité. Des expériences ont démontré que le son le plus grave perçu par l'oreille correspond à 16 *vibrations* par seconde, et le son le plus aigu à 48.000.

On distingue dans un son trois qualités particulières, savoir : l'*intensité*, le *timbre* et la *hauteur*. L'*intensité* est la force avec laquelle le son est produit. Elle est en raison inverse du carré de la distance. Le *timbre* est la qualité par laquelle les sons provenant d'instruments différents restent parfaitement distincts, lors même qu'ils ont la même hauteur et la même intensité. Le timbre est dû principalement aux *sons harmoniques* qui accompagnent le son fondamental. La *hauteur* d'un son est le degré plus ou moins élevé qu'il occupe dans l'échelle musicale. Le *la normal* correspond à 435 vibrations complètes par seconde.

Le son ne se propage pas dans le vide. Il se propage dans l'air et encore mieux dans les liquides et dans les solides.

Le son se propage dans l'air en mettant l'air lui-même en vibration, et en formant des *ondes sonores* analogues à celles qui se produisent à la surface des eaux tranquilles, quand on y laisse tomber un corps quelconque.

La vitesse du son dans l'air est de 340 *mètres* par seconde ; dans l'eau elle est environ 4 *fois* plus grande, et dans les solides, elle est encore bien plus considérable.

L'*écho* est la répétition d'un son déjà entendu. Il est produit par la réflexion des ondes sonores rencontrant un obstacle. L'écho est *monosyllabique, dissyllabique, trissyllabique*, etc... suivant qu'il répète *une, deux, trois* syllabes ; on dit aussi qu'il est *simple* ou *multiple*, selon qu'il répète les mêmes sons une ou plusieurs fois.

Dans les tubes, le son se propage à une grande distance sans perdre sensiblement de son intensité. Les *tuyaux acoustiques* et les *porte-voix* sont basés sur cette propriété.

Le *phonographe* et le *gramophone* sont des applications de la vibration des corps sonores.

CHAPITRE XVI

OPTIQUE

224. Définitions. — L'*optique* a pour objet l'étude de la *lumière*. La lumière est la cause des phénomènes qui provoquent en nous les sensations de la vision.

Les corps, relativement à la lumière, sont dits *lumineux, éclairés, transparents* ou *opaques*. Les *corps lumineux* sont ceux qui émettent de la lumière par eux-mêmes, comme le soleil, les étoiles, et les corps en ignition. On appelle *corps éclairés* ceux qui reçoivent de la lumière d'une source quelconque et la renvoient ensuite dans toutes les directions. Sous ce point de vue, ils peuvent être considérés comme lumineux. La lune, les planètes et beaucoup d'objets terrestres sont dans ce cas. On nomme *corps transparents* ou *diaphanes* ceux qui laissent facilement passer la lumière, et *corps opaques* ceux qui ne se laissent pas traverser par elle ; l'eau, le gaz et le verre poli sont des corps transparents, tandis que le bois et les métaux sont des corps opaques.

225. Propagation de la lumière. — La propagation de la lumière est soumise aux trois lois suivantes :

1º *Dans un milieu homogène, la lumière se propage en ligne droite.*

En effet, si l'on interpose entre soi et la flamme d'une bougie deux écrans ayant chacun une petite ouverture, on constate que la flamme de la bougie n'est visible que lorsqu'elle est en ligne droite avec les ouvertures des écrans

Fig. 246. — *La lumière se propage en ligne droite.*

(fig. 246), et cela dans quelque direction que l'on place les ouvertures de ces écrans. On peut donc considérer un point visible, lumineux ou éclairé, comme *émettant des rayons lumineux en ligne droite et dans toutes les directions.*

2° *L'intensité de la lumière varie avec l'inclinaison des rayons lumineux sur la surface qui les reçoit.*

Ainsi le soleil éclaire moins le matin ou le soir qu'à midi parce qu'alors ses rayons nous arrivent plus obliquement.

3° *L'intensité de la lumière varie en raison inverse du carré de la distance.*

Cette loi importante, énoncée par Képler, peut être vérifiée expérimentalement en s'appuyant sur le principe de l'*addition des éclairements.* Si 2, 3,... sources identiques sont placées côte à côte, à la même distance d'un écran blanc, qu'elles éclairent normalement, on admet qu'elles produisent ensemble un éclairement *double*, *triple*... de celui que produit chacune d'elles isolément.

Prenons un écran E vertical et translucide ; divisons-le en deux parties égales par une cloison à faces noircies M,

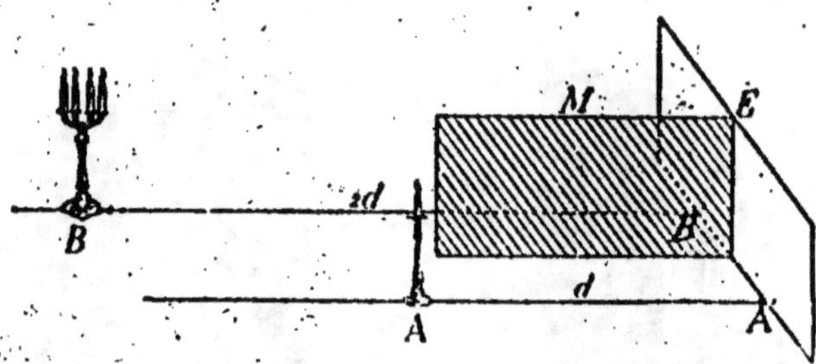

FIG. 247. — *L'éclairement varie avec le carré de la distance.*

perpendiculaire à l'écran. Plaçons *une* bougie en A et *quatre* en B, les points A et B étant choisis de manière que la distance BB' soit le double de AA'. On constate alors que ces bougies éclairent également chacune des moitiés de l'écran E.

226. Photométrie. — La *photométrie* a pour objet la mesure des intensités relatives de deux lumières. Elle est fondée sur le principe suivant qui est une conséquence de la loi de Képler : *Si deux sources lumineuses, placées à des distances d et d' d'une même surface, produisent normalement ou sous le même angle, un même éclairement, les intensités propres I et I' de ces sources sont proportion-nelles aux carrés de leurs distances à cette surface.*

Nous avons vu, en effet (fig. 247), qu'*une* bougie placée à une distance *d*, produit le même éclairement que *quatre* bougies placées à une distance *double* de la première. En désignant par I et I' les intensités de ces deux sources lumi-neuses, et par *d* et *d'* leurs distances respectives, on a donc :

$$\frac{I}{I'} = \frac{d^2}{d'^2}$$

On mesure directement les intensités lumineuses au moyen des *photomètres*.

227. Photomètre de Bunsen. — Le photomètre de Bunsen consiste en une tige verticale noircie et disposée devant un écran blanc placé verticalement. Chacune des deux

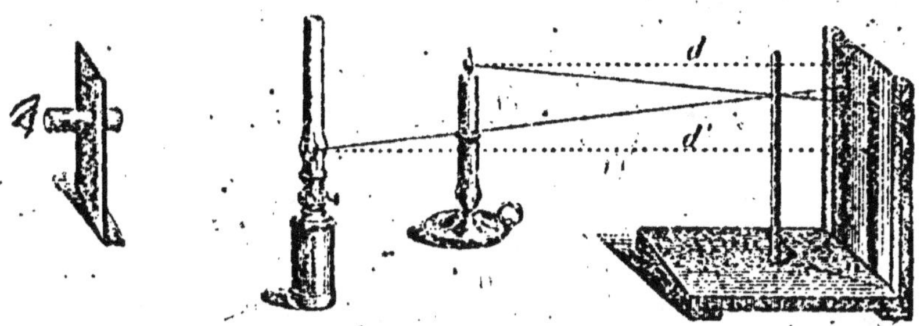

Fig. 248. — *Photomètre de Bunsen.*

sources de lumière à comparer donne sur l'écran une ombre de la tige, et l'ombre produite par l'une des sources, se trouve ainsi être éclairée par l'autre source. On éloigne ensuite la source la plus intense jusqu'à ce que les deux ombres paraissent également éclairées. Ce résultat étant obtenu, on mesure les distances *d* et *d'* des sources de lumière aux ombres qu'elles éclairent, et on applique la proportion ci-devant.

PROBLÈME. — *Une lumière de 16 bougies est placée à 0^m50 de l'écran. Une autre lumière produisant le même éclairement que la première, est placée à 0^m70 du même écran. Quelle est son intensité?*

En désignant par I l'intensité de cette seconde lumière, et en appliquant la proportion précédente, on a :

$$\frac{I}{16} = \frac{0,70^2}{0,50^2} \; ; \quad I = \frac{16 \times 0,70^2}{0'50^2} = 32 \text{ bougies environ.}$$

228. Vitesse de la lumière. — La lumière a une vitesse prodigieuse. Dans le vide, elle parcourt *trois cent quarante mille kilomètres* par seconde. Malgré cette vitesse, la lumière du soleil met **8** *minutes* **18** *secondes* pour franchir la distance qui nous sépare de cet astre. Les étoiles les plus rapprochées de la terre en sont au moins *deux cent mille fois* plus éloignées que le soleil ; il faut donc plus de *trois années* pour que leur lumière arrive jusqu'à nous. Certaines étoiles sont si éloignées de notre système planétaire, que leur lumière, pour nous parvenir, a dû mettre *plusieurs milliers de siècles*.

RÉFLEXION DE LA LUMIÈRE

220. — On entend par *réflexion de la lumière* le changement de direction qu'éprouve un rayon lumineux lorsqu'il

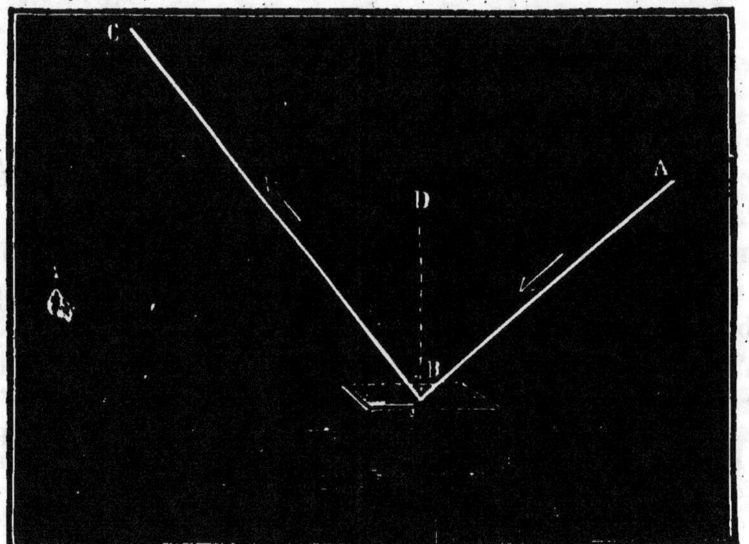

Fig. 249. — *Réflexion d'un rayon lumineux.*

rencontre une surface bien polie, comme celle d'une glace, par exemple. Si, par une ouverture A, pratiquée dans le volet d'un appartement obscur, on fait entrer un faisceau de lumière solaire AB, et si on le reçoit sur un miroir horizontal, on voit ce faisceau lumineux se réfléchir dans la direction BC, et former au plafond l'image de l'ouverture A.

Le rayon AB est nommé *rayon incident ;* le rayon BC,

rayon réfléchi, et la droite BD, perpendiculaire au miroir, prend le nom de *normale*. L'angle ABD, formé par le rayon incident et la normale, est appelé *angle d'incidence ;* l'angle DBC, formé par la normale et le rayon réfléchi, se nomme *angle de réflexion.*

La réflexion de la lumière est soumise aux deux lois suivantes :

1° *L'angle de réflexion d'un rayon lumineux est égal à son angle d'incidence ;*

2° *Le rayon incident, la normale et le rayon réfléchi sont dans un même plan perpendiculaire à la surface réfléchissante.*

230. Miroirs plans. — On appelle *miroirs plans* des surfaces planes, assez polies pour produire, par la réflexion de la lumière, les images des objets qui sont placés devant elles. Ces miroirs sont quelquefois en métal, mais le plus ordinairement, ils consistent en une lame de verre dont l'une des faces est couverte d'un amalgame d'étain.

Les miroirs plans donnent des images de même forme et de mêmes dimensions que celles des objets placés devant

Fig. 250. — *Formation des images dans un miroir plan.*

eux. Ces images sont toujours situées en arrière de la surface réfléchissante et à une distance égale à celle qui sépare les objets du miroir. En effet, supposons un point lumineux A, placé devant un miroir NM, et soit AB un des rayons qu'il émet. Le rayon AB, après avoir rencontré la surface du miroir, se réfléchit en faisant avec la normale BD un angle de réflexion DBO égal à l'angle d'incidence DBA, et prend la direction BO. Or, si l'on prolonge OB, jusqu'à sa rencontre en *a* avec la perpendiculaire A*a*, abaissée du point A sur le miroir, on prouve, par l'égalité des triangles ANB et aNB que Na = AN. Il en serait de

Fig. 251. — Image virtuelle vue derrière un miroir plan.

même du rayon AC et de tout autre rayon parti du point A. Donc, tous les rayons émis par ce point suivent, après leur

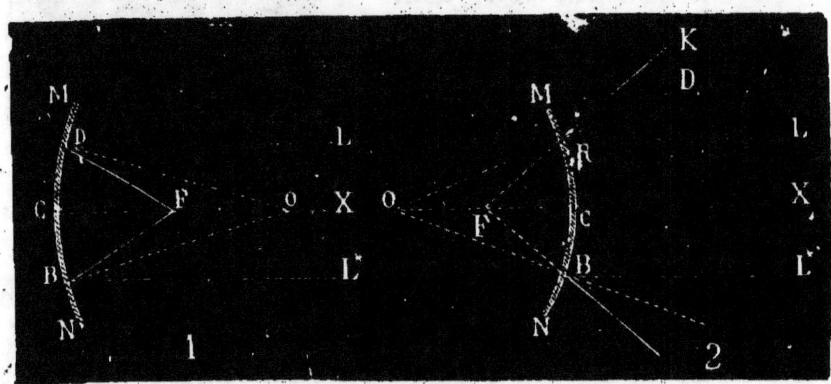

Fig. 252. — *Coupes de miroirs sphériques.*
1, Miroir concave. — 2, Miroir convexe.

réflexion sur le miroir, la même direction que s'ils étaient partis du point *a*. Cela explique pourquoi l'œil qui reçoit ces rayons voit en *a* le point lumineux A comme s'il y était en réalité. Notre œil, en effet, est habitué à apercevoir un point lumineux là où les rayons convergent ou convergeraient s'ils étaient dûment prolongés, car alors le point de convergence ressemble à un point lumineux émettant des rayons dans toutes les directions (225, 1°). Si, au lieu d'un point lumineux, on place devant le miroir un objet quelconque, une bougie, par exemple, chacun de ses points formera son image comme ci-dessus, et l'on verra, derrière le miroir, une image exacte et symétrique de cette bougie.

Les images formées par des miroirs plans sont dites *virtuelles*. Les images virtuelles n'existent pas réellement ; elles ne sont qu'une illusion de l'œil, car la lumière ne peut passer derrière le miroirs pour y former des images. Les *images réelles* sont celles qui se forment réellement par la réflexion ou la réfraction des rayons lumineux. On peut les recevoir sur des écrans, ce qui n'est pas possible pour les images virtuelles. Les images virtuelles sont toujours *droites* et les images réelles, toujours *renversées*.

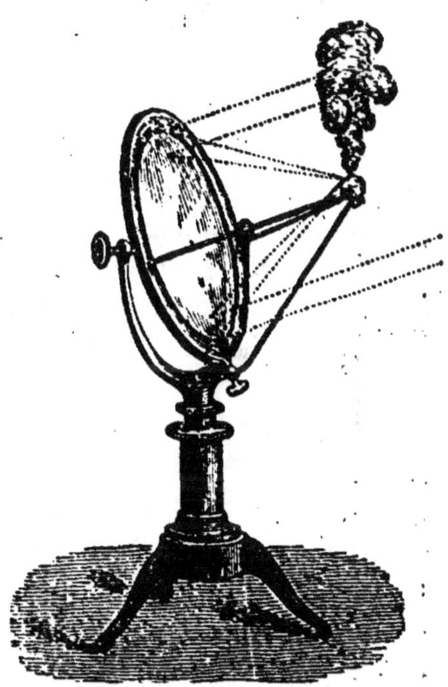

Fig. 253. — *Miroir sphérique concave.*

231. Miroirs sphériques. — Les *miroirs sphériques* sont des portions circulaires d'enveloppes sphériques. Ils sont *concaves* ou *convexes* suivant que la surface réfléchissante est située à l'intérieur ou à l'extérieur du miroir. Dans tout miroir sphérique, on distingue le *centre de courbure*, le *centre de figure*, l'*axe principal* et le *foyer*. Le *centre de courbure* O (fig. 252) est le centre de la sphère à laquelle appartient le miroir ; le *centre de figure* C est le point de la surface du miroir également éloigné de tous les points de sa circonférence : l'*axe principal* CX est la ligne qui passe par le centre de courbure et le centre de figure ; enfin, le *foyer* F est un point de l'axe principal à peu près également distant du centre de figure et du centre de courbure.

Lorsque les rayons lumineux tombent sur un miroir concave, avec une direction parallèle à l'axe principal, ils viennent tous, après leur réflexion, concourir sensiblement au foyer de ce miroir. Si les rayons lumineux sont en même temps des rayons caloriques, ils produisent au foyer une température suffisante pour y enflammer des corps facilement combustibles. Inversement, lorsqu'une source de lumière est placée au foyer d'un miroir concave, les rayons lumineux qu'elle émet prennent tous, après avoir rencontré la surface réfléchissante, une direction parallèle à l'axe principal de ce miroir. Cette dernière propriété est utilisée dans les réflecteurs que l'on adapte aux lampes.

282. Formation des images dans les miroirs sphériques. — Les miroirs sphériques, comme les miroirs plans, reproduisent les images des objets placés devant leur surface réfléchissante ; ces images peuvent être réelles ou virtuelles : les premières se forment en avant de la surface réfléchissante et les autres en arrière de cette même surface. La détermination du lieu où se forment ces images repose sur les deux principes suivants :

1° *Tout rayon lumineux parallèle à l'axe principal d'un miroir sphérique se réfléchit en passant par le foyer de ce miroir ;* ce principe se déduit de ce qui vient d'être dit au paragraphe précédent ;

2° *Tout rayon perpendiculaire à la surface d'un miroir sphérique, c'est-à-dire passant par le centre de courbure, se réfléchit sur lui-même.* En effet, le rayon lumineux suit alors la direction du rayon de la sphère ; il est par conséquent *normal* à la surface de celle-ci. L'angle d'incidence étant nul, celui de réflexion l'est aussi, et le rayon lumineux, après avoir touché la surface de la sphère, revient sur lui-même.

Fig. 254. — *Marche des rayons lumineux réfléchis par un miroir sphérique concave.*

D'après ces principes, pour trouver le lieu où doit se former l'image d'un point éclairé placé devant un miroir sphérique, il suffit de mener de ce point un rayon lumineux parallèle à l'axe principal et un autre passant par le centre de courbure ; la rencontre des directions que ces rayons prennent après leur réflexion sur le miroir, ou du prolongement de ces directions, donne le lieu demandé ; c'est le même où vont converger tous les rayons lumineux émis de ce point et réfléchis par le miroir. Pour déterminer la position de l'image d'une droite, il suffit de déterminer celle de ses points extrêmes. Ainsi, dans la figure 254, le point A formera son image en *a* ; le point B en *b*, et la droite AB, en *ab*.

Lorsqu'un objet est placé au-delà du centre de courbure d'un miroir sphérique concave, une image réelle diminuée et renversée de cet objet, se forme entre le centre de courbure et le foyer ; elle est d'autant plus rapprochée de ce dernier point que l'objet est plus éloigné du miroir ; ainsi, dans la figure 254, si AB est un objet réel, *ab* est son image. Quand il est placé au centre de courbure, son image se forme sur lui-même. Si l'objet est situé entre le foyer et le centre de courbure, il se produit au-delà de ce dernier

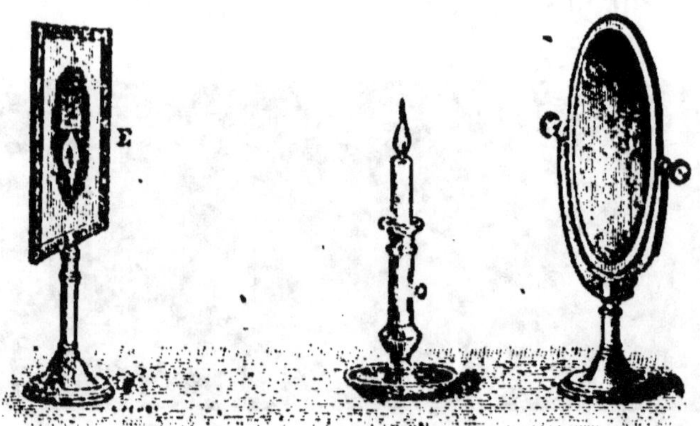

FIG. 255. — *Image réelle formée par la flamme d'une bougie placée devant un miroir sphérique concave.*

point une image réelle, agrandie et renversée de cet objet ; dans la figure 254, l'image de la droite *ab* serait AB. Enfin lorsque l'objet est placé entre le miroir et son foyer, l'image se forme au-delà du miroir ; elle est virtuelle et agrandie. On constate très facilement ces différents résultats au moyen de constructions graphiques basées sur les deux principes cités. Les images virtuelles sont formées non par les rayons réfléchis, car ils sont divergents, mais par leur *prolongation.*

Les miroirs convexes ne donnent que des images virtuelles et diminuées des objets ; elles sont toutes situées en arrière de la surface réfléchissante.

RÉFRACTION DE LA LUMIÈRE

283. — La *réfraction* de la lumière est le changement de direction qu'éprouve un rayon lumineux en passant obliquement d'un milieu transparent dans un autre, par exemple de l'air dans l'eau, de l'air dans le verre, etc., et réciproquement.

Si le second milieu est plus dense que le premier, le rayon lumineux se rapproche de la normale au point d'incidence ; on dit alors que le second milieu est plus *réfringent* que le premier. Si le second milieu est moins dense que le pre-

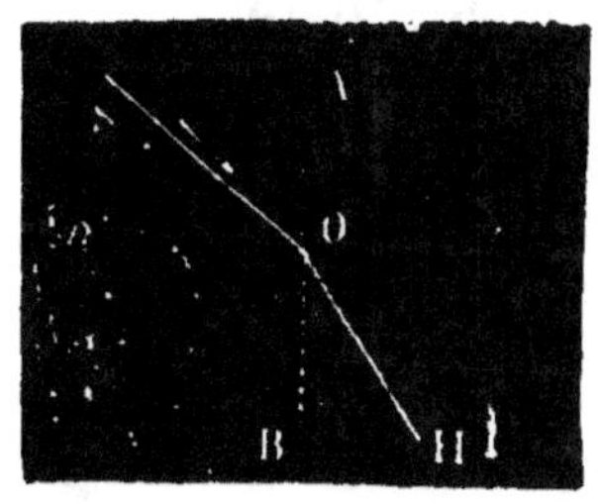

Fig. 256. — *Réfraction de la lumière.*

mier, le rayon réfracté s'écarte de la normale au point d'incidence ; on dit alors que le second milieu est moins *réfringent.*

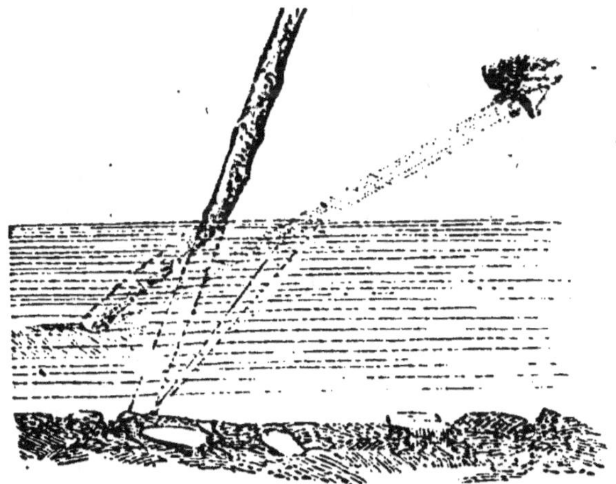

Fig. 257. — *Effet de la réfraction de la lumière.*

Soit *mon* la surface de séparation de deux milieux transparents d'inégale densité, l'air et l'eau. Le rayon lumineux SO, rencontrant en O un milieu plus réfringent que l'air s'approche de la normale AB et prend la direction OH. L'inverse aurait eu lieu si le rayon était parti du point H : rencontrant au point O un milieu moins réfringent que l'eau, il se serait écarté de la normale et aurait pris la direction OS.

C'est aux phénomènes de la réfraction que l'on doit les changements apparents de forme et de position des objets immergés dans les liquides transparents. Ainsi lorsqu'un bâton est en partie plongé dans l'eau, il paraît coudé ; cet effet est produit par le changement de direction qu'éprouvent, à leur sortie du liquide, les rayons lumineux émis par la partie immergée. Ce changement de direction nous fait voir l'extrémité du bâton plus élevée qu'elle ne l'est en réalité.

234 Lentilles. — Les *lentilles* sont des milieux transparents terminés par des surfaces sphériques. Elles sont

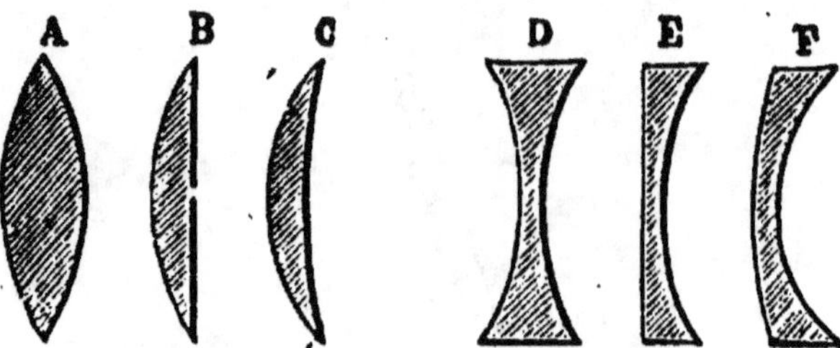

Fig. 258. — *Coupes de lentilles.*

une des plus belles applications de la réfraction. D'après l'action que les lentilles exercent sur les rayons lumineux, on les divise en lentilles *convergentes* et en lentilles *divergentes.*

Les lentilles convergentes ont les *bords minces.* Elles sont au nombre de trois : la lentille *bi-convexe* A, la lentille *plan-convexe* B et la lentille *concave-convexe* C.

Les lentilles divergentes ont les *bords épais*. Elles sont aussi au nombre de trois : la lentille *bi-concave* D, la lentille *plan-concave* E et la lentille *convexe-concave* F.

Les *lentilles convergentes* ont la propriété de rassembler les rayons lumineux ; ainsi, quand on fait arriver sur une des faces d'une lentille convergente et parallèlement à son axe, un faisceau de rayons lumineux, ces rayons viennent tous concourir en un même point, nommé *foyer principal*, situé sur l'axe de la lentille. Si les rayons de lumière sont accompagnés de chaleur, ils s'accumulent

FIG. 259.
Lentille convergente.

FIG. 260.
Lentille divergente.

au foyer principal de la lentille et produisent en ce point une température capable d'enflammer les matières très combustibles. Au contraire, lorsqu'on place un corps lumineux au foyer principal d'une lentille convergente, les rayons que ce corps émet traversent la lentille et prennent à leur sortie des directions parallèles ; les phares sont une application de cette propriété.

Les *lentilles divergentes*, à l'opposé des lentilles convergentes, ont la propriété de disperser et d'écarter les rayons lumineux comme le montre la figure 260.

285. Formation des images dans les lentilles. — Comme les miroirs sphériques, les lentilles donnent des images réelles ou virtuelles des objets qui sont placées devant elles. La détermination du lieu où se forment ces images est basée sur les deux principes suivants :

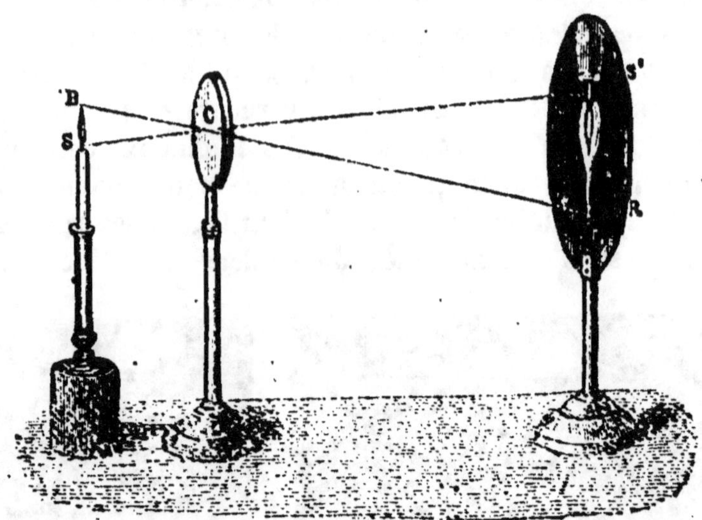

FIG. 261. — *Image réelle de la flamme d'une bougie placée au-delà du foyer d'une lentille convergente.*

1º Tout rayon lumineux parallèle à l'axe d'une lentille se dirige au foyer principal après son passage à travers cette lentille.

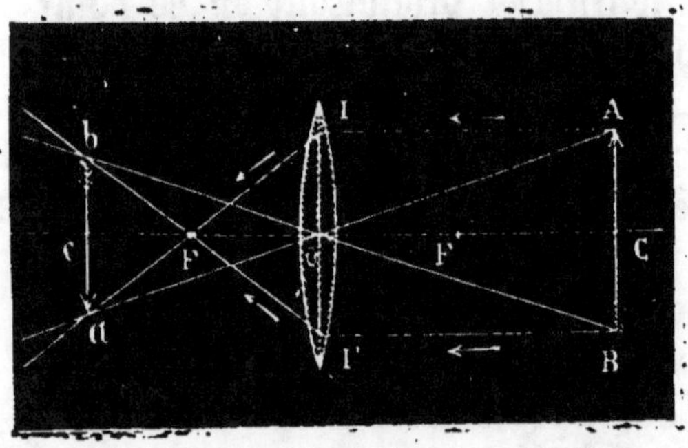

FIG. 262.

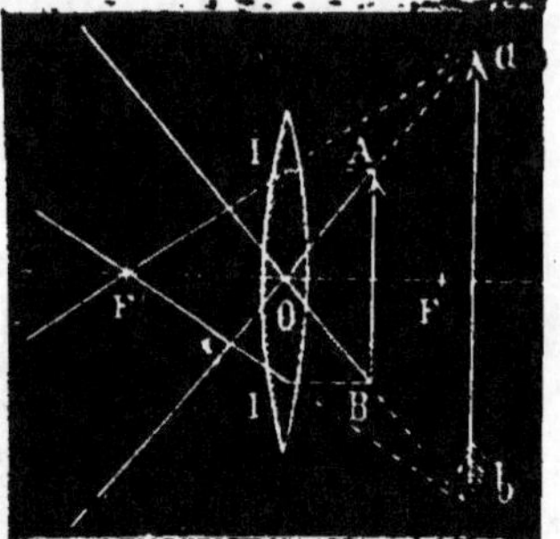

FIG. 263.

Marche des rayons lumineux dans les lentilles convergentes.

Dans la figure 262, l'objet AB étant placé au-delà du foyer F de la lentille, l'image *ab* est réelle et renversée. Dans la figure 263, l'objet AB étant placé entre la lentille et son foyer F, l'image *ab* est virtuelle, droite et agrandie.

2° *Tout rayon lumineux passant par le centre d'une lentille ne se réfracte pas sensiblement ; il sort de la lentille
en suivant la direction qu'il avait à son arrivée.*

D'après ces principes, pour trouver le lieu où doit se
former l'image d'un point éclairé placé devant une lentille,
il suffit de mener de ce point un rayon lumineux parallèle
à l'axe principal de la lentille et un autre passant par son
centre ; la rencontre des directions que ces rayons prennent
à la sortie de la lentille, ou le prolongement de ces rayons,
donne le lieu demandé. Pour déterminer le lieu de l'image
d'une droite, il suffit de déterminer ceux de ces points
extrêmes : ainsi dans les figures 262 et 263, le point A forme
son image en *a ;* et le point B forme la sienne en *b* et, par
suite, l'image de AB est *ab.*

On remarque que, dans la figure 262, l'image est réelle
tandis que dans la figure 263 elle est virtuelle. L'image
est réelle toutes les fois que l'objet est placé au delà du
foyer de la lentille, et elle est d'autant plus petite que l'objet est plus éloigné de ce point. Au contraire, l'image est
virtuelle lorsque l'objet est placé entre la lentille et son
foyer et elle est d'autant plus grande que l'objet est plus
rapproché de ce point. Les lentilles concaves ne donnent
que des images virtuelles, placées entre la lentille et son
foyer.

INSTRUMENTS D'OPTIQUE

236. Microscopes. — On distingue deux espèces de microscopes : la *loupe* ou *microscope simple* et le *microscope
composé.*

La *loupe* est destinée à faire voir nettement de très petits
objets qu'on ne verrait qu'imparfaitement à l'œil nu. Cet
instrument se compose d'une lentille convergente très
convexe. L'objet AB que l'on veut examiner doit être
placé entre la lentille et son foyer principal, de manière à
produire une image virtuelle, droite et agrandie, *ab.*

En considérant cet objet à travers la lentille, on aperçoit son image située du même côté que cet objet, mais à une plus grande distance, comme l'indique la figure 264. Les graveurs, les tisseurs, les horlogers font un fréquent usage de la loupe.

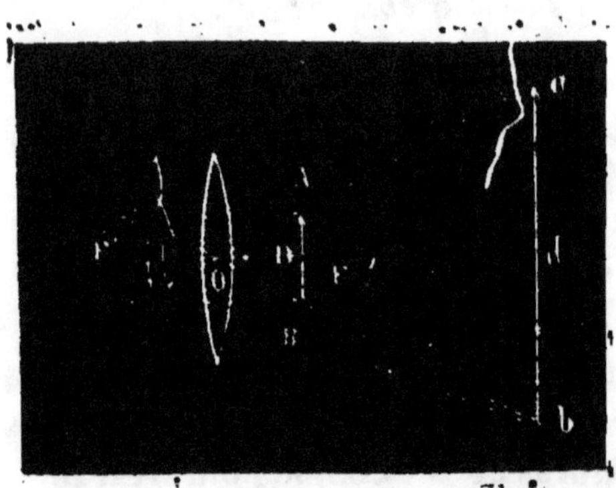

FIG. 264. — *Marche des rayons lumineux dans une loupe.*

Le *microscope composé* permet de voir les plus petits détails des objets. Il se compose de deux lentilles convergentes, (fig. 265). La première de ces lentilles *l*, placée près de l'objet AB que l'on veut examiner, porte le nom d'*objectif* ; elle forme en *ab* une image réelle, agrandie et renversée de

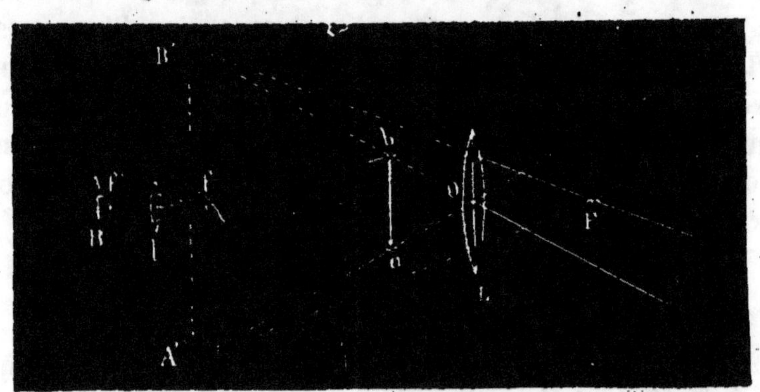

FIG. 265. — *Marche des rayons lumineux dans le microscope composé.*

l'objet ; la seconde lentille L, nommée *oculaire* parce que l'œil s'y applique, est située à une distance telle de la première, que l'image *ab* de l'objectif se trouve entre cette seconde lentille et son foyer principal. L'oculaire L agit donc sur l'image *ab* à la façon d'une loupe, l'amplifie encore en donnant en A'B' une nouvelle image beaucoup agrandie de AB. Le grossissement du microscope composé est égal au produit des grossissements des deux lentilles dont il se compose. Un microscope ordinaire permet de voir nettement les objets avec des dimensions 600 *fois* plus grandes. La surface de ces objets devient ainsi 600 × 600 ou 360.000 *fois* plus étendue.

287. Lunette astronomique. — La *lunette astronomique*, destinée à l'observation des astres, est formée d'un objectif, lentille convergente de grand diamètre et de faible convexité, et d'un oculaire.

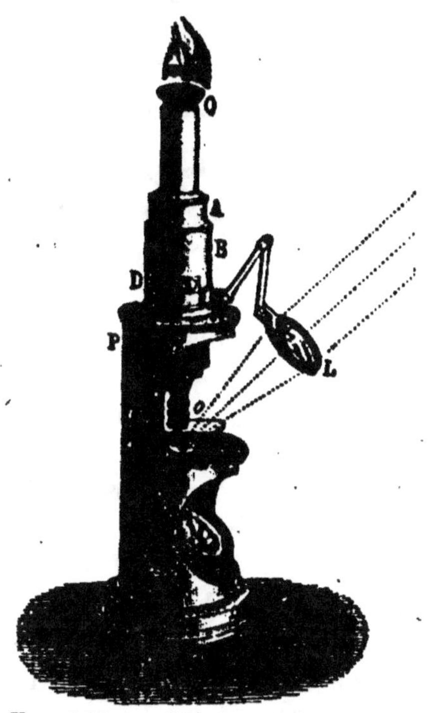

Fio. 266. — *Microscope composé.*

Les rayons lumineux parallèles, émis par les astres, forment une image renversée de ces astres au foyer principal de l'objectif de la lunette astronomique ; l'oculaire, qui est une loupe, a pour but de grossir l'image formée par l'objectif. La marche des rayons lumineux est donc la même, en principe, dans la lunette astronomique que dans le microscope composé. Mais la lumière émise par les astres étant souvent très faible, on fait l'objectif de grande dimension, afin qu'il puisse être traversé par le plus grand nombre possible de rayons lumineux. L'oculaire, au contraire, est petit. Avec une forte lunette astronomique, on peut obtenir un grossissement tel que les dimensions des astres soient vues de 1000 à 1100 fois plus grandes qu'à l'œil nu.

288. Lunette terrestre. — La *lunette terrestre*, appelée aussi *longue-vue*, ne diffère de la lunette astronomique que par deux lentilles convergentes *m* et *n* interposées entre

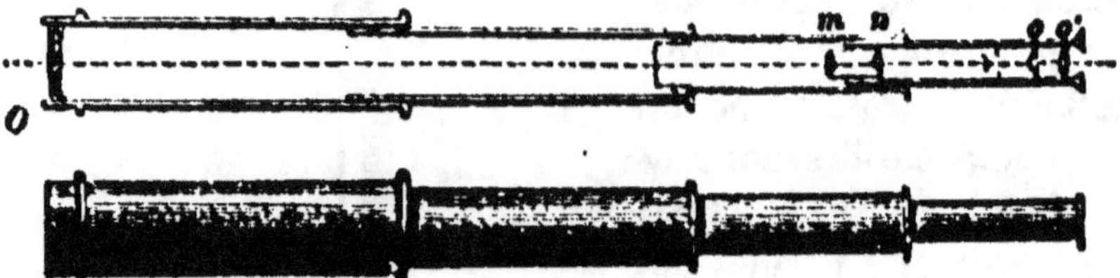

Fig. 267. — *Lunette terrestre avec sa coupe.*

l'objectif et l'oculaire. Ces lentilles, qui forment un système équivalant à une seule lentille convergente, ont pour effet de redresser l'image formée par l'objectif, c'est-à-dire de la faire paraître dans le même sens que l'objet, condition indispensable pour l'observation facile des objets terrestres.

289. Lunette de Galilée. — La *lunette de Galilée*, nommée encore *lunette de spectacle*, se compose d'un objectif convergent et d'un oculaire divergent placé entre l'objectif et son foyer principal. Dans cette lunette, les objets éloignés, si l'oculaire n'y mettait obstacle, viendraient former leurs images renversées un peu au delà du foyer

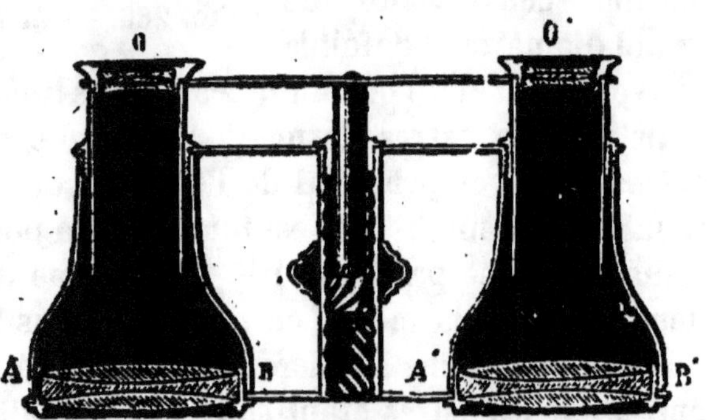

Fig. 268. — *Lunette de Galilée.*

principal de la lentille ; mais l'oculaire se trouvant précisément entre le point où se formeraient ces images et l'objectif, imprime aux rayons lumineux une divergence telle qu'il en résulte des images redressées. La lunette de Galilée

prend le nom de *lorgnette* quand elle est simple, et celui
de *jumelle* lorsqu'elle est double.

240. Télescope. — Le *télescope*, comme la lunette astronomique, est destiné à l'observation des astres. Cet instrument se compose d'un tube métallique, long de plusieurs
mètres, et d'un diamètre considérable. Au fond de ce
tube, se trouve un grand miroir concave qui forme une
image réelle des astres. Une forte lentille convergente, placée à l'extrémité d'un tube latéral, fait fonction de loupe
et amplifie l'image formée par le miroir.

Fig. 269. — *Télescope.*

DÉCOMPOSITION ET RECOMPOSITION
DE LA LUMIÈRE. — THÉORIE DES COULEURS

241. Action du prisme sur la lumière. — On appelle
prisme, en optique, un milieu transparent terminé par

deux faces planes inclinées entre elles. La forme générale des prismes d'optique est celle que l'on désigne en géométrie sous le nom de prisme triangulaire.

Fig 270. — *Marche d'un rayon lumineux dans un prisme.*

Lorsqu'un rayon lumineux rencontre obliquement une des faces d'un prisme, il se *réfracte* et se *décompose.* Soit ABC la section d'un prisme triangulaire en cristal. Le rayon lumineux OR rencontrant en R un milieu plus réfringent que l'air, s'approche de la normale NP, et au lieu de suivre la direction RI, il prend celle de RL. Arrivé en L, il passe d'un milieu plus réfringent dans un milieu moins réfringent, alors il s'écarte de la normale PN' et prend la direction LK. Les deux réfractions s'ajoutent et l'observateur placé en K voit le point O en O'.

Outre cette déviation, la lumière éprouve une autre modification : elle est décomposée. En effet, si l'on fait arriver un faisceau de lumière solaire dans une chambre obscure, on voit ce faisceau former sur une des parois de la chambre une image ronde et blanche; mais, si l'on place sur le trajet du faisceau lumineux un prisme en cristal, on constate que le faisceau est aussitôt dévié de sa direction primitive

Fig. 271. — *Prisme.*

et qu'il forme une image oblongue, colorée des plus vives couleurs. Cette image a reçu le nom de *spectre solaire*. Parmi le nombre infini de nuances que présente le spectre solaire, on distingue sept couleurs principales, qui sont le *violet*, l'*indigo*, le *bleu*, le *vert*, le *jaune*, l'*orangé* et le *rouge*. Ce fait prouve que la couleur blanche n'est pas une couleur simple, mais qu'elle est formée par la réunion de toutes celles qui forment le spectre solaire. La décomposition de la lumière blanche n'a lieu que parce que les différents rayons lumineux qui la constituent ne sont pas également *réfrangibles*.

Fig. 272. — *Décomposition d'un faisceau de lumière par le prisme.*

242. Recomposition de la lumière. — En recomposant les différentes couleurs du spectre solaire, on obtient la couleur blanche. Cette recomposition peut se faire de plusieurs manières. La plus simple consiste à placer derrière le prisme une lentille convergente qui rassemble en un même point tous les rayons du spectre. Au point où ces rayons se réunissent, on voit paraître l'image ronde et blanche telle qu'elle était avant l'interposition du prisme.

Avec le *disque de Newton,* on démontre aussi que le blanc est le résultat de la réunion de toutes les couleurs du spectre. Cet appareil consiste en un disque de carton divisé en secteurs portant chacun une des couleurs principales obtenues par la décomposition de la lumière blanche ; les secteurs sont disposés de manière à former une suite de spectres consécutifs. Quand on imprime au disque un mouvement rapide de rotation, l'œil perçoit toutes les couleurs à la fois et le disque paraît blanc.

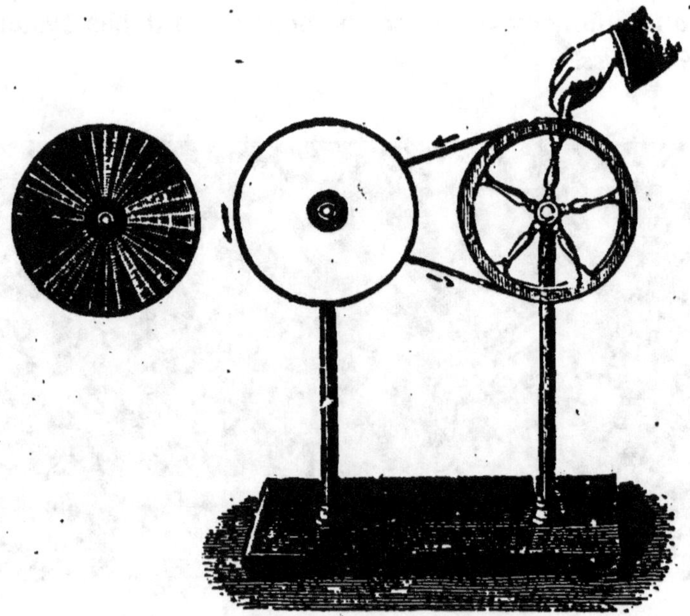

Fig. 273. — *Disque de Newton.*

Remarque. — L'expérience de Newton peut s'effectuer avec un résultat identique au moyen de trois couleurs seulement : le *rouge,* le *jaune* et le *bleu ;* ces couleurs sont dites *fondamentales.*

243. Combinaisons des couleurs. — Les couleurs fondamentales combinées deux à deux, en forment trois autres du spectre. Ainsi :

Le *rouge* et le *jaune* produisent l'*orangé.*
Le *rouge* et le *bleu* produisent le *violet.*
Le *jaune* et le *bleu* produisent le *vert.*

Inversement, l'orangé, le violet et le vert, combinés deux à deux donnent des tons produisant l'impression de l'une des couleurs fondamentales. Ainsi l'*orangé* et le *violet*, qui contiennent tous deux la couleur rouge d'après ce qui vient d'être dit, donneront, par leur combinaison, un ton où le *rouge* dominera ; et pour une raison analogue :

> L'*orangé* et le *vert* donneront le *jaune*.
> Le *violet* et le *vert* donneront le *bleu*.

En prenant les couleurs fondamentales isolément, ou combinées deux à deux ou trois à trois en des proportions diverses, on obtient toutes les nuances existant dans la nature. Ce même résultat peut être obtenu au moyen de l'orangé, du violet et du vert. C'est ce que démontre la *photographie des couleurs* (249).

244. Couleurs des corps. — Les corps par eux-mêmes n'ont pas de couleurs ; celles que nous voyons en eux proviennent de la propriété qu'ils ont de réfléchir certains rayons du spectre et d'absorber les autres. Ainsi, un corps opaque est rouge lorsqu'il réfléchit les rayons rouges et absorbe les autres. Il est vert s'il réfléchit la couleur verte et non les autres. Il est blanc s'il réfléchit toutes les couleurs, et noir s'il les absorbe toutes. Un corps vert éclairé par une lumière rouge paraît noir parce qu'il ne reçoit aucune couleur qu'il puisse réfléchir.

Les corps transparents (verres, liquides, etc.) nous apparaissent rouges, bleus, verts, etc. selon qu'ils laissent passer à travers leur masse la couleur rouge, bleue ou verte du spectre ; ils sont, en ce cas, de véritables *filtres* de couleurs. Une ligne rouge tracée sur un papier blanc n'est pas visible à travers un verre rouge, parce que, des sept couleurs contenues dans le papier, la couleur rouge seulement peut traverser le verre, et celle de la ligne se confond en ce cas avec elle. Mais si cette ligne était bleue, elle apparaîtrait noire car elle ne posséderait aucune couleur capable de traverser le verre rouge.

245. Couleurs complémentaires. — On appelle *couleurs complémentaires* les couleurs qui, par leur réunion, donnent la sensation du blanc. Telles sont le rouge et le vert, le jaune et le violet, le bleu et l'orangé.

Il est à remarquer que, lorsqu'on réunit deux couleurs complémentaires, on obtient une combinaison des trois couleurs fondamentales. Ainsi, le vert pouvant être considéré comme une combinaison de jaune et de bleu (248), son union avec le rouge équivaudra à une combinaison de jaune, de bleu et de rouge.

PHOTOGRAPHIE

246. La *photographie* est l'art de fixer, sur des substances convenablement choisies, les images des objets données par la lentille convergente. Elle repose sur la propriété que possède la lumière de décomposer certains sels

Fig. 274. — *Chambre noire.*

d'argent, tels que le *chlorure*, le *bromure* et l'*iodure d'argent*.

L'appareil dont on se sert pour produire l'image photographique porte le nom de *chambre noire ;* il consiste en une caisse rectangulaire dont la face antérieure est munie d'une lentille convergente nommée *objectif ;* la face opposée à la lentille est formée par un verre dépoli et les parois latérales de la caisse sont à soufflet, ce qui permet de rapprocher et d'éloigner à volonté le verre dépoli et la lentille.

La photographie comprend deux séries d'opérations :

1º La production de l'*épreuve négative* sur verre, où les clairs de l'image sont remplacés par des ombres et inversement ;

2º La production de l'*épreuve positive* sur papier, où les clairs et les ombres de l'image reprennent leur place naturelle.

247. Epreuve négative. — La production de l'épreuve négative comprend quatre opérations successives : la *mise au point*, la *pose*, le *développement de l'image* et le *fixage de l'image*.

Mise au point. — Pour faire la mise au point, le photographe se place derrière le verre dépoli de sa chambre noire et dirige l'axe de l'objectif vers la partie centrale de l'objet à reproduire, puis, déplaçant le fond mobile de l'appareil, il avance ou recule le verre dépoli jusqu'à ce que la netteté de l'image qui s'y forme soit maximum.

Pose. — La mise au point étant faite, l'opérateur place un obturateur devant l'objectif et substitue au verre dépoli de la chambre noire une plaque de verre recouverte d'une

Fig. 275.
Épreuve négative.

Fig. 276.
Épreuve positive.

pellicule de gélatine imprégnée de *bromure d'argent*, et, après cela, il découvre l'objectif. Alors, la lumière agit sur le bromure d'argent dans toutes les parties éclairées de l'image qui se forme sur la plaque sensible. Quand la pose est jugée suffisante, on couvre l'objectif de la chambre noire et on enlève la plaque de verre sur laquelle vient de se produire l'image, en ayant soin de la soustraire à l'action de la lumière. Un temps de pose de quelques secondes suffit le plus ordinairement ; avec certaines plaques très sensibles, ce temps peut être réduit à une petite fraction de seconde.

Développement de l'image. — La plaque sur laquelle a été fixée l'image est ensuite emportée dans un appartement qui n'est éclairé que par la *lumière rouge ;* cette lumière n'agit qu'à la longue sur les sels d'argent. Rien n'est encore apparent sur la plaque, parce que l'action de la lumière a seulement initié la décomposition du sel d'argent ; pour faire apparaître l'image, on se sert de réactifs chimiques appelés *révélateurs,* tels que le *pyrogallol,* le *métol* et l'*hydroquinone,* qui continuent la réduction du bromure d'argent, mais seulement aux points qui ont déjà subi l'action de la lumière. Une dissolution de ces substances étant versée dans une cuvette, on y plonge à plusieurs reprises la plaque de verre et l'image y apparaît progressivement : les parties éclairées de l'objet reproduit sont recouvertes d'un dépôt noir d'argent, tandis que les parties noires restent blanches. Cette image forme ce que l'on appelle l'*épreuve négative.*

Fixation de l'image. — Quand le développement de l'image est terminé, on se débarrasse du bromure d'argent non encore réduit, en plongeant la plaque de verre dans une solution d'*hyposulfite de soude ;* cette solution dissout complètement le bromure d'argent qui n'a pas subi l'action de la lumière et laisse intact le dépôt métallique déterminé par la lumière et le révélateur. On a alors le *cliché négatif,* qui servira à tirer autant d'épreuves positives que l'on en désirera, sans qu'il soit nécessaire de faire poser de nouveau le modèle.

248. Epreuve positive. — La production de l'*épreuve positive* comprend deux opérations successives : la *formation de l'image* et son *fixage.*

Formation de l'image. — L'épreuve positive s'obtient sur un papier *sensibilisé,* comme les plaques, au *bromure d'argent.* On se sert à cet effet du *châssis-presse* représenté par la figure 277. Sur le fond de ce châssis, qui est formé par une plaque de verre, on place le cliché négatif et au-dessus le papier photographique, puis on expose le tout pendant quelques secondes, à une lumière artificielle. Passant à travers les parties transparentes du cliché, la lumière attaque en ces endroits le bromure d'argent placé au-dessous. Après l'exposition, on plonge le papier dans un bain révélateur, et on obtient cette fois une épreuve qui répond exactement aux clairs et aux ombres du modèle.

Fixage de l'image. — Le *fixage de l'image* consiste à enlever du papier le bromure d'argent non décomposé par la lumière ; il se fait, comme pour le cliché, par une immersion de quelques minutes du papier dans une dissolution

FIG. 277. — *Châssis-presse.*

d'*hyposulfite de soude*, et par un lavage très prolongé dans de l'eau courante. Après cette opération, il ne reste plus qu'à faire sécher le papier et à le coller sur un carton.

249. Photographie des couleurs. — Les plaques pour la photographie des couleurs se préparent de la manière suivante : on mélange des grains de fécule, teintés les uns en *vert*, les autres en *violet* et les autres en *orangé*, de manière à former un ton sensiblement blanc. On saupoudre de ce mélange un verre préalablement recouvert de colle, puis on le comprime pour aplatir les grains, qui forment ainsi de microscopiques écrans transparents et diversement colorés ; c'est sur cette couche de fécule que l'on étend l'émulsion de bromure d'argent. Tel est, en substance, le procédé *Lumière* pour la fabrication des plaques *autochromes*. Ces plaques s'installent dans la chambre noire la face verre du côté de l'objectif, de manière que les rayons lumineux aient à traverser les grains colorés avant d'arriver au bromure d'argent.

Supposons maintenant que l'on ait à photographier un sujet présentant différentes couleurs, par exemple un bouquet formé d'un coquelicot, d'un bluet et d'un lis. A la place où le coquelicot formera son image il n'y aura que des rayons rouges, et cette couleur ne pourra traverser que les grains violets et les grains orangés de la plaque, car ces couleurs contiennent le rouge. Derrière ces grains, le bromure d'argent sera donc impressionné, mais il ne le sera pas derrière les grains verts. L'action dū révélateur aura donc pour effet de former un dépôt noir d'argent sur les parties attaquées par le rouge, tandis que sur les grains verts il restera une couche blanche de bromure d'argent non décomposé ; regardé par transparence, le coquelicot apparaîtrait donc vert. Or, il s'agit maintenant : 1° de détruire cette couleur noire qui couvre les grains violets et les grains orangés ; 2° de couvrir d'un dépôt noir les grains verts.

A cette fin, on plonge la plaque dans un bain fait d'une solution acide de permanganate de potassium qui dissout le dépôt noir d'argent, puis on la révèle de nouveau *en plein jour* ; l'action du révélateur unie à celle de la lumière décompose le bromure d'argent qui couvre les grains verts et y laisse un dépôt noir d'argent réduit. En regardant maintenant la plaque par transparence, il n'apparaît que les grains violets et les grains orangés dont le mélange donne l'impression du rouge (243). Le coquelicot a donc cette fois sa véritable couleur.

Des transformations analogues auront lieu pour les autres couleurs. Le bleu du bluet traversera les grains verts et les grains violets ; ce sont ces grains qui resteront visibles une fois les manipulations terminées ; leur mélange produira le bleu. La couleur blanche du lis traversera tous les grains, dont le mélange donnera le blanc ; le noir ne traversant pas les grains colorés, donnerait comme résultat un dépôt noir d'argent sur la place de la plaque où il aurait été photographié. Les couleurs intermédiaires traverseraient les grains contenant leurs couleurs élémentaires, lesquelles, par leur combinaison reproduiraient fidèlement les nuances de l'objet photographié.

La photographie des couleurs ne peut encore s'obtenir que sur le verre ; on regarde les images par transparence.

REMARQUE. — La couleur bleue agit sur le bromure d'argent d'une manière bien plus rapide que le jaune et surtout que le rouge. On atténue son effet en plaçant devant l'objectif un écran légèrement jaune, ce qui oblige à rendre la pose bien plus longue dans la photographie des couleurs que dans la photographie ordinaire.

250. Photographie animée. — La *photographie animée* est donnée par le *cinématographe*, ingénieux appareil qui permet non seulement d'enregistrer par la photographie, avec une admirable précision, les scènes animées les plus variées, sans omettre aucun des mouvements qu'elles comportent, mais aussi de les reproduire fidèlement de grandeur naturelle, en les projetant sur un écran et les rendant ainsi visibles pour toute une assemblée de spectateurs.

Pour se faire une idée du principe sur lequel repose cet appareil, il faut se reporter aux jouets bien connus, désignés sous le nom de *praxinoscopes*, dans lesquels des dessins représentant les diverses phases d'un mouvement, sont tracés à intervalles très rapprochées sur une étroite bande de papier. Cette bande, placée autour d'un cercle tournant rapidement devant une fente, en regard de laquelle on place l'œil, donne une illusion approchée du mouvement simple que représente le dessin, par exemple, un saut, une danse, etc. C'est la persistance des impressions lumineuses sur la rétine qui donne, dans cet appareil, l'illusion du mouvement.

Dans le cinématographe, les scènes animées sont photographiées sur une bande pelliculaire se déroulant verticalement dans une boîte hermétiquement close et munie d'un objectif qui est successivement démasqué et obturé pendant que la bande pose ou continue à se dérouler. Le nombre des épreuves ainsi obtenues est de 15 par seconde ; une scène d'une minute comprend donc 900 photographies et tient une bande de 18 mètres de longueur sur 3 centimètres de largeur. Ces épreuves photographiques projetées successivement sur un écran, pendant que la bande pelliculaire se déroule avec une vitesse égale à celle dont elle était animée lorsqu'elle les a recueillies, donnent une telle illusion des mouvements que les scènes sont d'une frappante réalité.

RÉSUMÉ

L'*optique* a pour objet l'étude de la lumière. Les corps, relativement à la lumière, sont dits *lumineux, éclairés, transparents* ou *opaques*.

La propagation de la lumière est soumise aux trois lois suivantes :

1° *Dans un milieu homogène, la lumière se propage en ligne droite ;*

2° *L'intensité de la lumière varie avec l'inclinaison des rayons lumineux sur la surface qui les reçoit ;*

3° *L'intensité de la lumière est en raison inverse du carré de la distance.*

On mesure l'intensité lumineuse au moyen des *photomètres*.

La vitesse de la lumière est d'environ 340.000 *kilomètres* par seconde.

On entend par *réflexion de la lumière* le changement de direction qu'éprouvent les rayons lumineux lorsqu'ils rencontrent une surface bien polie. La réflexion de la lumière est soumise aux deux lois suivantes :

1° *L'angle de réflexion d'un rayon lumineux est égal à son angle d'incidence ;*

2° *Le rayon incident, la normale et le rayon réfléchi sont dans un même plan perpendiculaire à la surface réfléchissante.*

Les *miroirs* sont des surfaces assez polies pour reproduire, par la réflexion de la lumière, les images des objets qui sont placés devant elles. On distingue deux espèces principales de miroirs : les *miroirs plans* et les *miroirs sphériques.*

Les miroirs plans donnent toujours des images *virtuelles.* On distingue deux espèces de miroirs sphériques : les miroirs *concaves* et les miroirs *convexes.* Les miroirs concaves donnent des images *réelles* ou des images *virtuelles* suivant la position des objets par rapport au miroir. Les miroirs convexes ne donnent que des images *virtuelles.*

Dans les miroirs et dans les lentilles les images virtuelles sont *toujours droites* et les images réelles *toujours renversées.*

La *réfraction* de la lumière est le changement de direction qu'éprouve un rayon lumineux en passant obliquement d'un milieu transparent dans un autre.

Les *lentilles* sont des milieux transparents terminés par des surfaces sphériques. On les divise en *lentilles convergentes* et *lentilles divergentes.* Les premières ont les bords minces et les secondes les bords épais.

Les lentilles convergentes donnent des images réelles ou des images virtuelles suivant la position des objets. Les lentilles divergentes donnent toujours des images virtuelles.

Les principaux instruments d'optique sont les *microscopes,* la *lunette astronomique,* la *lunette terrestre,* la *lunette de Galilée* et le *télescope.*

On appelle *prisme* en optique un milieu transparent terminé par deux faces planes inclinées entre elles.

Lorsqu'un faisceau de lumière solaire traverse un prisme, il se décompose et donne une image oblongue, vivement colorée : cette image est désignée sous le nom de *spectre solaire.* Le spectre solaire comprend sept couleurs principales, savoir : le *violet,* l'*indigo,* le *bleu,* le *vert,* le *jaune,* l'*orangé* et le *rouge.*

La réunion de toutes les couleurs du spectre solaire forme le *blanc.*

Les couleurs fondamentales sont : le *rouge,* le *jaune* et le *bleu.*

Leurs complémentaires sont respectivement : le *vert,* le *violet* et l'*orangé.*

Les couleurs fondamentales ou leurs complémentaires peuvent, par leurs combinaisons produire toutes les nuances de la nature.

Un corps opaque nous apparaît de la couleur qu'il réfléchit, et un corps transparent, de la couleur qui peut le traverser.

La *photographie* est l'art de fixer, sur des substances convenablement choisies, les images des objets donnés par la lentille convergente. Elle repose sur la propriété que possèdent certains sels, tels que le *bromure* et le *chlorure d'argent*, d'être décomposés par la lumière. L'appareil dont on se sert pour photographier porte le nom de *chambre noire*.

La photographie comprend deux séries d'opérations : la production de l'*épreuve négative* et celle de l'*épreuve positive*.

Pour produire l'épreuve négative, il faut quatre opérations successives : la *mise au point*, la *pose*, le *développement de l'image* et la *fixation de l'image* ; pour la production de l'épreuve positive, il en faut deux : la *formation de l'image* et le *fixage*.

La *photographie des couleurs* est une application de la théorie des couleurs.

La photographie et la reproduction des mouvements s'obtiennent à l'aide du *cinématographe*.

TABLE DES MATIÈRES

Notions préliminaires 3

CHAPITRE I. — Mouvement. — Force. — Travail. — Machines 7

CHAPITRE II. — Pesanteur. — Centre de gravité. — Équilibre. — Loi de la chute des corps. — Pendules. — Balances 19

CHAPITRE III. — Presse hydraulique. — Pressions exercées par les liquides. — Applications diverses. — Principe d'Archimède : application et conséquences 37

CHAPITRE IV. — Poids spécifiques. — Aréomètres...... 58

CHAPITRE V. — Pression atmosphérique. — Manomètres.. 67

CHAPITRE VI. — Loi de Mariotte. — Manomètres 78

CHAPITRE VII. — Machine pneumatique. — Machines de compression. — Pompes. — Siphon. — Baroscope. — Aérostats. — Aviation 85

CHAPITRE VIII. — Dilatation. — Thermomètres. — Pyromètres. — Chaleur spécifique........................ 107

CHAPITRE IX. — Fusion. — Solidification. — Vaporisation. — Liquéfaction. — Machines à vapeur.......... 122

CHAPITRE X. — Propagation de la chaleur. — Météorologie. — Sources de chaleur. — Systèmes de chauffage....... 142

CHAPITRE XI. — Électricité statique. — Électricité atmosphérique. — Paratonnerre......................... 157

CHAPITRE XII. — Aimants. — Piles. — Unités électriques. 180

CHAPITRE XIII. — Effets chimiques des courants électriques — Effets caloriques et lumineux ; éclairage électrique. — Effets magnétiques ; électro-aimants. — Galvanomètres. — Télégraphe 203

CHAPITRE XIV. — Courants d'induction. — Magnéto et dynamo de Gramme. — Bobine de Ruhmkorff. — Téléphone. — Télégraphie sans fil. — Rayons X.......... 230

CHAPITRE XV. — Acoustique........................ 261

CHAPITRE XVI. — Optique. — Réflexion de la lumière ; miroirs. — Réfraction ; lentilles. — Instruments d'optique. — Décomposition et recomposition de la lumière. — Photographie 272

Lyon — Imp. Emmanuel VITTE, 16, rue de la Quarantaine.